高职高专"十二五"规划教材

建 筑 力 学

主　编　王　铁　田春德　宋丽伟　邹玉清
副主编　鹿雁慧　张　寰　刘　徽　王利利
主　审　杨继宏

北　京
冶金工业出版社
2014

内 容 提 要

　　本书分为静力学、材料力学和结构力学三篇。其中静力学主要介绍了物体的受力分析及其相关基础知识，包括约束、力矩、力偶、力的合成与分解、力的简化等；材料力学主要介绍了杆件安全工作所必须具有的强度、刚度和稳定性条件；结构力学主要介绍了平面体系的几何组成、静定结构与超静定结构的相关计算。书中各章后均附有小结、思考题和习题，以方便学生自主学习和自我检测。

　　本书可作为高职高专建筑类和相近专业的"建筑力学"课程的教学用书，也可作为其他同类学校相关专业的教材，还可供企业相关专业技术人员参考。

图书在版编目（CIP）数据

　　建筑力学/王铁等主编 . —北京：冶金工业出版社，2014.8

　　高职高专"十二五"规划教材
　　ISBN 978-7-5024-6691-6

　　Ⅰ.①建…　Ⅱ.①王… 　Ⅲ.①建筑科学—力学—高等职业教育—教材　Ⅳ.①TU311

　　中国版本图书馆 CIP 数据核字（2014）第 198127 号

出 版 人　谭学余
地　　址　北京市东城区嵩祝院北巷 39 号　邮编　100009　电话　(010)64027926
网　　址　www.cnmip.com.cn　电子信箱　yjcbs@cnmip.com.cn
责任编辑　俞跃春　陈慰萍　美术编辑　杨　帆　版式设计　葛新霞
责任校对　卿文春　责任印制　牛晓波
ISBN 978-7-5024-6691-6
冶金工业出版社出版发行；各地新华书店经销；北京印刷一厂印刷
2014 年 8 月第 1 版，2014 年 8 月第 1 次印刷
787mm×1092mm　1/16；15 印张；364 千字；224 页
38.00 元
冶金工业出版社　投稿电话　(010)64027932　投稿信箱　tougao@cnmip.com.cn
冶金工业出版社营销中心　电话　(010)64044283　传真　(010)64027893
冶金书店　地址　北京市东四西大街 46 号(100010)　电话　(010)65289081(兼传真)
冶金工业出版社天猫旗舰店　yjgy.tmall.com
　　　　　（本书如有印装质量问题，本社营销中心负责退换）

前　言

　　"建筑力学"作为建筑专业的基础课程，为学生掌握该专业的岗位技能奠定力学计算和分析基础。根据课程改革要求，该课程的定位由原来的重视理论知识的系统性、完整性转向实用性，以讲清概念、强化应用为重点，突出培养学生分析问题和解决问题的能力。

　　本着以上原则，结合国家对高职高专人才培养的要求，本书在编写过程中力求体现培养技术应用型人才的特色：在文字叙述上，语言准确、简练和严谨；在内容安排上，重视基本概念、基本原理、基本方法，简化理论推导，加强实践应用；在结构设计上，从静力学到材料力学再到结构力学，由易入难，循序渐进。书中各章均给出了大量的例题，以帮助学生掌握相关知识，章后还有小结、思考题与习题，可供学生进行自我总结和自测。

　　本书的编写人员为吉林电子信息职业技术学院的老师：王铁编写第1、2章，田春德编写第5、6章，宋丽伟编写第14、15章，邹玉清编写第3、9章，王利利编写绪论和第4章，张寰编写第12、13章，鹿雁慧编写第10、11章，刘徽编写第7、8章，王英丽编写各章习题，曹帅、黄越、胡威凛编写各章小结、思考题。李美玲、董闯、张立娟、付晓红在文字、图片编辑中做了大量的工作。本书由王铁、田春德、宋丽伟、邹玉清担任主编，鹿雁慧、张寰、刘徽、王利利担任副主编，杨继宏担任主审。田春德负责全书的统稿工作。

　　因编者水平有限，书中不足之处，恳请读者批评指正。

编　者

2014年6月

目　录

绪　论 ……………………………………………………………………………………… 1

第 1 篇　静 力 学

1　静力学公理和物体的受力分析 …………………………………………………… 4

　1.1　静力学的基本概念 ……………………………………………………………… 4

　　1.1.1　力与力系的概念 …………………………………………………………… 4

　　1.1.2　平衡的概念 ………………………………………………………………… 5

　　1.1.3　刚体的概念 ………………………………………………………………… 5

　1.2　静力学公理 ……………………………………………………………………… 5

　1.3　约束与约束反力 ………………………………………………………………… 8

　　1.3.1　约束的相关概念 …………………………………………………………… 8

　　1.3.2　常见的约束类型及约束反力的画法 …………………………………… 8

　1.4　受力图 …………………………………………………………………………… 12

　小结 …………………………………………………………………………………… 14

　思考题 ………………………………………………………………………………… 14

　习题 …………………………………………………………………………………… 15

2　平面汇交力系 ……………………………………………………………………… 17

　2.1　工程中的平面汇交力系实例 …………………………………………………… 17

　2.2　平面汇交力系合成与平衡的几何法 …………………………………………… 17

　　2.2.1　平面汇交力系合成的几何法 ……………………………………………… 17

　　2.2.2　平面汇交力系平衡的几何条件 …………………………………………… 18

　2.3　平面汇交力系合成的解析法 …………………………………………………… 19

　　2.3.1　力在坐标轴上的投影 ……………………………………………………… 19

　　2.3.2　合力投影定理 ……………………………………………………………… 20

　　2.3.3　合成的解析法 ……………………………………………………………… 21

　2.4　平面汇交力系平衡方程及其应用 ……………………………………………… 22

　小结 …………………………………………………………………………………… 24

　思考题 ………………………………………………………………………………… 24

　习题 …………………………………………………………………………………… 25

3　力矩与平面力偶系 ·· 27

　3.1　力对点之矩 ··· 27

　3.2　合力矩定理 ··· 27

　3.3　平面力偶系 ··· 28

　　3.3.1　力偶及其基本性质 ································ 28

　　3.3.2　平面力偶系的合成与平衡 ······················ 31

　小结 ·· 32

　思考题 ·· 32

　习题 ·· 32

4　平面一般力系 ··· 34

　4.1　工程中的平面一般力系问题 ····························· 34

　4.2　力线平移定理 ··· 34

　4.3　平面一般力系向作用面内一点简化 ······················· 35

　4.4　简化结果的分析与合力矩定理 ··························· 37

　4.5　平面一般力系的平衡条件与平衡方程 ····················· 39

　4.6　平面平行力系的平衡方程 ······························· 42

　4.7　静定和静不定问题与物体系的平衡 ······················· 44

　　4.7.1　静定和静不定问题 ······························· 44

　　4.7.2　物体系的平衡 ··································· 45

　4.8　平面简单桁架的内力计算 ······························· 47

　　4.8.1　节点法 ··· 48

　　4.8.2　截面法 ··· 49

　小结 ·· 50

　思考题 ·· 51

　习题 ·· 51

第 2 篇　材料力学

5　材料力学的基础知识 ······································· 56

　5.1　变形固体的基本假设 ····································· 56

　5.2　外力及其分类 ··· 56

　5.3　内力、截面法和应力的概念 ······························· 56

　5.4　杆件变形的基本形式 ····································· 58

　小结 ·· 59

　思考题 ·· 59

　习题 ·· 59

6　轴向拉伸与压缩 ·· 60

6.1　轴向拉伸与压缩的概念 ·· 60

6.2　拉、压杆横截面上的内力 ·· 60

　　6.2.1　轴力 ··· 60

　　6.2.2　轴力图 ·· 61

6.3　拉、压杆横截面和斜截面上的应力 ······································ 62

　　6.3.1　横截面上的正应力 ·· 62

　　6.3.2　斜截面上的应力 ·· 64

6.4　材料拉、压时的力学性能 ·· 66

　　6.4.1　拉伸试验和应力－应变曲线 ····································· 66

　　6.4.2　低碳钢拉伸时的力学性能 ·· 66

　　6.4.3　其他材料拉伸时的力学性能 ····································· 68

　　6.4.4　材料压缩时的力学性能 ··· 69

6.5　拉、压杆的强度计算 ··· 70

　　6.5.1　工作应力、极限应力与许用应力 ································· 70

　　6.5.2　安全系数 ·· 70

　　6.5.3　拉、压杆的强度条件 ·· 71

6.6　应力集中的概念 ·· 73

6.7　拉、压杆的变形及胡克定律 ·· 73

　　6.7.1　纵向变形与横向变形 ·· 73

　　6.7.2　胡克定律 ·· 74

　　6.7.3　拉、压静不定问题 ··· 76

小结 ·· 76

思考题 ··· 77

习题 ·· 77

7　剪切与扭转 ··· 80

7.1　剪切与挤压的概念及剪切胡克定律 ····································· 80

　　7.1.1　剪切的概念 ··· 80

　　7.1.2　挤压的概念 ··· 80

　　7.1.3　剪切变形与剪切胡克定律 ·· 81

7.2　剪切和挤压的实用计算 ·· 81

　　7.2.1　剪切强度的实用计算 ·· 81

　　7.2.2　挤压强度的实用计算 ·· 82

7.3　扭转的概念与传动轴外力偶矩的计算 ··································· 86

　　7.3.1　扭转的概念 ··· 86

　　7.3.2　传动轴外力偶矩的计算 ··· 86

7.4　扭矩和扭矩图 ·· 86

7.4.1 扭转时圆轴横截面上的内力偶——扭矩 ················ 86

7.4.2 扭矩图 ·· 87

7.5 圆轴扭转时的应力 ·· 88

7.5.1 扭转试验 ·· 88

7.5.2 剪应力的分布规律 ·································· 89

7.5.3 剪应力的计算公式 ································ 89

7.5.4 极惯性矩 ·· 90

7.6 圆轴扭转的强度计算 ······································· 91

7.6.1 最大剪应力及抗扭截面系数 ······················ 91

7.6.2 强度计算 ·· 91

7.7 圆轴扭转时的变形与刚度计算 ······························ 92

7.7.1 圆轴扭转时的变形 ································ 92

7.7.2 扭转变形的计算 ···································· 92

7.7.3 圆轴扭转时的刚度计算 ···························· 93

小结 ·· 94

思考题 ·· 94

习题 ·· 95

8 弯曲 ·· 98

8.1 平面弯曲的概念 ·· 98

8.2 梁的弯曲内力及内力图 ······································ 99

8.2.1 剪力与弯矩 ·· 99

8.2.2 剪力图与弯矩图 ·································· 100

8.3 梁的弯曲应力和强度条件 ··································· 103

8.3.1 梁的纯弯曲 ······································· 103

8.3.2 纯弯曲的梁横截面上的正应力 ···················· 104

8.3.3 惯性矩 ··· 106

8.3.4 弯曲正应力的计算 ································ 106

8.3.5 弯曲正应力的强度条件 ··························· 107

8.3.6 提高梁弯曲强度的主要措施 ······················ 109

8.4 梁的弯曲变形和刚度条件 ··································· 110

8.4.1 挠度和转角 ······································· 110

8.4.2 梁变形的求法 ···································· 111

8.4.3 梁的刚度条件 ···································· 114

8.4.4 提高梁弯曲刚度的主要措施 ······················ 114

小结 ·· 115

思考题 ·· 115

习题 ·· 116

9　应力状态和强度理论 ·· 118

　9.1　应力状态的概念 ·· 118

　　9.1.1　点的应力状态 ·· 118

　　9.1.2　单元体的概念 ·· 119

　　9.1.3　主平面(主方向)和主应力 ·· 119

　　9.1.4　应力状态的分类 ·· 119

　9.2　平面应力状态分析 ·· 119

　　9.2.1　平面应力状态斜截面上的应力 ······································ 119

　　9.2.2　平面应力状态的主应力及主平面位置 ································ 120

　　9.2.3　最大和最小的剪应力及其所在平面 ·································· 121

　　9.2.4　主应力和最大剪应力之间的关系 ···································· 121

　　9.2.5　$\sigma_y = 0$ 时的计算 ·· 122

　9.3　广义胡克定律 ·· 122

　9.4　强度理论简介 ·· 123

　　9.4.1　强度理论的概念 ·· 123

　　9.4.2　常用的强度理论 ·· 123

　　9.4.3　强度理论的通式及选用 ·· 125

　小结 ·· 126

　思考题 ·· 127

　习题 ·· 127

10　组合变形 ··· 129

　10.1　组合变形概述 ·· 129

　　10.1.1　组合变形的概念 ·· 129

　　10.1.2　组合变形的计算原理 ·· 129

　10.2　斜弯曲 ··· 129

　　10.2.1　矩形截面梁 ··· 129

　　10.2.2　圆形截面梁 ··· 132

　10.3　拉伸(压缩)与弯曲组合变形 ··· 133

　　10.3.1　概述 ··· 133

　　10.3.2　斜拉和斜压 ··· 133

　　10.3.3　偏心拉伸和压缩 ·· 136

　　10.3.4　一侧开槽的轴向拉(压)杆 ··· 137

　10.4　弯曲与扭转组合变形 ·· 137

　小结 ·· 140

　思考题 ·· 141

　习题 ·· 141

11　压杆稳定 ·· 144

　11.1　压杆稳定的概念 ··· 144

　11.2　计算临界力的欧拉公式 ······································· 145

　　11.2.1　两端铰支压杆的临界力 ···································· 145

　　11.2.2　杆端约束对临界力的影响 ·································· 146

　11.3　压杆的临界应力 ··· 147

　　11.3.1　细长压杆的临界应力 ······································ 147

　　11.3.2　中长压杆的临界应力经验公式 ······························ 148

　11.4　压杆的稳定计算 ··· 149

　11.5　提高压杆稳定性的措施 ·· 151

　小结 ·· 152

　思考题 ··· 152

　习题 ·· 152

第 3 篇　结构力学

12　平面体系的计算与几何组成 ···································· 155

　12.1　结构的计算简图与平面杆件结构的分类 ··························· 155

　　12.1.1　结构的计算简图 ·· 155

　　12.1.2　平面杆件结构的分类 ······································ 158

　12.2　平面杆件体系的几何组成分析 ·································· 159

　　12.2.1　平面体系的自由度 ·· 159

　　12.2.2　几何不变体系的组成规则与瞬变体系 ························· 161

　　12.2.3　静定结构与超静定结构 ····································· 164

　小结 ·· 164

　思考题 ··· 165

　习题 ·· 165

13　静定结构的内力计算 ··· 166

　13.1　单跨静定梁 ·· 166

　　13.1.1　单跨静定梁的形式及支座反力 ······························ 166

　　13.1.2　用微分关系作内力图 ······································ 168

　　13.1.3　用叠加法作弯矩图 ·· 169

　13.2　多跨静定梁 ·· 169

　13.3　静定平面刚架 ·· 171

　13.4　静定拱 ··· 172

　13.5　静定平面桁架 ·· 175

　　13.5.1　桁架结构概述 ···························· 175

　　13.5.2　节点法计算桁架内力 ···················· 176

　　13.5.3　截面法计算桁架内力 ···················· 177

　小结 ·· 178

　思考题 ·· 179

　习题 ·· 179

14　静定结构的位移计算和刚度条件 ················ 181

　14.1　结构位移的相关概念 ························ 181

　14.2　结构位移的计算 ···························· 181

　　14.2.1　虚功原理 ·························· 181

　　14.2.2　虚功概念 ·························· 182

　　14.2.3　结构位移计算公式 ···················· 182

　14.3　静定结构在载荷作用下的位移计算 ············ 184

　14.4　图乘法计算梁和平面刚架的位移 ·············· 185

　14.5　叠加法计算梁的位移 ························ 187

　　14.5.1　梁在常见简单载荷作用下的位移 ············ 187

　　14.5.2　叠加法求挠度和转角 ···················· 188

　14.6　梁的刚度条件 ······························ 189

　小结 ·· 190

　思考题 ·· 191

　习题 ·· 191

15　超静定结构的计算方法 ························ 192

　15.1　超静定结构概述 ···························· 192

　　15.1.1　超静定结构的相关概念 ·················· 192

　　15.1.2　超静定次数 ·························· 192

　15.2　力法 ···································· 194

　　15.2.1　力法的基本原理 ······················ 194

　　15.2.2　力法典型方程 ························ 195

　　15.2.3　力法的计算步骤 ······················ 196

　15.3　位移法 ·································· 198

　　15.3.1　位移法的基本概念 ···················· 198

　　15.3.2　位移法的基本未知量 ·················· 198

　　15.3.3　杆件的杆端位移、杆端力及转角位移方程 ······ 199

　15.4　力矩分配法 ································ 203

　小结 ·· 206

　思考题 ·· 207

　习题 ·· 207

附表　型钢规格表（GB/T 706—2008） …………………………… 210

附表 1　工字钢截尺寸、截面面积、理论重量及截面特性 …………… 211

附表 2　槽钢截面尺寸、截面面积、理论重量及截面特性 …………… 213

附表 3　等边角钢截面尺寸、截面面积、理论重量及截面特性 ……… 215

附表 4　不等边角钢截面尺寸、截面面积、理论重量及截面特性 …… 220

附表 5　L 型钢截面尺寸、截面面积、理论重量及截面特性 ………… 223

参考文献 ………………………………………………………………… 224

绪　　论

建筑力学的主要内容

建筑力学是一门研究结构受力分析并确定构件强度、刚度和稳定性等计算原理的科学。本书包括三部分内容：静力学、材料力学和结构力学。

静力学的主要任务是分析物体的受力及其平衡条件。

材料力学的主要任务是研究构件在外力作用下的变形、受力和破坏的规律，为合理设计构件提供有关强度、刚度和稳定性分析的基本理论和方法。

结构力学的主要任务是通过杆件结构的组成规律和合理组成方式、内力和变形的计算方法等，研究杆件结构的强度、刚度、稳定性问题。

建筑力学的研究方法

建筑力学的研究方法必须遵循人们认识过程的客观规律，即：从实践出发或通过实验观察，经过抽象、综合、归纳，建立公理或提出基本假设，再用数学演绎和逻辑推理得到定理和结论，然后通过实践来证实理论的正确性。

首先，通过观察生活和生产实践中的各种现象，对实验结果进行分析、综合和归纳，总结出力学的最基本的概念和规律。例如："力"和"力矩"等基本概念，以及"二力平衡"、"杠杆原理"、"力的平行四边形法则"和"万有引力"等力学基本定律，都是通过上述方法得到的结论。

其次，在对生活和生产实践中的客观现象进行观察和科学实验的基础上，从影响客观事物的诸多复杂因素中，抓住起决定性作用的主要因素，忽略次要的、局部的和偶然性的因素，深入现象的本质，明确事物间的内部联系，用抽象化的方法建立数学模型，不仅使研究的问题大为简化而且能更深刻地反映事物的本质。例如，在研究物体的静平衡问题时，忽略了受力产生的变形，得到刚体的模型；在研究物体的机械运动时，忽略了物体的几何形状和尺寸，得到质点的模型；在研究物体的内力、变形及失效规律时，物体的变形成为主要因素，得到变形固体的模型等。

最后，在建立数学模型的基础上，根据公理、定律和基本假设，使用数学工具，通过演绎、推理的方法，考虑到问题的具体条件，得到各种形式正确的具有物理意义和实用价值的定理和结论。

人们对事物的认识来自于实践，由此得出的理论也必须在实践中应用、验证和发展。

建筑力学在工程技术中的地位和作用

建筑力学是一门理论性较强的技术基础学科，在建筑各专业的教学计划中都占有重要的地位。建筑力学的定理、定律和结论广泛应用于建筑工程技术之中，它是解决建筑工程实际问题的重要基础；建筑专业的很多课程，都以建筑力学为基础，所以，它是学习后续课程的重要基础；更重要的是，建筑力学的研究方法具有普遍意义，有助于培养学生分析问题和解决问题的能力。在学习本课程时，读者不仅要学好建筑力学的内容，还要通过学习，逐步领会和掌握其研究方法，为今后的学习、工作和科研打下坚实的基础。

第 1 篇

静 力 学

　　物体在空间的位置随时间的改变称为机械运动。这是人们在日常生活和生产实践中最常见到的一种运动形式。静力学是研究物体机械运动的特殊情况——物体的平衡问题的科学。所谓物体的平衡，是指物体相对于地面保持静止或做匀速直线运动的状态。但是，在宇宙中没有绝对的平衡，"一切平衡都只是相对的和暂时的"。

　　若物体处于平衡状态，那么作用于物体上的多个力（称为力系）必须满足一定的条件，这些条件称为力系的平衡条件。平衡时的力系称为平衡力系。研究物体的平衡问题，实际上就是研究作用于物体上的力系的平衡条件，并应用这些条件解决工程实际问题。

　　在研究物体的平衡条件或计算工程实际问题时，应该将一些比较复杂的力系进行简化，换句话说就是将一个复杂的力系简化为一个简单的力系，使其作用效应依旧相同。这种简化力系的方法称为力系的简化。另外力系简化的结果也是建立平衡条件的依据。所以静力学研究两个基本问题：力系的简化；物体在力系作用下的平衡条件。

　　静力学是工程力学的基础部分，在工程技术中有着广泛的应用。如下图所示桥式吊车，它是由桥架、吊钩和钢丝绳等构件所组成。为了保证吊车能正常地工作，设计时首先必须分析各构件所受的力，根据平衡条件算出这些力的大小，之后才能进一步考虑材料的选择、设计构件的尺寸等问题。

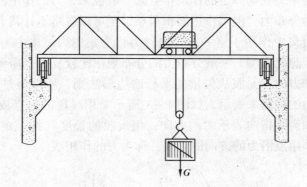

　　力在物体平衡时所表现出来的基本性质，也同样表现于建筑结构之中。在静力学里关于力的合成、分解与力系简化的研究结果，可以直接应用于结构力学。反过来结构力学问题也可以化为具有静力学问题的形式来求解。

　　由此可见，静力学是研究材料力学和结构力学的基础，在工程中具有重要的实用意义。

静力学公理和物体的受力分析

1.1　静力学的基本概念

1.1.1　力与力系的概念

1.1.1.1　力的定义

力是物体之间的相互机械作用。这种作用有两种效应：使物体产生运动状态变化和尺寸及形状变化，分别称为运动效应（外效应）和变形效应（内效应）。力对刚体的作用只有运动效应（包括此效应的特例——平衡）。力的变形效应将在研究变形体的材料力学中讨论。

1.1.1.2　力的三要素

力对物体作用的效应取决于力的大小、方向和作用点三个因素，通常把它们称为力的三要素。三个要素中改变其中任何一个，就会改变力对物体的作用效应。

度量力的大小的单位随所采用的单位制不同而有所变化。本书采用国际单位制（SI），力的单位用牛顿（中文代号为牛，国际代号为 N）或千牛顿（中文代号为千牛，国际代号为 kN）。

力的方向包含方位和指向两个意思，如竖直向下、水平向右等。

力的作用点指的是力在物体上的作用位置。一般说来，力的作用范围并不是一个点而是一定的面积，即为分布力。但当作用面积很小以至可以忽略不计其大小时，就可抽象为一个点，从而认为力集中作用于这一点，这种力称为集中力。集中力在实际中是不存在的，它是分布力的理想化模型。一般分布力的分布规律比较复杂，需要进行简化。

力既具有大小和方向，又服从矢量的平行四边形法则，所以力是矢量（也称向量）。矢量可用一具有方向的线段来表示，如图 1－1 所示。用线段的起点或终点表示力的作用点；用线段的方位和箭头指向表示力的方向；用线段的长度（按一定的比例尺）表示力的大小。通过力的作用点沿力的方向的直线，称为力的作用线。

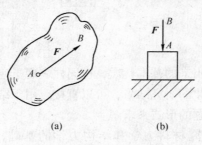

(a)　　　　　　　(b)

图 1－1

1.1.1.3　力系

作用在物体上的若干个力总称为力系。对同一物体产生相同效应的两个力系互称为等效力系。如果一个力系与单个力等效，则此单个力称为该力系的合力，而力系中的各力则称为合力的分力。作用于物体上使之保持平衡的力系称为平衡力系。

1.1.2　平衡的概念

所谓物体的平衡，工程上一般是指物体相对于地面保持静止或做匀速直线运动的状态。

静力学研究物体的平衡问题，实际上就是研究作用于物体上的力系的平衡条件，并利用这些条件解决具体问题。

1.1.3　刚体的概念

任何物体受力后都将或多或少地发生变形。但是，工程实际中构件的变形通常是非常微小的，在很多情况下，在研究其平衡或运动时，变形只是次要因素，因而可以忽略不计。

所谓刚体，是指在受力情况下保持其几何形状和尺寸不变的物体，亦即受力后任意两点之间的距离保持不变的物体。这是一种理想化了的模型，实际上并不存在这样的物体。这种抽象简化的方法，虽然在研究许多问题时是必要的，而且也是许可的，但它是有条件的。在研究物体的变形以及与变形有关的截面内力分布时，即使变形很小，也必须考虑物体的变形情况，即把物体视为变形体而不能再看作刚体。

1.2　静力学公理

所谓公理，就是符合客观现实的真理。静力学公理是人类从反复实践中总结出来的，它的正确性已被人们所公认。静力学的全部理论是以静力学公理为依据导出的，因此它是静力学的基础。

公理一　二力平衡公理　作用于刚体上的两个力平衡的必要和充分条件是：这两个力大小相等，指向相反，并且作用于同一直线上，如图 1-2 所示。

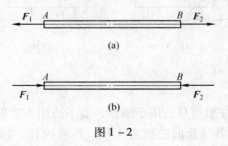

图 1-2

这个公理揭示了作用于物体上最简单的力系平衡时所必须满足的条件。对刚体来说，这个条件是必要与充分的；但是，对于变形体，这个条件是不充分的。例如图 1-3 所示软绳，受两个等值反向的拉力可以平衡，但受两个等值反向的压力时就不能平衡了。

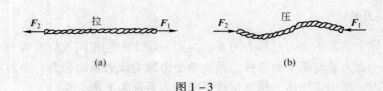

图 1 - 3

只在两个力作用下处于平衡的构件，称为二力构件（或二力杆）。工程上存在着许多二力构件。二力构件的受力特点是，两个力的方向必沿作用点的连线。例如，矿井巷道支护的三铰拱如图 1 - 4 所示，其中 *BC* 杆质量不计，就可以看成是二力构件。

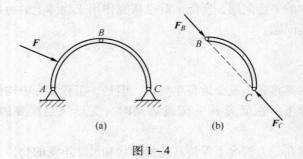

图 1 - 4

公理二　加减平衡力系公理　在作用于刚体上的任何一个力系上，加上或减去任一平衡力系，并不改变原力系对刚体的作用效应。

这个公理指出平衡力系对于刚体的平衡或运动状态没有影响。它常被用来简化某一已知力系。

推论　力的可传性原理　作用于刚体上的力，可以沿其作用线移至刚体内任意一点，而不改变它对刚体的作用效应。

例如，人们在车后 *A* 点推车，与在车前 *B* 点拉车，效果是一样的（见图 1 - 5）。当然这个原理也可从公理二来推证，此处就不论述了。

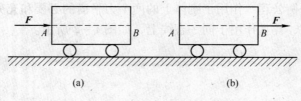

图 1 - 5

应该注意，力的可传性原理只适用于刚体，而不适用于变形体。例如图 1 - 6（a）所示的变形杆 *AB*，受到等值共线反向的拉力作用，杆被拉长。如果把这两个力沿作用线分别移到杆的另一端，如图 1 - 6（b）所示，此时杆就被压短。

公理三　力的平行四边形公理　作用于物体上同一点的两个力，可以合成为一个合力。合力的作用点仍在该点，合力的大小和方向是以这两个力为边所作的平行四边形的对角线来表示（见图 1 - 7）。

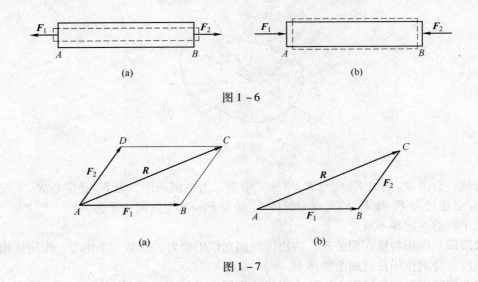

图 1-6

图 1-7

这种合成力的方法，称为矢量加法，合力称为这两力的矢量和（或几何和），可用公式表示为：

$$R = F_1 + F_2$$

在用矢量加法求合力时，往往不必画出整个的平行四边形，如图 1-7（b）所示，可从 A 点作一个与力 F_1 大小相等、方向相同的矢量 AB，过 B 点作一个与力 F_2 大小相等、方向相同的矢量 BC。则 AC 即表示力 F_1、F_2 的合力 R。这种求合力的方法，称为力三角形法则。但应注意，力三角形只表明力的大小和方向，它不表示力的作用点或作用线。

力的合成与分解都可以利用平行四边形法则。例如沿斜面下滑的物体（见图 1-8），有时就把重力 G 分解为两个分力：一个是与斜面平行的分力 F，这个力使物体沿斜面下滑；另一个是与斜面垂直的分力 N，这个力使物体下滑时紧贴斜面。这两个分力的大小分别为：

$$F = G\sin\alpha, N = G\cos\alpha$$

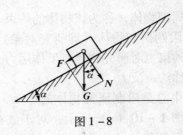

图 1-8

推论　三力平衡汇交定理　刚体受不平行的三力作用而平衡，则三力作用线必汇交于一点且位于同一平面内（见图 1-9）。

证明：设有不平行的三个力 F_1、F_2 和 F_3，分别作用于刚体上的 A、B、C 三点，使刚体处于平衡。

根据力的可传性原理，将力 F_1、F_2 沿其作用线移到 O 点，并按力的平行四边形法

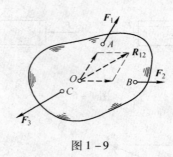

图 1 - 9

则，合成一合力 R_{12} 则力 F_3 应与 R_{12} 平衡。根据二力平衡条件，力 F_3 必定与 R_{12} 共线，所以力 F_3 必通过力 F_1 和 F_2 的交点 O，且 F_3 必与 F_1 和 F_2 在同一平面内。

此定理的逆定理不成立。

公理四　作用与反作用公理　两物体间相互作用的力，总是大小相等、作用线相同而指向相反，分别作用在这两个物体上。

这个定律概括了自然界中物体之间相互作用力的关系，表明一切力总是成对出现的。有作用力就必有反作用力。

作用力与反作用力，一般用同一字母表示。为了便于区别，在其中一个字母的右上角加一小撇"′"，如 F 表示作用力，则 F' 便表示反作用力。

1.3　约束与约束反力

1.3.1　约束的相关概念

（1）约束。在空间可以自由运动，其位移不受任何限制的物体称为自由体，如空中飞行的飞机、热气球、火箭等。在各种机器和工程结构中，每一构件都根据工作要求以一定方式和周围其他构件相联系，它们的运动会因此而受到一定的限制。例如，数控机床工作台受到床身导轨的限制，只能沿导轨移动；火车受到钢轨的限制，只能沿轨道行驶；电动机转子受到轴承的限制，只能绕轴线转动；门受到合页的限制，只能绕门轴转动；等等。

凡是限制某一物体运动的周围物体，称为该物体的约束。

（2）约束反力。约束既然限制研究物体（即研究对象）的运动，它就必须承受该研究物体对它的作用力。同样，约束也对研究物体有反作用力。我们将约束对研究物体的反作用力称为约束反作用力，简称约束反力。

（3）约束反力的方向。约束总是限制研究物体的运动，故约束反力的方向必与该约束所限制的运动方向相反。如图 1 - 10（a）所示，对于放在桌面上重力为 G 的物体 A，桌面便是物体 A 的约束。桌面限制物体 A 向下运动，必然给它一个向上的约束反力，如图 1 - 10（b）所示。

1.3.2　常见的约束类型及约束反力的画法

1.3.2.1　柔性约束

工程上常用的钢丝绳、皮带、链条等柔性索状物体统称为柔性约束。这类约束只能承

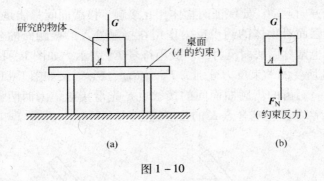

图 1 - 10

受拉力，而不能抵抗压力和弯曲。由于柔性约束只能限制物体沿柔索中心线伸长方向的运动，因此，柔性约束反力方向一定是沿着柔索中心线而背离物体，作用在柔索与物体的连接点。柔性约束反力通常用符号 F_T 表示。图 1 - 11（a）表示用钢丝绳悬挂一重物，钢丝绳对重物的约束反力如图 1 - 11（b）所示。

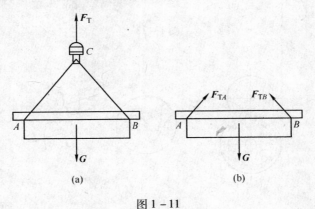

图 1 - 11

当柔性的绳索、链条或皮带绕过轮子时（见图 1 - 12a），它们给轮子的约束反力沿着柔索中心线，指向则背离轮子，如图 1 - 12（b）所示。

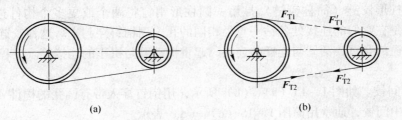

图 1 - 12

1. 3. 2. 2　光滑接触面约束

两物体相互接触，如果接触面非常光滑，摩擦力可以忽略不计，则这种约束称为光滑接触面约束。光滑接触面约束限制物体沿接触面公法线压入接触面，而不能限制被约束物体沿接触面的切线方向运动。要保证两物体相互接触，接触面间只能是压力，而不能是拉力。因此，光滑接触面对物体的约束反力作用在接触处，沿接触面的公法线指向受力物体。这种约束反力也常称做法向反力，一般用符号 F_N 表示。如图 1 - 13 所示，直杆在接触点 A、B、C 三处所受的约束反力分别为 F_{NA}、F_{NB}、F_{NC}。又如图 1 - 14 所示，当略去摩擦时，齿轮传动中一对齿的齿廓曲面间的接触也是光滑接触，因而两齿轮的相互作用力 F_N、F'_N 一定沿着齿廓曲面在啮合点 K 的公法线方向。

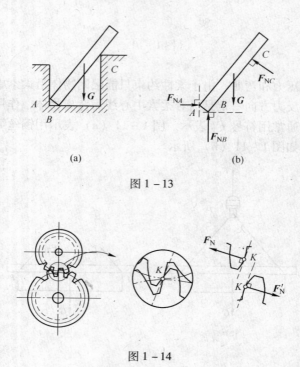

图 1 - 13

图 1 - 14

1.3.2.3　光滑圆柱形铰链约束

光滑圆柱形铰链（简称铰链）是用一圆柱形销钉将两个或更多个构件连接在一起，采取的办法是在它们的连接处各钻一直径相同的孔，用销钉穿起来。这种铰链应用比较广泛，如门、窗的合页，活塞与连杆的连接，起重机动臂与机座的连接等。工程实际中的应用形式有：

（1）中间铰。如图 1 - 15（a）、（b）所示，用销钉穿入带有圆孔的构件 A、B 的圆孔中，即构成中间铰，通常用简图 1 - 15（c）、（d）表示。

如果销钉与圆孔的接触面是光滑的，则销钉只能限制被约束构件在垂直于销钉轴线的平面内沿径向的相对移动，而不能限制物体绕销钉轴线的相对转动或沿其轴线方向移动。因此，铰链的约束反力作用在圆孔与销钉的接触点 K，通过销钉中心，作用线沿接触点处的公法线，如图 1 - 15（e）所示的反力 F_C。由于接触点 K 的位置一般不能预先确定，因此 F_C 的方向也不能预先确定，但知道 F_C 一定通过销钉中心 C。在实际计算中，通常用过铰链中心的两个互相垂直的分力 F_{Cx}、F_{Cy} 来代替 F_C，如图 1 - 15（f）所示。

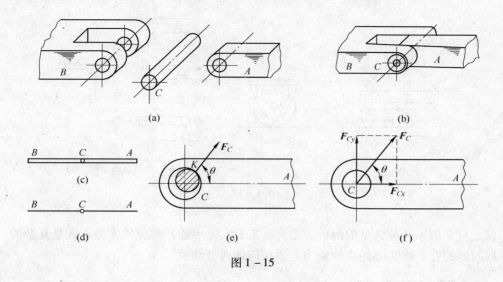

图 1 – 15

（2）固定铰链支座。当圆柱形铰链中有一构件固定时，则称为固定铰链支座，其结构和简图分别如图 1 – 16（a）、（b）所示。显然，固定铰链支座是圆柱形铰链的一种特殊情况，故其约束反力的确定原则与圆柱形铰链约束反力的确定原则相同，一般也分解为两个正交分力，如图 1 – 16（c）所示。

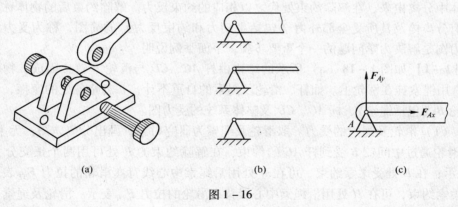

图 1 – 16

（3）活动铰链支座（辊轴铰链支座）。在铰链支座与支承面之间装上辊轴，就成为活动铰链支座，如图 1 – 17（a）、（b）所示。如略去摩擦，则这种支座不限制构件沿支承面的移动和绕销钉轴线的转动，只限制构件沿支承面法线方向的移动，因此，活动支座的约束反力 F_N 必垂直于支承面，通过铰链中心，指向待定。在力学计算中，常用图 1 – 17（c）所示的简图来表示活动铰链支座。活动铰链支座的约束反力常用符号 F_N 表示，如图 1 – 17（d）所示。

（4）固定端支座。工程上，常有结构或构件的一端牢牢地插入到支承物之中，如房屋的雨篷嵌入墙内，基础与地基整浇在一起等。这种约束的特点是连接处有很大的刚性，不允许被约束物体与约束之间发生任何相对移动和转动，即被约束物体在约束端是完全固定的。

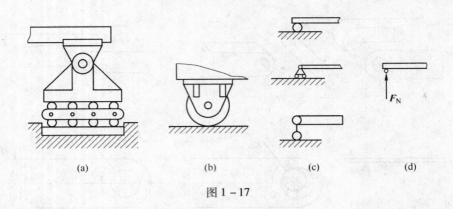

(a) (b) (c) (d)

图 1 – 17

以上只介绍了几种常见的约束类型，在工程实际中连接部位的连接方式是复杂的，必须根据问题的性质将实际约束抽象为上述相应的典型约束。

1.4 受力图

在解决力学问题时，首先要根据问题的已知条件和待求量从有关物体中选择某一物体（或由几个物体组成的系统）作为研究对象，并分析研究对象的受力情况，即进行受力分析。为了清晰地表示物体的受力情况，我们可设想将研究对象的约束全部解除，并把它从周围物体中分离出来，在解除约束处代之以相应的约束反力。解除约束后的物体称为分离体；画有分离体及其所受全部外力（包括主动力和约束反力）的简图，称为受力图。画物体受力图是解决力学问题的一个重要步骤，下面举例说明。

【例 1 – 1】 如图 1 – 18（a）所示的结构由杆 AC、CD 与滑轮 B 铰接而成。物体的重量为 G，用绳索挂在滑轮上。如杆、滑轮及绳索的自重不计，并忽略各处的摩擦，试分别画出滑轮 B（包括绳索）、杆 AC、CD 及整体系统的受力图。

解：（1）滑轮及绳索的受力。取滑轮及绳索为研究对象，画出分离体图；无主动力。在 B 处滑轮通过中间铰 B 受到杆 AC 的约束，在解除约束的 B 处可用两个正交分力 F_{Bx}、F_{By} 来表示；在 E 处受柔索约束，可在 E 处用沿绳索中心线背离滑轮的拉力 F_{TE} 表示；在 H 处受柔索约束，可在 H 处用沿绳索中心线背离滑轮的拉力 F_{TH} 表示。滑轮及绳索受力如图 1 – 18（b）所示。

（2）杆 CD 的受力图。取杆 CD 为研究对象，画出分离体图；无主动力。很显然 CD 杆为一二力杆，根据二力杆的特点，C、D 两处的约束反力必沿两点的连线，且等值、反向。假设 CD 杆受拉，在 C、D 处画上拉力 F_{CD} 和 F_{DC}，且 $F_{CD} = - F_{DC}$。杆 CD 受力如图 1 – 18（c）所示。

（3）杆 AC 的受力图。取杆 AC 为研究对象，画出分离体图；无主动力。杆 AC 在 A 处受固定铰链支座约束，在解除约束的 A 处可用两个正交分力 F_{Ax}、F_{Ay} 来表示；在 B 处通过中间铰 B 受到滑轮的约束，可在 B 处画出约束反力 F'_{Bx}、F'_{By}，它们分别与 F_{Bx}、F_{By} 互为作用力与反作用力；在 C 处受到杆 CD 的约束，其约束反力为 F'_{CD}，它与 F_{CD} 互为作用力与反作用力。杆 AC 的受力如图 1 – 18（d）所示。

（4）整体系统的受力图。取整体系统为研究对象，画出分离体图；主动力为 G。在 A

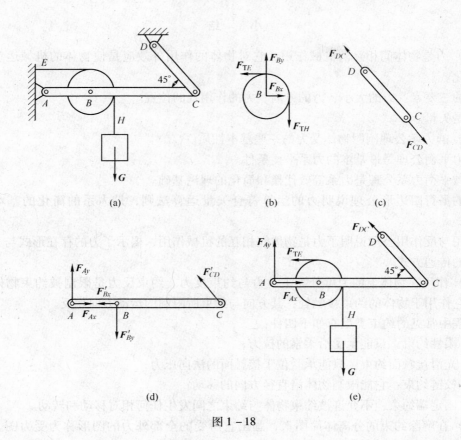

图 1 – 18

处受固定铰链支座的约束，其约束反力同 AC 杆的 A 处画法；同理，在 E 处其约束反力的画法同滑轮 E 处的画法，在 D 处其约束反力的画法同 CD 杆 D 处的画法。

该结构整体系统的受力如图 1 – 18（e）所示。

对物体进行受力分析，恰当地选取分离体并正确地画出受力图是解决力学问题的基础，否则以后的分析计算将会得出错误的结论。为使读者能正确地画出受力图，现提出以下几点注意事项供参考：

（1）要明确哪个物体是研究对象，将研究对象从它周围的约束中分离出来，单独画出简图。

（2）受力图上要画出研究对象所受的全部主动力和约束反力，用习惯使用的字母加以标记。为避免漏画某些约束反力，要注意分离体在哪几处被解除约束，则在这几处必作用着相应的约束反力。

（3）每画一力都要有依据，要能指出它是哪个物体（施力物体）施加的，不要把一些实际上并不存在的力加在分离体上，尤其不要把其他物体所受的力画到分离体上。

（4）约束反力的方向要根据约束的性质来判断，不能靠直观任意猜度。

（5）在画物体系统的受力图时，系统内任何两物体间相互作用的力（内力）不应画出。当分别画两个相互作用物体的受力图时，要特别注意作用力与反作用力的关系，作用力的方向一经设定，反作用力的方向就应与之相反。

小　结

（1）力是物体间相互的机械作用，它对物体的作用外效应是使物体的机械运动状态发生变化。

力的三要素：力的大小、力的方向、力的作用线的位置。

力是矢量。

（2）静力学公理阐明物体受力的一些基本性质。

二力平衡公理是最基本的力系平衡条件。

加减平衡力系公理是力系等效代换和简化的理论基础。

力的平行四边形公理说明力的运算符合矢量运算法则，是力系的简化的基本规则之一。

作用与反作用公理说明了力是物体间相互的机械作用，揭示了力的存在形式与力在物系内部的传递方式。

（3）作用在物体上的力可分为主动力与约束反力。约束反力是限制被约束物体运动的力，它作用于物体的约束接触处，其方向与约束所限制的运动方向相反。

工程中常见的约束类型有如下四种：

1）柔性约束：只能承受沿柔索的拉力；

2）光滑接触面约束：只能承受位于接触面的法向压力；

3）铰链约束：它能限制物体沿直径方向的移动；

4）固定端约束：不允许被约束物体与约束之间发生任何相对移动和转动。

（4）在解除约束的分离体简图上，画出它所受的全部外力的图形称为受力图。画受力图时应注意以下几点：

1）只画受力，不画施力；

2）只画外力，不画内力；

3）解除约束后才能画上约束反力。

所谓外力，是指研究对象以外的物体作用于研究对象的力，包括主动力和约束反力。外力与内力是两个相对概念，它们与所取的研究对象有关，画受力图时必须审慎研究。

思 考 题

1 – 1　说明下列式子的意义和区别。

(1) $\boldsymbol{F}_1 = \boldsymbol{F}_2$，$F_1 = F_2$

(2) $\boldsymbol{F}_R = \boldsymbol{F}_1 + \boldsymbol{F}_2$，$F_R = F_1 + F_2$

1 – 2　在图 1 – 19 的 5 种情况中，力 $\boldsymbol{F}$ 对同一小车的效应是否相同？为什么？

1 – 3　"分力一定小于合力"这句话对不对？为什么？试举例说明。

1 – 4　"三力平衡必汇交于一点"是否是三力平衡的必要与充分条件？

1 – 5　已知一力 $\boldsymbol{F}_R$ 的大小和方向，能否确定其分力的大小和方向？为什么？

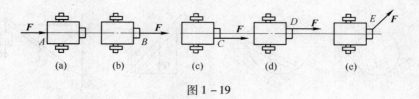

图 1 – 19

习　题

下列习题中，凡未标出自重的物体，质量不计。接触处都不计摩擦。

1 – 1　构架如图 1 – 20 所示，试分别画出杆 BDH、杆 AB、销钉 A 及整个系统的受力图。

1 – 2　构架如图 1 – 21 所示，试分别画出杆 AEB、销钉 C、销钉 A 及整个系统的受力图。

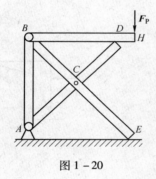

图 1 – 20

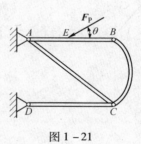

图 1 – 21

1 – 3　如图 1 – 22 所示，两球的重力分别为 G_1 和 G_2，以绳索悬挂固定。试分别按要求画出受力图：
（1）大球；（2）小球；（3）小球和大球。

1 – 4　如图 1 – 23 所示，物体重力为 G，轮 O 及其他直杆的自重不计。试画杆 BC 及轮 O 的受力图。

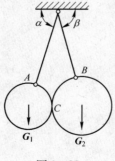

图 1 – 22

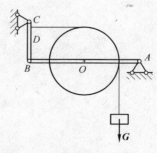

图 1 – 23

1 – 5　试分别画出图 1 – 24 中各物体的受力图。

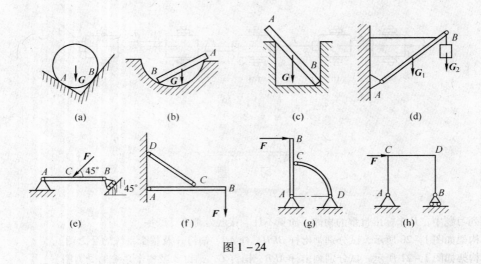

图 1 – 24

1 – 6　试分别画出图 1 – 25 中各物体系统中每个物体的受力图。

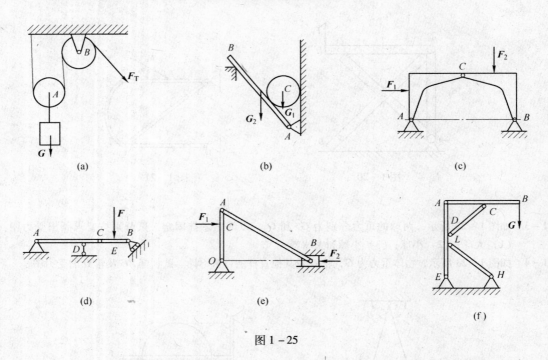

图 1 – 25

2　平面汇交力系

2.1　工程中的平面汇交力系实例

工程中经常遇到平面汇交力系问题。例如型钢 MN 上焊接三根角钢，受力情况如图 2－1 所示。F_1、F_2 和 F_3 三个力的作用线均通过 O 点，且在同一个平面内。又如当吊车起吊重为 G 的钢梁时（见图 2－2），钢梁受 F_A、F_B 和 G 三个力的作用，这三个力在同一平面内，且交于一点。我们把各力的作用线都在同一平面内且汇交于一点的力系称为平面汇交力系。

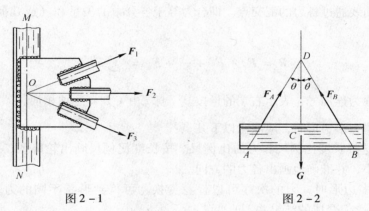

图 2－1　　　　　　　　　　　　　　　图 2－2

下面采用几何法和解析法来研究平面汇交力系的合成和平衡问题。

2.2　平面汇交力系合成与平衡的几何法

2.2.1　平面汇交力系合成的几何法

设刚体上作用有汇交于同一点 O 的三个力 F_1、F_2 和 F_3，如图 2－3（a）所示，求其合力。我们只需连续用力的平行四边形法则或力的三角形法则，就可以求出。

依据力三角形法则，将这些力依次相加。先从任意一点 A，按一定比例尺，作矢量 AB 平行且等于力 F_1，再从 B 点作矢量 BC 平行且等于力 F_2，于是矢量 AC 即表示力 F_1 与 F_2 的合力 R_{12}。仿此再从 C 点作矢量 CD 平行且等于力 F_3，于是矢量 AD 即表示力 R_{12} 与 F_3 的合力；也就是 F_1、F_2 和 F_3 三力的合力 R，其大小和方向可由图上量出（见图 2－3b），而合力作用点仍在 O 点。

作图时中间矢量 AC 不必画出，只要把各力矢量首尾相接，画出一个开口多边形 AB-CD，最后将第一个力 F_1 的始端 A 与最末一个力 F_3 的终端 D 相连，所得的矢量 AD 就代表该力系合力 R 的大小和方向，如图 2－3（b）所示。这个多边形 $ABCD$ 称力多边形，代表合力的矢量 AD 边称为力多边形的封闭边。这种以力多边形求合力的作图规则，称为力多

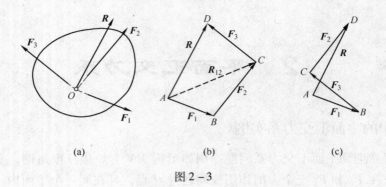

图 2-3

边形法则。这种方法称为几何法。

得出结论：平面汇交力系合成的结果是一个合力，其大小和方向由力多边形的封闭边来表示，其作用线通过各力的汇交点。即合力等于各分力的矢量和（或几何和）。可用矢量式表示为：

$$R = F_1 + F_2 + \cdots + F_n = \sum_{i=1}^{n} F_i \qquad (2-1)$$

符号 $\sum\limits_{i=1}^{n}$ 称为连加号，表示右端的量按其下标 i 由 1 到 n 逐项相加。

用几何法作力多边形时，应注意以下几点：

（1）恰当选择长度比例尺和力的比例尺。按长度比例尺画出轮廓图，按力的比例尺画出各力的大小，并准确地画出各力的方向。

（2）作力多边形时，力的次序可以任意变换，可得到形状不同的力多边形，如图 2-3（c）所示，但合成的结果并不改变。

（3）力多边形中诸力应首尾相连。合力的方向则是从第一个力的起点指向最后一个力的终点。

2.2.2　平面汇交力系平衡的几何条件

平面汇交力系合成的结果是一个合力。如果物体处于平衡，则合力 R 应等于零。反之，如果合力 R 等于零，则物体必处于平衡。所以物体在平面汇交力系作用下平衡的必要与充分条件是合力 R 等于零，用矢量式表示为：

$$R = \sum F = 0 \qquad (2-2)$$

在几何法中，平面汇交力系的合力 R 是由力多边形的封闭边来表示的。当合力 R 等于零时，力多边形的封闭边变为一点，即力多边形中第一个力的起点与最后一个力的终点重合，构成了一个自行封闭的力多边形，如图 2-4（b）所示。

得出结论：平面汇交力系平衡的几何条件是力多边形自行封闭。

【例 2-1】起重架可绕过滑轮 A 的绳索将重 $G=3\mathrm{kN}$ 的重物 E 吊起，滑轮 A 用 AB 和 AC 两直杆支撑，杆与滑轮及墙壁均为铰接，如图 2-5（a）所示。设杆与滑轮的自重及滑轮的大小均不计，试求直杆 AB 和 AC 作用于滑轮的力。滑轮轴承的摩擦不计。

解：（1）取轮 A 为研究对象。不计摩擦时绳子两端拉力相等，即 $F_T = F_{TAD} = G$，杆

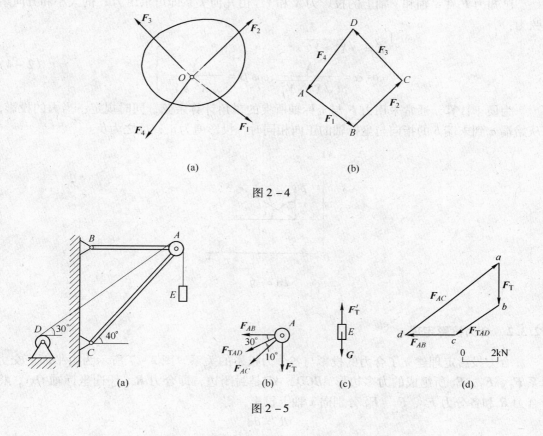

图 2-4

图 2-5

AB，AC 均为二力杆，不计滑轮尺寸，受力图如图 2-5（b）所示。

　　（2）如图 2-5（d）所示，选取比例尺，从点 a 依次作矢量 ab、bc 代表 F_T、F_{TAD}，由于力系是平衡力系，力多边形自行封闭，即两个未知的力矢 F_{AB}、F_{AC} 应分别通过 c、a 点，从 c、a 点分别作直线平行于 F_{AB} 和 F_{AC}，相交于 d 点，得力多边形 $abcd$，按比例尺得：

$$F_{AB} = cd = 2.76 \text{kN}, \quad F_{AC} = da = 7 \text{kN}$$

2.3　平面汇交力系合成的解析法

2.3.1　力在坐标轴上的投影

　　设力 $F = AB$ 在 Oxy 平面内（见图 2-6）。从力 F 的起点 A 和终点 B 作 Ox 轴的垂线 Aa 和 Bb，则线段 ab 称为力 F 在 x 轴上的投影。同理，从力 F 的起点 A 和终点 B 可作 Oy 轴的垂线 Aa' 和 Bb'，则 $a'b'$ 称为力 F 在 y 轴上的投影。通常用 X（或 F_x）表示力在 x 轴上的投影，用 Y（或 F_y）表示力在 y 轴上的投影。

　　设 α 和 β 表示力 F 与 x 轴和 y 轴正向间的夹角，由图 2-6 可知：

$$\left. \begin{array}{l} X = F\cos\alpha \\ Y = F\cos\beta \end{array} \right\} \tag{2-3}$$

力的投影是代数量。

已知力 F 在 x 轴和 y 轴上的投影为 X 和 Y，由几何关系即可求出力 F 的大小和方向余弦为：

$$\left.\begin{array}{l} F = \sqrt{X^2 + Y^2} \\ \cos \alpha = \dfrac{X}{\sqrt{X^2 + Y^2}},\cos \beta = \dfrac{Y}{\sqrt{X^2 + Y^2}} \end{array}\right\} \qquad (2-4)$$

为便于计算，通常采用力 F 与坐标轴所夹的锐角计算余弦，同时规定：当力的投影，从始端 a 到末端 b 的指向与坐标轴的正向相同时，投影值为正；反之为负。

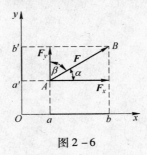

图 2-6

2.3.2　合力投影定理

合力投影定理建立了合力的投影与各分力投影的关系。图 2-7 所示为由平面汇交力系 F_1、F_2、F_3 所组成的力多边形 $ABCD$，AD 是封闭边，即合力 R。任选坐标轴 Oxy，将合力 R 和各分力 F_1、F_2、F_3 分别向 x 轴上投影，得：

$$R_x = ad$$
$$X_1 = ab, X_2 = bc, X_3 = -cd$$

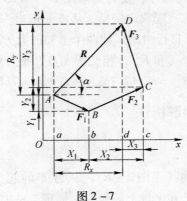

图 2-7

由图 2-7 可见：

$$ad = ab + bc - cd$$

故得：

$$R_x = X_1 + X_2 + X_3$$

同理可得合力 R 在 y 轴上的投影：

$$R_y = Y_1 + Y_2 + Y_3$$

式中，Y_1、Y_2、Y_3 分别为力 $\boldsymbol{F}_1$、$\boldsymbol{F}_2$、$\boldsymbol{F}_3$ 在 y 轴上的投影。

若将上述合力投影与各分力投影的关系式推广到 n 个力组成的平面汇交力系中则可得：

$$\left.\begin{array}{l} R_x = X_1 + X_2 + \cdots + X_n = \sum X \\ R_y = Y_1 + Y_2 + \cdots + Y_n = \sum Y \end{array}\right\} \tag{2-5}$$

即合力在任意轴上的投影，等于各分力在同一轴上投影的代数和，这称为合力投影定理。

2.3.3　合成的解析法

算出合力的投影 R_x 和 R_y 后，就可按式（2-4）求出合力 $\boldsymbol{R}$ 的大小和方向：

$$\left.\begin{array}{l} R = \sqrt{R_x^2 + R_y^2} = \sqrt{(\sum X)^2 + (\sum Y)^2} \\ \tan \alpha = \left| \dfrac{R_y}{R_x} \right| = \left| \dfrac{\sum Y}{\sum X} \right| \end{array}\right\} \tag{2-6}$$

式中，α 表示合力 $\boldsymbol{R}$ 与 x 轴间所夹的锐角。合力指向由 R_x、R_y 的正负号判定。

运用式（2-6）计算合力 $\boldsymbol{R}$ 的大小和方向，此方法称为平面汇交力系合成的解析法。

【例 2-2】 如图 2-8 所示，作用于吊环螺钉上的四个力 $\boldsymbol{F}_1$、$\boldsymbol{F}_2$、$\boldsymbol{F}_3$ 和 $\boldsymbol{F}_4$ 构成平面汇交力系。已知各力的大小和方向为：$F_1 = 360\text{N}$，$\alpha_1 = 60°$；$F_2 = 550\text{N}$，$\alpha_2 = 0°$；$F_3 = 380\text{N}$，$\alpha_3 = 30°$；$F_4 = 300\text{N}$，$\alpha_4 = 70°$。用解析法求合力的大小和方向。

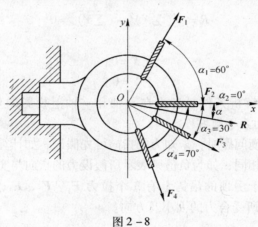

图 2-8

解： 如图 2-8 所示选取坐标系 Oxy，根据式（2-3），诸力在 x 轴和 y 轴上的投影可列成表 2-1。

表 2-1　各力在 x、y 轴上的投影

力	F_1	F_2	F_3	F_4
X	$F_1 \cos \alpha_1$	$F_2 \cos \alpha_2$	$F_3 \cos \alpha_3$	$F_4 \cos \alpha_4$
Y	$F_1 \sin \alpha_1$	$F_2 \sin \alpha_2$	$-F_3 \sin \alpha_3$	$-F_4 \sin \alpha_4$

从式（2-5）可得：

$$R_x = X_1 + X_2 + X_3 + X_4 = F_1 \cos \alpha_1 + F_2 \cos \alpha_2 + F_3 \cos \alpha_3 + F_4 \cos \alpha_4$$

$$= 360\cos60° + 550\cos0° + 380\cos30° + 300\cos70°$$
$$= 360 \times 0.5 + 550 + 380 \times 0.866 + 300 \times 0.342$$
$$= 1162\text{N}$$

$$R_y = Y_1 + Y_2 + Y_3 + Y_4$$
$$= F_1\sin\alpha_1 + F_2\sin\alpha_2 - F_3\sin\alpha_3 - F_4\sin\alpha_4$$
$$= 360\sin60° + 550\sin0° - 380\sin30° - 300\sin70°$$
$$= 360 \times 0.866 + 0 - 380 \times 0.5 - 300 \times 0.94$$
$$= -160\text{N}$$

根据式（2-6）可得：

$$R = \sqrt{R_x^2 + R_y^2} = \sqrt{(1162)^2 + (-160)^2} = 1173\text{N}$$

由
$$\tan\alpha = \left| \frac{R_x}{R_y} \right| = \left| \frac{-160}{1162} \right| = 0.133$$

可得
$$\alpha = 7°54'$$

合力的指向如图 2-8 所示。

2.4　平面汇交力系平衡方程及其应用

平面汇交力系的平衡条件是合力 R 为零，由式（2-6）则有：

$$R = \sqrt{(\sum X)^2 + (\sum Y)^2} = 0$$

所以

$$\left. \begin{array}{l} \sum X = 0 \\ \sum Y = 0 \end{array} \right\} \tag{2-7}$$

即平面汇交力系平衡的解析条件是各力在 x 轴和 y 轴上投影的代数和分别等于零。式（2-7）称为平面汇交力系平衡方程。

当用解析法求解平衡问题时，未知力的指向可先假设，如计算结果为正值则表示所假设力的指向与实际指向相同；如为负值则表示所假设力的指向与实际指向相反。

【例 2-3】一固定于房顶的吊钩上有 3 个拉力 F_1、F_2、F_3，其值与方向如图 2-9（a）所示，试求出吊钩所受合力的大小及方向。

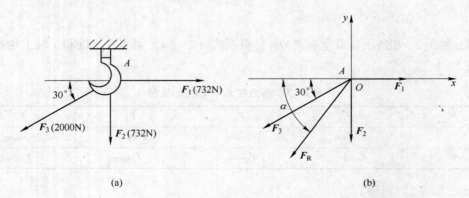

（a）　　　　　　　　　　　　　　（b）

图 2-9

解: 建立直角坐标系 Axy,并应用式(2-5),求出

$$F_{Rx} = F_{1x} + F_{2x} + F_{3x} = 732 + 0 - 2000\cos30°$$

$$= -1000\text{N}$$

$$F_{Ry} = F_{1y} + F_{2y} + F_{3y} = 0 + 732 - 2000\sin30°$$

$$= -1732\text{N}$$

再按式(2-6)得:

$$F_R = \sqrt{(\sum F_x)^2 + (\sum F_y)^2} = \sqrt{(-1000)^2 + (-1732)^2} = 2000\text{N}$$

$$\alpha = \arctan^{-1}|\sum F_y / \sum F_x| = \arctan\sqrt{3} = 60°$$

【例2-4】 如图2-10所示,物重 $G = 20\text{kN}$,用钢丝绳经过滑轮 B 再缠绕在绞车 D 上。杆 AB 与 BC 铰接,并以铰链 A、C 与墙连接。设两杆和滑轮的自重不计,并略去摩擦和滑轮的尺寸,求平衡时杆 AB 和 BC 所受的力。

解:(1)由于滑轮 B 上作用有已知力和未知力,故取滑轮 B 为研究对象,画其受力图。滑轮受钢丝绳拉力 F_{T1} 与 F_{T2} 作用,且 $F_{T1} = F_{T2} = G$。滑轮同时还受到二力杆 AB 与 BC 的约束反力 F_{BA} 和 F_{BC} 的作用,滑轮在四个力的作用下处于平衡状态。由于滑轮尺寸不计,因此这些力可看作平衡的平面汇交力系。滑轮 B 的受力图如图2-10(d)所示。

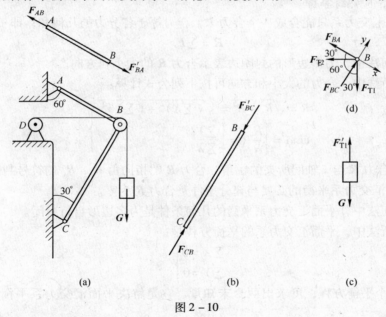

图2-10

(2)由于两未知力 F_{BA} 和 F_{BC} 相互垂直,故选取坐标轴 x、y 如图2-10(d)所示。

(3)列平衡方程并求解。由 $\sum X = 0$,得:

$$-F_{BA} + F_{T1}\cos60° - F_{T2}\cos30° = 0$$

$$F_{BA} = F_{T1} \times \frac{1}{2} - F_{T2} \times \frac{\sqrt{3}}{2} = G \times \frac{1}{2} - G \times \frac{\sqrt{3}}{2} = -7.32\text{kN}$$

由 $\sum Y = 0$,得

$$F_{BC} - F_{T1}\cos30° - F_{T2}\cos60° = 0$$

$$F_{BC} = F_{T1} \times \frac{\sqrt{3}}{2} + F_{T2} \times \frac{1}{2} = G \times \frac{\sqrt{3}}{2} + G \times \frac{1}{2} = 27.32\text{kN}$$

F_{BA} 为负值，表示此力的实际指向与图示相反，即 AB 杆受压力。

通过以上例题可以总结出求解平面汇交力系平衡问题的主要步骤：

（1）选取研究对象。根据题意，确定研究对象。对于较复杂的问题，要选两个甚至更多的研究对象，才能逐步解决。

（2）画受力图。画出所有作用于研究对象上的力（主动力和约束反力），不能漏掉任何一个，也不要多画一个。应特别注意约束反力的画法。并要正确应用三力平衡汇交定理。

（3）根据平衡条件求未知量。若用几何法，则应选择适当的长度和力的比例尺，画出研究对象的轮廓图和封闭的力多边形。按力多边形中诸力首尾相接的次序，确定未知力的指向。若用解析法，则先选坐标系，然后进行投影计算，列平衡方程求解未知力。

小　结

本章主要内容是运用几何法和解析法研究平面汇交力系的合成与平衡。重点是用解析法解平衡问题，应熟练掌握。

（1）平面汇交力系只能合成一个合力 R，合力等于各分力的几何和，即

$$R = \sum F$$

1）在几何法中，力多边形的封闭边表示合力 R 的大小和方向。

2）在解析法中，合力的大小和方向可按下列公式计算：

$$\left. \begin{aligned} R &= \sqrt{R_x^2 + R_y^2} = \sqrt{(\sum X)^2 + (\sum Y)^2} \\ \tan\alpha &= \left| \frac{R_y}{R_x} \right| = \left| \frac{\sum Y}{\sum X} \right| \end{aligned} \right\}$$

式中，α 表示合力 R 与 x 轴间所夹的锐角。合力 R 的指向由 R_x、R_y 的符号判定。

（2）平面汇交力系平衡的必要与充分条件是合力 R 为零。

1）在几何法中，平面汇交力系平衡的几何条件是力多边形自行封闭。

2）在解析法中，平面汇交力系的平衡方程是：

$$\left. \begin{aligned} \sum X &= 0 \\ \sum Y &= 0 \end{aligned} \right\}$$

运用这两个平衡方程，可求出两个未知量。它是解决平面汇交力系平衡问题的基本方程。

思 考 题

2－1　试判断下列说法是否正确，为什么？

（1）力多边形各边分别是平面汇交力系的各力及其合力。

（2）对任意一个平面汇交力系都可以列出两个独立的平衡方程。

2－2　用解析法求平面汇交力系的合力时，若选取不同的直角坐标轴，计算出的合力的大小有无变化？

合力与坐标轴的夹角有无变化? 为什么?

2-3 若平面汇交力系的各力在任意两个不平行的轴上的投影的代数和均为零, 该力系是否平衡? 为什么?

2-4 用平衡方程解题时, 怎样选取投影坐标轴才能简化计算?

习　　题

2-1 起吊一重为 $G=24kN$ 的钢轴（见图 2-11）, 试求两边链条所受的拉力。

2-2 图 2-12 所示固定环受三条绳的拉力, 已知 $F_1=1kN$, $F_2=2kN$, $F_3=1.5kN$, 各力方向如图所示。求该力系的合力。

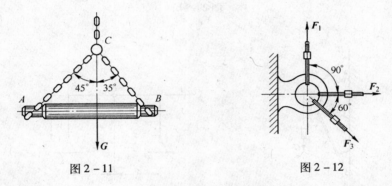

图 2-11　　　　　　　　　　图 2-12

2-3 支架如图 2-13 所示, 由杆 AB 与 AC 组成, A、B 与 C 均为铰链, 在销钉 A 上悬挂重量为 G 的重物。试求图示 4 种情形下, 杆 AB 与杆 AC 所受的力。

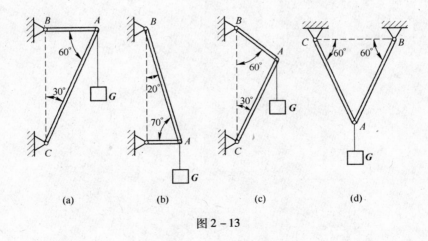

(a)　　　　　(b)　　　　　(c)　　　　　(d)

图 2-13

2-4 图 2-14 所示梁在 A 端为固定铰支座, B 端为活动铰支座, $F=20kN$。试求图示两种情形下 A 和 B 处的约束反力。

2-5 如图 2-15 所示, 简易起重机用钢丝绳吊起重 $G=2kN$ 的重物, 杆 AB、AC 自重不计, A、B、C 三处简化为铰链, 求杆 AB 和杆 AC 所受的力。

2 – 6　图 2 – 16 所示三铰拱架由 AC 和 BC 两部分组成，A、B 为固定铰链，C 为中间铰。试求铰链 A、B 的反力。

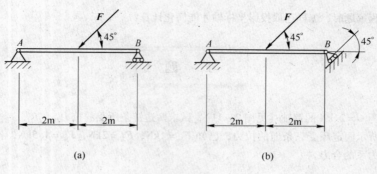

(a)　　　　　　　　　　　　　(b)

图 2 – 14

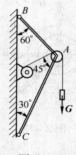

图 2 – 15

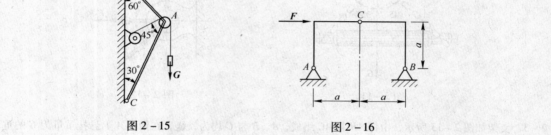

图 2 – 16

3　力矩与平面力偶系

3.1　力对点之矩

从生产实践中人们知道力不仅能够使物体沿某方向移动，还能够使物体绕某点转动。在生产劳动中，人们通过杠杆、滑轮、鼓轮等简单机械移动和提升物体时，就能够体会到力对物体转动效应的存在。以扳手拧紧螺母为例（见图3-1），人施于扳手上的力 F 使扳手和螺母一起绕转动中心 O 点转动，即产生转动效应。由经验可知，转动效应的大小不仅与力 F 的大小和方向有关，而且与转动中心 O 点到力 F 作用线的垂直距离 d 有关。所以，力 F 对扳手的转动效应可用乘积 $F \cdot d$ 加以适当的正负号来度量。这个量称为力对点之矩，简称力矩，以符号 $M_O(F)$ 表示，即

$$M_O(F) = \pm F \cdot d \qquad (3-1)$$

O 点称为矩心。O 点到力 F 的作用线的垂直距离 d 称为力臂。力矩正负号的规定如下：力使物体绕矩心做逆时针转动时力矩为正，反之为负。由式（3-1）可见，平面内力对点之矩只取决于力矩的大小及其正负号，说明力矩是代数量。

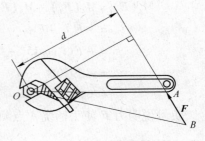

图3-1

在国际单位制中，力矩的单位是牛[顿]·米（N·m）或千牛[顿]·米（kN·m）。

从几何上看，力 F 对 O 点的矩在数值上等于 $\triangle ABO$ 面积的两倍，即

$$M_O(F) = \pm F \cdot d = \pm 2 \cdot S_{\triangle ABO} \qquad (3-2)$$

由力对点之矩的概念，可得以下结论：

（1）力的大小为零或力的作用线通过矩心时，其力矩为零；

（2）力沿其作用线滑动时，不会改变力对矩心的力矩；

（3）互成平衡的二力对同一点之矩的代数和为零。

3.2　合力矩定理

在计算力矩时，力臂一般可通过几何关系确定，但几何关系比较复杂时，不易直接计算力臂大小。如果将力进行适当分解，计算各分力的力矩可能会比较简单。合力矩定理建立了合力对某点的矩与其分力对同一点矩之间的关系，对于平面汇交力系可叙述如下：

合力矩定理　平面汇交力系的合力对平面内任一点之矩，等于力系中各分力对同一点之矩的代数和。即

$$M_O(F_R) = M_O(F_1) + M_O(F_2) + \cdots + M_O(F_n) = \sum M_O(F_i) \qquad (3-3)$$

【**例3-1**】在气缸盖上要钻四个相同的孔，如图3-2所示，每个孔的切削力偶矩 $M_1 = M_2 = M_3 = M_4 = 15\text{N} \cdot \text{m}$，转向见图，求当用多轴钻床同时钻这四个孔时，工件受到

的总的切削力偶矩。

解： 作用于工件上的力偶有四个，各力偶的力偶矩大小都相等，转向相同，又在同一平面内，此合力偶的力偶矩为：

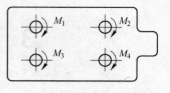

图 3 - 2

$$M = M_1 + M_2 + M_3 + M_4 = (-15) \times 4 = -60 \text{N} \cdot \text{m}$$

负号表示合力偶为顺时针转向。

【例 3 - 2】 手动剪断机的结构及尺寸如图 3 - 3 所示。设 $l_1 = 80$cm，$l_2 = 8$cm，$\alpha = 15°$，被剪物体放在刃口 K 处，在 B 处施加 $F = 50$N 的作用力。求在图示位置时力 $\boldsymbol{F}$ 对 A 点之矩。

解： 本题用合力矩定理求解较为方便。将力 $\boldsymbol{F}$ 分解为垂直于手柄方向的分力 $\boldsymbol{F}_1$ 和沿手柄方向的分力 $\boldsymbol{F}_2$，得：

$$F_1 = F\cos \alpha, \quad F_2 = F\sin \alpha$$

根据合力矩定理，力 $\boldsymbol{F}$ 对 A 点之矩为：

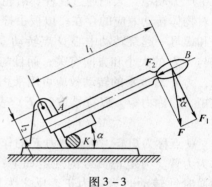

图 3 - 3

$$\begin{aligned}
M_A(\boldsymbol{F}) &= M_A(\boldsymbol{F}_1) + M_A(\boldsymbol{F}_2) \\
&= -F_1 l_1 - F_2 l_2 \\
&= -F(l_1 \cos 15° + l_2 \sin 15°) \\
&= -3970 \text{N} \cdot \text{cm} \\
&= -39.7 \text{N} \cdot \text{m}
\end{aligned}$$

负号说明力 $\boldsymbol{F}$ 使手柄绕 A 点顺时针转动。

3.3　平面力偶系

3.3.1　力偶及其基本性质

3.3.1.1　力偶的概念

在实际生活中常见到物体受一对大小相等、方向相反但不在同一作用线上的平行力作用，而使物体产生转动效应的情况，如人用手拧水龙头开关（见图 3 - 4a）、司机用双手转动方向盘（见图 3 - 4b）、钳工用丝锥攻螺纹（见图 3 - 4c）等。

由两个大小相等、方向相反且不共线的平行力组成的力系称为力偶。力偶用符号 $(\boldsymbol{F}, \boldsymbol{F}')$ 表示，两力之间的垂直距离 d 称为力偶臂，如图 3 - 5 所示。力偶两力作用线所决定的平面称为力偶的作用面，力偶使物体转动的方向称为力偶的转向。实践证明，力偶只能对物体产生转动效应，而不能使物体产生移动效应。力偶对物体的转动效应，可用力偶中的力与力偶臂的乘积再冠以适当的正负号来确定，称为力偶矩，记做 $M(\boldsymbol{F}, \boldsymbol{F}')$，或简写为 M，即

$$M(\boldsymbol{F}, \boldsymbol{F}') = M = \pm F \cdot d \tag{3-4}$$

式中的正负号表示力偶的转向，通常规定：逆时针转动取正号，顺时针转动取负号。力偶矩与力矩一样，都是代数量，其单位与力矩的单位也相同，是牛[顿]·米（N·m）或千牛[顿]·米（kN·m）。

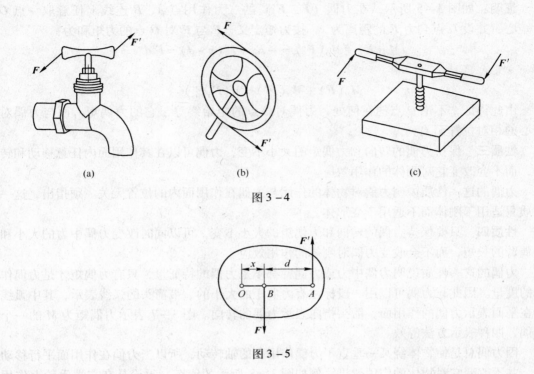

图 3 - 4

图 3 - 5

力偶矩的大小、力偶的转向和力偶的作用面，称为力偶的三要素。

3.3.1.2 力偶的性质

根据力偶的定义可得出力偶具有以下性质：

性质一 力偶在任意轴上投影的代数和为零，如图 3 - 6 所示，故力偶无合力，力偶不能与一个力等效，也不能用一个力平衡。

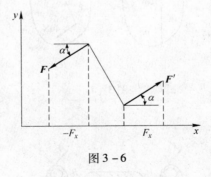

图 3 - 6

力偶无合力，故力偶对物体的平移运动不会产生任何影响。力与力偶相互不能代替，不能构成平衡。因此，力与力偶是静力学中的两种基本元素。

性质二 力偶对其作用面内任意点的矩恒等于此力偶的力偶矩，而与矩心的位置无关。

证明：如图 3 – 5 所示，在力偶（F，F'）的二力作用点 A、B 连线上任意取一点 O 为矩心，并设 O 点到力 F 的距离为 x，按力矩定义，F 与 F' 对 O 点的力矩和为：

$$M_O(F) + M_O(F') = -Fx + F'(x + d) = F'd$$

即

$$M_O(F) + M_O(F') = M(F, F')$$

由此得证，不论 O 点选在何处，力偶对该点的矩始终等于它的力偶矩，而与力偶对矩心的相对位置无关。

性质三　保持力偶的转向和力偶矩的大小不变，力偶可以在其作用面内任意移动和转动，而不会改变它对刚体的作用效应。

力偶的这一性质说明力偶对物体的作用与力偶在作用面内的位置无关。须指出，这一性质只适用于刚体而不适用于变形体。

性质四　只要保持力偶的转向和力偶矩的大小不变，可以同时改变力偶中力的大小和力偶臂的长短，而不会改变力偶对刚体的作用效应。

力偶的这一性质说明力偶中力或力偶臂都不是力偶的特征量，只有力偶矩才是力偶作用的度量。因此，力偶可以用一段标注有力偶矩的大小的、带箭头的弧线表示，其中弧线所在平面表示力偶的作用面，箭头指向表示力偶的转向。图 3 – 7 表示力偶矩为 M 的一个力偶，四种表示方法等效。

因力偶总是使物体绕某一垂直于力偶作用面的轴转动，所以当力偶在作用面平行移动时，并不改变它对物体的作用效果。例如图 3 – 8 所示的绞车，无论是在右端手轮上作用力偶（F，F'），还是在左端手轮上作用力偶（F_1，F_1'），只要二者的力偶矩相等，它们的转动效果就相同。

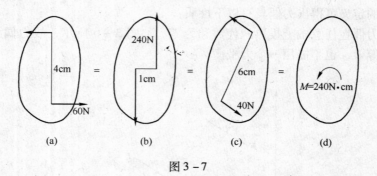

图 3 – 7

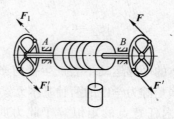

图 3 – 8

3.3.2 平面力偶系的合成与平衡

3.3.2.1 平面力偶系的合成

作用在物体上同一平面内的许多力偶组成平面力偶系。

力偶系的合成，就是求力偶系的合力偶矩。设 M_1，M_2，$\cdots$，M_n 为平面力偶系中的各分力偶矩，M 为合力偶的力偶矩，则合力偶矩等于平面力偶系中各分力偶矩的代数和。即

$$M = M_1 + M_2 + \cdots + M_n = \sum M_i \tag{3-5}$$

3.3.2.2 平面力偶系的平衡

由合成结果可知，力偶系平衡时，其合力偶矩等于零；反之，合力偶矩为零，则平面力偶系平衡。因此，平面力偶系平衡的充分和必要条件是所有各分力偶矩的代数和等于零。即

$$\sum M_i = 0 \tag{3-6}$$

这就是平面力偶系的平衡方程，用这个方程可以求解一个未知量。

【例 3-3】 如图 3-9（a）所示，杆 AB 作用力偶矩 $M_1 = 8\text{N} \cdot \text{m}$，杆 AB 长为 1m，CD 长为 0.8m，试求作用在杆 CD 上的力偶 M_2 使机构保持平衡。

解：（1）选杆 AB 为研究对象，由于 BC 是二力杆，因此杆 AB 的两端受有沿 BC 的约束力 $\boldsymbol{F}_A$ 和 $\boldsymbol{F}_B$，构成力偶，如图 3-9（b）所示。由力偶的平衡方程

$$\sum M = 0$$
$$F_A \times 1 \times \sin 60° - M_1 = 0$$

得

$$F_A = F_B = \frac{M_1}{1 \times \sin 60°} = \frac{8 \times 2}{\sqrt{3}} = 9.24\text{kN}$$

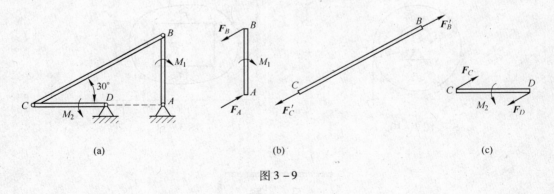

(a)　　　　　　　　(b)　　　　　　　　(c)

图 3-9

（2）选杆 CD 为研究对象，受力如图 3-9（c）所示，由力偶的平衡方程

$$\sum M = 0$$
$$M_2 - F_C \times 0.8 \times \sin 30° = 0$$

由于 $F_A = F_B = F_B' = F_C' = F_C = F_D$，则得

$$M_2 = F_C \times 0.8 \times \sin 30° = 9.24 \times 0.8 \times \sin 30° = 3.7 \text{kN} \cdot \text{m}$$

小　结

（1）力对物体的作用效应既有移动又有转动，力对点之矩度量了力对物体的转动效应，用符号 $M_O(\boldsymbol{F})$ 表示，$M_O(\boldsymbol{F}) = \pm F \cdot d$。

（2）合力矩定理表征了合力对某点的力矩与各分力对同一点力矩之间的关系，其关系为：$M_O(\boldsymbol{F}_R) = \sum M_O(\boldsymbol{F}_i)$。

（3）力偶为一对等值、反向且不共线的平行力，它对物体的作用是单纯的转动效应。力偶的运算特点可总结为：

1）它在任意轴上投影的代数和为零；

2）它对作用面内任意点的力矩和为力偶矩的大小，故在保持三要素不变的情况下，力偶可任意移动，可同时改变力与力偶臂的大小，而不改变它对物体的作用效应。

（4）平面力偶系的合力偶矩为各分力偶矩的代数和，即 $M = \sum M_i$；若平面力偶系是平衡力系，则平面力偶系的平衡方程为：$\sum M_i = 0$。它是解平面力偶系平衡问题的基本方程。

思 考 题

3–1　力偶的大小相等、方向相反，它与作用力和反作用力有什么不同，与二力平衡有什么不同？

3–2　为什么力偶不能与一力平衡？如何解释如图 3–10 所示的转轮的平衡现象？

3–3　能否用力在坐标轴上投影的代数和为零来判断力偶系的平衡？如图 3–11 所示刚体上，作用二力偶 $(\boldsymbol{F}, \boldsymbol{F}')$ 和 $(\boldsymbol{F}_1, \boldsymbol{F}_1')$，它们在 x 轴和 y 轴上投影的代数和都等于零，刚体是否平衡？为什么？

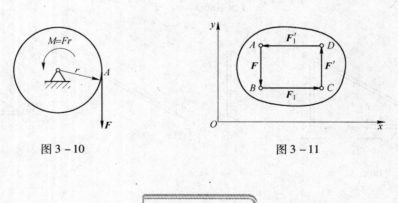

图 3–10　　　　　　　　　　　图 3–11

习 题

3–1　试分别计算图 3–12 所示各种情况下力 $\boldsymbol{F}$ 对 O 点的矩。

3–2　杆 OA 一端 O 用铁链与另一杆相连，在 A 端加一铅直力 $\boldsymbol{F}$，$F = 100\text{N}$，有关尺寸如图 3–13 所示。试问：（1）力 $\boldsymbol{F}$ 对 O 点的矩等于多少？（2）若产生与力 $\boldsymbol{F}$ 对点 O 的矩相同的力矩，在点 A 需加

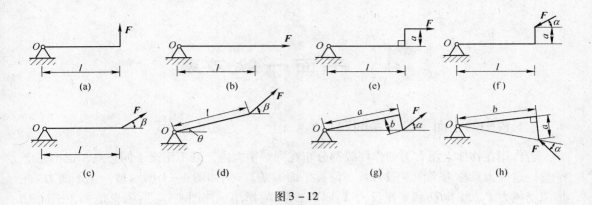

图 3 – 12

多大的水平力？（3）若产生与力 F 对点 O 的矩相同的力矩，在点 A 所加的最小的力为多大，方向如何？

3 – 3　外伸梁 AB 受力情况和尺寸如图 3 – 14 所示，梁重不计。若已知 $F = F' = 1.2\text{kN}$，$M = 8\text{N} \cdot \text{m}$，$a = 120\text{mm}$，求支座 A、B 的反力。

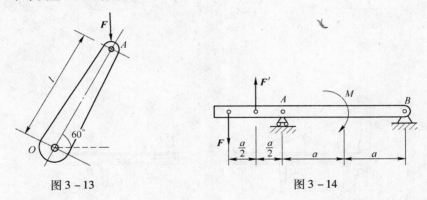

图 3 – 13　　　　　　　　　　　图 3 – 14

3 – 4　图 3 – 15 所示直角曲杆 AB 上作用一力偶矩为 M 的力偶，不计杆重，试求曲杆在三种不同支承情况下所受的约束反力。

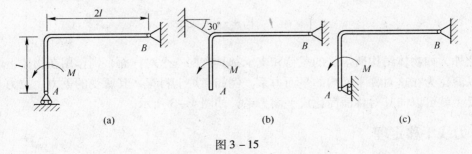

图 3 – 15

平面一般力系

4.1　工程中的平面一般力系问题

若作用在物体上所有力的作用线都分布在同一平面内，既不汇交于一点，也不完全平行，这种力系称为平面一般力系（简称平面力系）。例如图 4-1 所示是一个平面力系：房架受风力 P、载荷 Q 和支座反力 X_A、Y_A、R_B 的作用。如图 4-2 所示也是一个平面力系：悬臂吊车的横梁受载荷 Q、重力 G、支座反力 X_A、Y_A 和拉杆拉力 T 的作用。

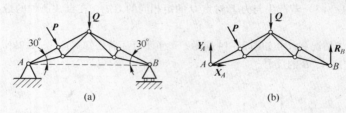

图 4-1

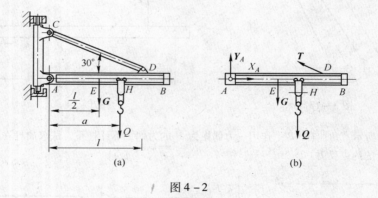

图 4-2

此外，如物体结构所承受的载荷和支承都具有同一个对称面，则作用在物体上的力系就可以简化为在这对称平面内的平面力系：例如高炉上料车，其所受的重力、拉力及前后轮的反力就可以向其对称面简化成平面力系，如图 4-3 所示。

4.2　力线平移定理

力线平移定理是平面力系向一点简化的依据，首先在本节中进行介绍。

力对物体的作用效果取决于力的三要素：力的大小、方向和作用点。当力沿其作用线移动时，力对刚体的作用效果不变。但如果保持力的大小、方向不变，将力的作用线平行移动到另一位置，则力对刚体的作用效果将发生改变。

如图 4-4 所示，设在刚体上作用一力 F，当力 F 通过刚体的重心 C 时刚体只发生移

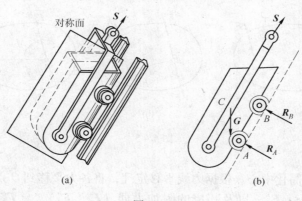

图 4 - 3

动。如果将力 F 平行移动到刚体上任一点 D，则刚体既发生移动，又发生转动，即作用效果发生改变。在什么条件下，力平行移动后与未移动前对刚体的作用效果等效呢？

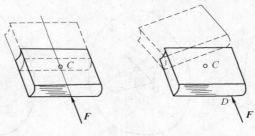

图 4 - 4

力的平移定理 作用于刚体上某点的力，可以平行移动到刚体内任意一点，但同时必须附加一个力偶，此附加力偶的力偶矩等于原力对平移点的力矩，力偶的转向与原力对平移点的力矩的转动方向相同。

证明：如图 4 - 5（a）所示，假设有一力 F 作用在刚体上 A 点，要把它平移到刚体上另一点 B 处。根据加减平衡力系原理，在 B 点加一对平衡力 F' 和 F''，并使它们与力 F 平行，而且 $F' = -F'' = F$，如图 4 - 5（b）所示，显然，它们对刚体的作用与原来的一个力 F 对刚体的作用等效。在这三个力中，力 F 与 F'' 组成一对力偶（F，F''）。原来作用在 A 点的力，现在被一个作用在 B 点的力 F' 和一个附加力偶（F，F''）所取代，如图 4 - 5（c）所示，此附加力偶的力偶矩大小为：$M = M_B(F) = Fd$，其中 d 为平移点 B 到力 F 作用线的垂直距离。

注意，力的平移定理只适用于刚体。

力的平移定理表明了平移前的一个力与平移后的一个力和一个力偶等效。也就是说，平面内一个力可以分解为作用在同一平面内的一个力和一个力偶。反之，同一平面内的一个力和一个力偶也可以合成为一个力。

4.3 平面一般力系向作用面内一点简化

设刚体上作用一平面力系 F_1、F_2、$\cdots$、F_n，如图 4 - 6（a）所示。在力系所在平面

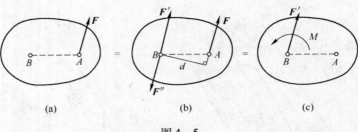

图 4 – 5

内任选一点 O，称为简化中心。根据力线平移定理，将各力平移到 O 点。于是得到作用于 O 点的力 F_1'、F_2'、$\cdots$、F_n'，以及相应的附加力偶（F_1，F_1''）、（F_2，F_2''）、$\cdots$、（F_n，F_n'''），它们的力偶矩分别是 $M_1 = F_1 d_1 = M_O$（F_1）、$M_2 = F_2 d_2 = M_O$（F_2）、$\cdots$、$M_n = F_n d_n = M_O$（F_n）。这样就把原来的平面力系分解为一个平面汇交力系和一个平面附加力偶系，得知原力系与此二力系的作用效应是相同的，如图 4 – 6（b）所示。

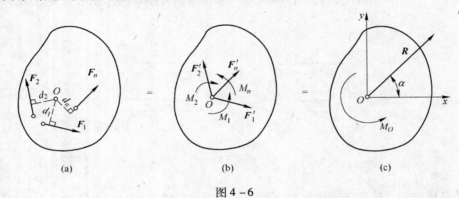

图 4 – 6

平面汇交力系 F_1'、F_2'、$\cdots$、F_n'可按力多边形法则合成为一个合力，作用于 O 点，其矢量 R'等于各力 F_1'、F_2'、$\cdots$、F_n'的矢量和。因为 F_1'、F_2'、$\cdots$、F_n'各力分别与 F_1、F_2、$\cdots$、F_n 各力大小相等、方向相同，所以

$$R' = F_1 + F_2 + \cdots + F_n = \sum F \tag{4 – 1}$$

矢量 R'称为原力系的主矢（见图 4 – 6c）。

平面附加力偶系（F_1，F_1''）、（F_2，F_2''）、$\cdots$、（F_n，F_n''）可以合成为一个合力偶，这个合力偶矩 M 等于各附加力偶矩的代数和。即

$$M_O = M_1 + M_2 + \cdots + M_n = M_O(F_1) + M_O(F_2) + \cdots + M_O(F_n) = \sum M_O(F) \tag{4 – 2}$$

M_O 称为原力系的主矩如图 4 – 6（c）所示。它等于原力系中各力对 O 点之矩的代数和。

得出结论：平面力系向作用面内任一点 O 简化，可得一个力和一个力偶。这个力作用于简化中心，其矢量等于该力系的主矢：

$$R' = \sum F$$

这个力偶矩等于该力系对 O 点的主矩：

$$M_O = \sum M_O(F)$$

值得注意的是，力系的主矢 R'只是原力系中各力的矢量和，它与简化中心的选择无

关。而力系对于简化中心的主矩 M_O 显然与简化中心的选择有关，选择不同的点为简化中心时，各力的力臂一般将要改变，因而各力对简化中心之矩也将随之改变。

现在讨论主矢 $\boldsymbol{R}'$ 的解析求法。通过 O 点作直角坐标系 Oxy（见图 4-6c）。根据合力投影定理，得到：

$$R'_x = X_1 + X_2 + \cdots + X_n = \sum X$$
$$R'_y = Y_1 + Y_2 + \cdots + Y_n = \sum Y$$

于是主矢 $\boldsymbol{R}'$ 的大小和方向可由式（4-3）确定：

$$R' = \sqrt{R'^2_x + R'^2_y} = \sqrt{\left(\sum X\right)^2 + \left(\sum Y\right)^2}$$

$$\tan\alpha = \left|\frac{R'_y}{R'_x}\right| = \left|\frac{\sum Y}{\sum X}\right| \tag{4-3}$$

式中，α 为 $\boldsymbol{R}'$ 与 x 轴所夹的锐角。$\boldsymbol{R}'$ 的指向由 R'_x、R'_y 的正负号判定。

4.4 简化结果的分析与合力矩定理

根据以上所述，平面力系向一点简化可得一个主矢 $\boldsymbol{R}'$ 和一个主矩 M_O。

（1）若 $R'=0$，$M_O \neq 0$，则原力系简化为一个力偶，力偶矩等于原力系对于简化中心的主矩。在这种情况下，简化结果与简化中心的选择无关。这就是说，不论向哪一点简化都是这个力偶，且力偶矩保持不变。

（2）若 $R' \neq 0$，$M_O = 0$，则 $\boldsymbol{R}'$ 即为原力系的合力 $\boldsymbol{R}$，通过简化中心。

（3）若 $R' \neq 0$，$M_O \neq 0$（见图 4-7a），则力系仍然可以简化为一个合力。为此，只要将简化所得的力偶（力偶矩等于主矩）加以改变，使其力的大小等于主矢 $\boldsymbol{R}'$ 的大小，力偶臂 $d = \dfrac{M_O}{R'}$，然后转移此力偶，使其中一力 $\boldsymbol{R}''$ 作用在简化中心，并与主矢 $\boldsymbol{R}'$ 取相反方向（见图 4-7b），于是 $\boldsymbol{R}'$ 与 $\boldsymbol{R}''$ 抵消，而只剩下作用在 O_1 点的力 $\boldsymbol{R}$，这便是原力系的合力（见图 4-7c）。合力 $\boldsymbol{R}$ 的大小和方向与主矢 $\boldsymbol{R}'$ 相同，而合力的作用线与简化中心 O 的距离为：

$$d = \frac{M_O}{R'} = \frac{M_O}{R} \tag{4-4}$$

至于作用线在 O 点的哪一侧，可以由主矩 M_O 的符号决定。

（4）若 $R'=0$，$M_O = 0$，则原力系为平衡力系。

合力矩定理 当平面力系可以合成为一个合力时，则其合力对于作用面内任一点之矩，等于力系中各分力对于同一点之矩的代数和。

证明： 由图 4-7（c）易见，合力 $\boldsymbol{R}$ 对 O 点之矩为：

$$M_O(\boldsymbol{R}) = Rd$$

又由图 4-7（b）可见：

$$M_O = M(\boldsymbol{R}, \boldsymbol{R}'') = Rd$$

故

$$M_O = M_O(\boldsymbol{R})$$

根据式（4-2）有：

$$M_O = \sum M_O(\boldsymbol{F})$$

故

$$M_O(\boldsymbol{R}) = \sum M_O(\boldsymbol{F}) \tag{4-5}$$

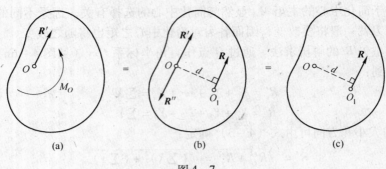

图 4 - 7

【**例 4 - 1**】有一小型砌石坝，取 1m 长的坝段来考虑，将坝所受的重力和静水压力简化到中央平面内，得到力 W_1、W_2 和 F，如图 4 - 8 所示，已知 $W_1 = 600kN$，$W_2 = 300kN$，$F = 350kN$。求此力系分别向 O 点和 A 点简化的结果。

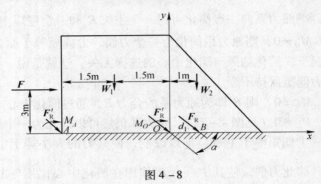

图 4 - 8

解：（1）力系向 O 点简化。力系的主矢 F_R' 在 x 轴和 y 轴上的投影分别为：

$$F_{Rx}' = F_{xi} = F = 350kN$$

$$F_{Ry}' = F_{yi} = -W_1 - W_2 = -900kN$$

由式（4 - 3）得：

$$F_R' = \sqrt{F_{Rx}'^2 + F_{Ry}'^2} = 965.7kN$$

$$\tan\alpha = \frac{F_{Ry}'}{F_{Rx}'} = -2.571, \alpha = -68.75°$$

因为 F_{Rx}' 为正，F_{Ry}' 为负，故主矢 F_R' 的指向如图 4 - 8 所示。

$$M_O = \sum M_{Oi} = -F \times 3 + W_1 \times 1.5 - W_1 \times 1 = -450kN \cdot m$$

负号表示主矩 M_O 为顺时针转向。

根据力的平移定理，本问题主矢 F_R' 与主矩 M_O 还可以进一步简化为一个合力 F_R，其大小、方向与主矢 F_R' 相同。该合力的作用线与 x 轴的交点 B 到 O 点的距离为 d_1，由合力矩定理有：

$$|F_R d_1 \sin\alpha| = |M_O|$$

$$|F_R \sin\alpha| = |F_{Ry}'|$$

$$d_1 = \frac{|M_O|}{|F'_{Ry}|} = 0.5\text{m}$$

（2）力系向 A 点简化。主矢与上面的计算结果相同。主矩为：

$$M_A = \sum M_{Ai} = -F \times 3 - W_1 \times 1.5 - W_2 \times 1 = = 3150\text{kN} \cdot \text{m}$$

转向如图 4 - 8 所示。最后可简化为一个合力，合力作用线与 x 轴的交点到 A 的距离为

$$d_2 = \frac{|M_A|}{|F'_{Ry}|} = 3.5\text{m}$$

显然，合力作用线仍然通过 B 点。

4.5　平面一般力系的平衡条件与平衡方程

综上所述，当主矢 R' 和主矩 M_O 中任何一个不等于零时，力系是不平衡的。因此，要使平面力系平衡，就必有 $R' = 0$，$M_O = 0$。反之，若 $R' = 0$，$M_O = 0$，则力系必然平衡。所以物体在平面一般力系作用下平衡的必要和充分条件是：力系的主矢 R' 和力系对于任一点 O 的主矩 M_O 都等于零。即

$$R' = \sqrt{(\sum X)^2 + (\sum Y)^2} = 0$$
$$M_O = \sum M_O(\boldsymbol{F}) = 0$$

故
$$\left. \begin{array}{l} \sum X = 0 \\ \sum Y = 0 \\ \sum M_O(\boldsymbol{F}) = 0 \end{array} \right\} \qquad (4-6)$$

即平面一般力系平衡的解析条件是：力系中各力在两个任选的坐标轴中每一轴上的投影的代数和分别等于零，以及各力对于平面内任意一点之矩的代数和也等于零。式（4 - 6）称为平面一般力系的平衡方程，它是平衡方程的基本形式。

【例 4 - 2】悬臂吊车如图 4 - 9（a）所示。横梁 AB 长 $l = 2.5$m，重力 $G = 1.2$kN。拉杆 CB 倾斜角 $\alpha = 30°$，质量不计。载荷 $Q = 7.5$kN。求图示位置 $a = 2$m 时，拉杆的拉力和铰链 A 的约束反力。

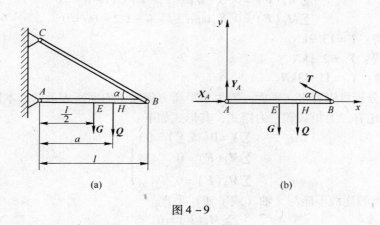

图 4 - 9

解：（1）选横梁 AB 为研究对象

（2）画受力图。作用于横梁上的力有重力 G（在横梁中点）、载荷 Q、拉杆的拉力 T

和铰链 A 的约束反力 $\boldsymbol{R}_A$。因 CB 是二力杆，故拉力 $\boldsymbol{T}$ 沿 CB 连线；$\boldsymbol{R}_A$ 方向未知，故分解为两个分力 $\boldsymbol{X}_A$ 和 $\boldsymbol{Y}_A$。显然各力的作用线分布在同一平面内，而且组成平衡力系（见图 4 - 9b）。

（3）列平衡方程，求未知量。选坐标系如图 4 - 9（b）所示，运用平面力系的平衡方程，得：

$$\sum X = 0, X_A - T\cos\alpha = 0 \qquad (a)$$

$$\sum Y = 0, Y_A - G - Q + T\sin\alpha = 0 \qquad (b)$$

$$\sum M_A(\boldsymbol{F}) = 0, T\sin\alpha \cdot l - G \cdot l/2 - Qa = 0 \qquad (c)$$

由式（c）解得：

$$T = \frac{1}{l\sin\alpha}\left(G \times \frac{1}{2} + Qa\right) = \frac{1}{2.5\sin30°}(1.2 \times 1.25 + 7.5 \times 2) = 13.2\text{kN}$$

将 T 值代入式（a）得：

$$X_A = T\cos\alpha = 13.2 \times \frac{\sqrt{3}}{2} = 11.43\text{kN}$$

将 T 值代入式（b）得：

$$Y_A = G + Q - T\sin\alpha = 2.1\text{kN}$$

算得 X_A、Y_A 皆为正值，表示假设的指向与实际的指向相同。

在本例中如写出对 A、B 两点的力矩方程和对 x 轴的投影方程，同样可以求解。即

$$\sum X = 0, X_A - T\cos\alpha = 0 \qquad (d)$$

$$\sum M_A(\boldsymbol{F}) = 0, T\sin\alpha \cdot l - Gl/2 - Qa = 0 \qquad (e)$$

$$\sum M_B(\boldsymbol{F}) = 0, Gl/2 - Y_A l + Q(l - a) = 0 \qquad (f)$$

由式（e）解得：$T = 13.2\text{kN}$。

由式（f）解得：$Y_A = 2.1\text{kN}$。

由式（d）解得：$X_A = 11.43\text{kN}$。

如写出对 A、B、C 三点的力矩方程，同样也可求解。即：

$$\sum M_A(\boldsymbol{F}) = 0, T\sin\alpha \cdot l - G \cdot l/2 - Qa = 0 \qquad (g)$$

$$\sum M_B(\boldsymbol{F}) = 0, G \cdot l/2 - Y_A \cdot l + Q(l - a) = 0 \qquad (h)$$

$$\sum M_C(\boldsymbol{F}) = 0, X_A\tan\alpha \cdot l - G \cdot l/2 - Qa = 0 \qquad (i)$$

由式（g）解得：$T = 13.2\text{kN}$。

由式（h）解得：$Y_A = 2.1\text{kN}$。

由式（i）解得：$X_A = 11.43\text{kN}$。

从上面的分析可以看出，平面一般力系平衡方程除了前面所表示的基本形式外，还有其他形式，即还有二力矩式和三力矩式，其形式如下：

$$\left.\begin{array}{l}\sum X = 0(\text{或} \sum Y = 0) \\ \sum M_A(\boldsymbol{F}) = 0 \\ \sum M_B(\boldsymbol{F}) = 0\end{array}\right\} \qquad (4 - 7)$$

其中 A、B 两点的连线不能与 x 轴（或 y 轴）垂直。

$$\left.\begin{array}{l}\sum M_A(\boldsymbol{F}) = 0 \\ \sum M_B(\boldsymbol{F}) = 0 \\ \sum M_C(\boldsymbol{F}) = 0\end{array}\right\} \qquad (4 - 8)$$

其中 A、B、C 三点不能选在同一直线上。

【例4-3】 运料斗车重 $G = 40kN$，沿与水平面成 $\alpha = 30°$ 角的轨道等速提升，斗车中心的位置如图4-10（a）所示。求绳牵引力及斗车对轨道的压力（不计阻力）。

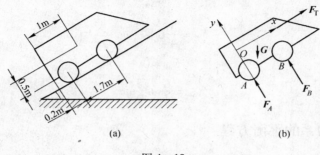

(a)　　　　　　　　　　　　(b)

图4-10

解：（1）取运料斗车为研究对象画受力图，如图4-10（b）所示。

（2）选坐标轴列平衡方程得：

$$\sum F_x = 0 \quad F_T - G\sin\alpha = 0$$

$$\sum F_y = 0 \quad F_A + F_B - G\cos\alpha = 0$$

$$\sum M_O = 0 \quad -G\sin\alpha(0.6 - 0.5) - G\cos\alpha(1 - 0.2) + 1.7F_B = 0$$

由此得：

$$F_T = G\sin\alpha = 20kN$$

$$F_B = 17.5kN$$

$$F_A = G\cos\alpha - F_B = 17.1kN$$

根据作用力与反作用力公理，斗车对轨道压力的大小分别等于 F_A 和 F_B，且方向相反。

【例4-4】 如图4-11所示的水平横梁 AB，在 A 端用铰链固定，在 B 端为滚动支座。梁的长为 $4a$，梁重 G，重心在梁的中点 C，在梁的 AC 段上受均布载荷 q 作用，BC 段上受力偶作用，力偶矩 $M = Ga$。试求 A 和 B 处的支座反力。

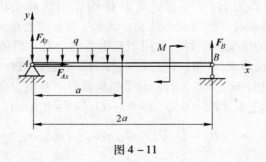

图4-11

解：（1）取梁 AB 为研究对象，画受力图，如图4-11所示。

（2）选取坐标轴列平衡方程得：

$$\sum M_A = 0, F_B \times 4a - M - G \times 2a - q \times 2a \times a = 0$$

则

$$\sum F_x = 0, F_{Ax} = 0$$

$$\sum F_y = 0, F_{Ay} - q \times 2a - G + F_B = 0$$

解列方程得:

$$F_B = \frac{3}{4}G + \frac{1}{2}qa$$

$$F_{Ax} = 0$$

$$F_{Ay} = \frac{G}{4} + \frac{3}{2}qa$$

4.6　平面平行力系的平衡方程

在工程中还经常遇到平面平行力系问题。所谓平面平行力系,就是各力的作用线都在同一平面内且互相平行的力系。平面平行力系是平面一般力系的一种特殊情况。设物体受平面平行力系 F_1、F_2、$\cdots$、F_n 的作用。若取 Ox 轴与所有力垂直,Oy 轴与所有力平行(见图4 – 12),则不论平面平行力系是否平衡,各力在 x 轴上的投影恒等于零,即 $\sum X \equiv 0$。因此平面平行力系的平衡方程为:

$$\begin{cases} \sum Y = 0 \\ \sum M_O(F) = 0 \end{cases} \qquad (4-9)$$

物体在平面平行力系作用下平衡的必要和充分条件是:力系中各力在不与力作用线垂直的坐标轴上投影的代数和等于零及各力对任一点之矩的代数和等于零。

平面平行力系的平衡方程也可用两个力矩方程的形式,即

$$\left.\begin{array}{l} \sum M_A(F) = 0 \\ \sum M_B(F) = 0 \end{array}\right\} \qquad (4-10)$$

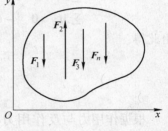

图4 – 12

其中 A、B 两点连线不能与各力的作用线平行。

【例4 – 5】 塔式起重机机架重为 G,其作用线离右轨 B 的距离为 e,轨距为 b,最大载重 P 离右轨的最大距离为 l,平衡配重重力 Q 的作用线离左轨 A 的距离为 a(见图4 – 13a)。欲使起重机满载及空载时均不翻倒,试求平衡配重的重力 Q。

解: 先研究满载时的情况。此时,作用于起重机的力有:机架重力 G、重物重力 P、平衡配重重力 Q,钢轨反力 R_A 和 R_B(见图4 – 13b)。若起重机在满载时翻倒,将绕 B 顺时针转动,轮 A 离开钢轨,R_A 为零。若使起重机满载时不翻倒,必须 $R_A \geq 0$。

$$\sum M_B(F) = 0, Q(a+b) - Ge - Pl - R_A b = 0 \qquad (a)$$

得:

$$R_A = \frac{1}{b}[Q(a+b) - Ge - Pl]$$

因

$$R_A \geq 0$$

故

$$\frac{1}{b}[Q(a+b) - Ge - Pl] \geq 0$$

得:

$$Q \geq \frac{Ge + Pl}{a+b}$$

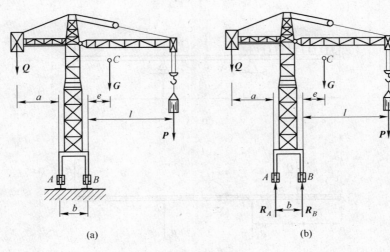

图 4 – 13

此即满载时不翻倒的条件。

再研究空载时的情况。此时，作用于起重机的力有：G、Q、R_A 和 R_B。若起重机在空载时翻倒，将绕 A 逆时针转动，而轮 B 离开钢轨，R_B 为零。若使起重机空载时不翻倒，必须 $R_B \geqslant 0$。

$$\sum M_A(\boldsymbol{F}) = 0, Qa - G(b+e) + R_B b = 0 \tag{b}$$

得：

$$R_B = \frac{1}{b}\big[G(b+e) - Qa \big]$$

因

$$R_B \geqslant 0$$

故

$$\frac{1}{b}\big[G(b+e) - Qa \big] \geqslant 0$$

得：

$$Q \leqslant \frac{G}{a}(b+e)$$

此即空载时不翻倒的条件。

起重机不翻倒时，平衡配重 Q 应满足的条件为：

$$\frac{Ge + Pl}{a+b} \leqslant Q \leqslant \frac{G}{a}(b+e)$$

设计起重机时，确定了 G、P、l、b 和 e 的数据后，为了使起重机运行安全，应该选择合适的 a 值，相应确定允许的 Q 值的范围。

【例 4 – 6】 水平外伸梁如图 4 – 14（a）所示。若均布载荷 $q = 20\text{kN/m}$，$P = 20\text{kN}$，力偶矩 $M = 16\text{kN} \cdot \text{m}$，$a = 0.8\text{m}$，求 A、B 点的约束反力。

解： 选梁为研究对象，画出受力图（见图 4 – 14b）。作用于梁上的力有 P、均布载荷 q 的合力 $Q(Q = qa$，作用在分布载荷区段的中点）、矩为 M 的力偶和支座反力 R_A、R_B。显然它们是一个平面力系。取坐标轴如图 4 – 14（b）所示，可列出如下平衡方程：

$$\sum Y = 0, \ -qa - P + R_A + R_B = 0 \tag{a}$$
$$\sum M_A(\boldsymbol{F}) = 0, M + qa \cdot a/2 - P \times 2a + R_B \times a = 0 \tag{b}$$

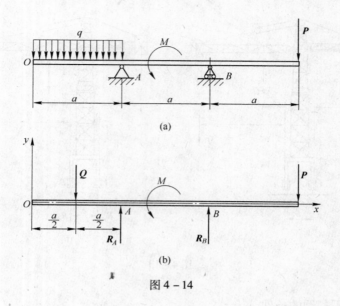

图 4 – 14

由式（b）得：

$$R_B = -\frac{M}{a} - \frac{qa}{2} + 2P = -\frac{16}{0.8} - \frac{20}{2} \times 0.8 + 2 \times 20 = 12 \text{kN}$$

将 R_B 值代入式（a）得：

$$R_A = qa + P - R_B = 20 \times 0.8 + 20 - 12 = 24 \text{kN}$$

4.7　静定和静不定问题与物体系的平衡

4.7.1　静定和静不定问题

前面讨论了几种力系的简化与平衡问题。每种力系独立平衡方程的总数都是一定的（平面一般力系有三个，平面汇交力系和平面平行力系各有两个，平面力偶系则只有一个）。因此，对每一种力系来说，能求解的未知量的数目也是有限制的。如果所研究问题的未知量的数目等于对应的独立平衡方程的数目时，则可由平衡方程求得全部未知量。这类问题称为静定问题。例如图 4 – 15 所示的简支梁中，约束反力的未知量有三个，因此，根据平面力系的三个平衡方程就能全部解出。

如果所研究的问题中，未知量数目多于对应的独立平衡方程的数目时，仅仅用平衡方

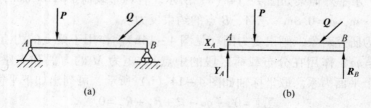

图 4 – 15

程就不能求出全部未知量，这类问题称为静不定问题或超静定问题。例如图 4－16 所示的梁中，有四个未知量，但却只有三个独立的平衡方程，因此是静不定问题。

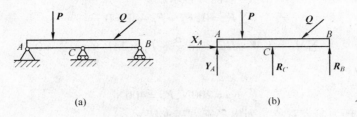

图 4－16

工程中常常增添多余约束，采用静不定构件，以提高构件承受载荷的能力。必须指出，静不定问题并不是不能解决的问题，而是不能仅用静力学平衡方程来解决的问题。这是因为静力学中把物体抽象成为刚体，略去物体的变形。如果考虑到物体受力后的变形，找出其变形与作用力之间的关系，列出补充方程，静不定问题还是可以解决的。

4.7.2　物体系的平衡

工程结构或机构都是由许多物体通过约束按一定方式连接而成的系统，这样的系统称为物体系统。研究物体系统的平衡问题，不仅要研究物体系以外的物体对这个物体系的作用，同时还应分析物体系内各物体之间的相互作用。

当整个物体系平衡时，该物体系中的每个物体也必然处于平衡状态。对于每一个物体，可以列出若干个独立的平衡方程。一般情况下，将物体系中所有单个物体的独立平衡方程数相加得到的物体系独立平衡方程的总数少于物体系未知量的总数时，属于静不定问题；等于物体系未知量总数时，属于静定问题。

下面举例说明物体系平衡问题的解法。

【例 4－7】 如图 4－17（a）所示的人字梯置于光滑平面上，且处于平衡。$AB = AC = 3m$，$AD = AE = 2m$，$AH = 1m$，$\alpha = 45°$，H 点人重 $W = 600N$，求 B、C 和铰链 A 处的约束反力。

解：（1）分析。选取研究对象，画出整体、每个物体的受力图，如图 4－17（b）、（c）、（d）所示。AB 杆、AC 杆所受的力系均为平面任意力系，每个杆都有四个未知力，

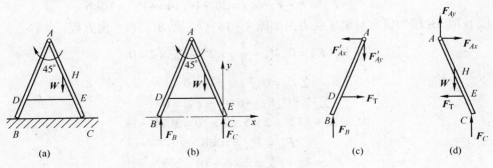

图 4－17

暂不可解。但由于物系整体受平面平行力系作用，故是可解得。先以整体为研究对象，求出 F_A、F_B，则 AB 杆、AC 杆便可解了，故再取 AC 杆为研究对象，求出 A 处的反力。

（2）以整体为研究对象，列出平衡方程求解。

$$\sum F_y = 0, F_B + F_C - W = 0$$

$$\sum M_C = 0, W \times HC \times \sin\frac{\alpha}{2} - F_B \times 2AB \times \sin\frac{\alpha}{2} = 0$$

解得：

$$F_B = 200\text{N}, F_C = 400\text{N}$$

（3）以 AB 杆为研究对象，列出平衡方程求解。

$$\sum F_y = 0, F_B - F'_{Ay} = 0$$

$$\sum F_x = 0, F_T - F'_{Ax} = 0$$

$$\sum M_A = 0, -F_B \times AB \times \sin\frac{\alpha}{2} + F_T \times AD \times \cos\frac{\alpha}{2} = 0$$

解得：

$$F_T = 124.2\text{N}$$

$$F'_{Ax} = F_T = 124.2\text{N}$$

$$F'_{Ay} = F_B = 200\text{N}$$

【例 4 - 8】 静定多跨梁由 AB 梁和 BC 梁用中间铰 B 连接而成，支承和载荷情况如图 4 - 18（a）所示。已知 $F = 20\text{kN}$，$q = 5\text{kN/m}$，$\alpha = 45°$。试求支座 A、C 的反力和中间铰 B 处的反力。

解： 静定多跨梁由两部分梁组成。单靠本身能承受载荷并保持平衡的部分梁称为基本部分，单靠本身不能承受载荷并保持平衡的部分梁称为附属部分。本题中 AB 梁是基本部分，BC 梁是附属部分。解题时通常先研究附属部分，再计算基本部分。

（1）取 BC 段为研究对象，受力图如图 4 - 18（b）所示，列平衡方程：

$$\sum M_B(F) = 0, F_C\cos\alpha \times 2 - F \times 1 = 0$$

$$\sum F_x = 0, F_{Bx} - F_C\sin\alpha = 0$$

$$\sum F_y = 0, F_{By} - F + F_C\cos\alpha = 0$$

解得：

$$F_C = \frac{F}{2\cos\alpha} = \frac{20}{2\cos45°} = 14.14\text{kN}$$

$$F_{Bx} = F_C\sin\alpha = 14.14\sin45° = 10\text{kN}$$

$$F_{By} = F - F_C\cos\alpha = 20 - 14.14\cos45° = 10\text{kN}$$

（2）取 AB 段为研究对象，受力图如图 4 - 18（c）所示，列平衡方程：

$$\sum M_A(F) = 0, M_A - \frac{1}{2}q \times 2^2 - F'_{By} \times 2 = 0$$

$$\sum F_x = 0, F_{Ax} - F'_{Bx} = 0$$

$$\sum F_y = 0, F_{Ay} - q \times 2 - F'_{By} = 0$$

解得：

$$M_A = 2q + 2F'_{By} = 2 \times 5 + 2 \times 10 = 30\text{kN} \cdot \text{m}$$

$$F_{Ax} = F'_{Bx} = 10\text{kN}$$

$$F_{Ay} = 2q + F'_{By} = 2 \times 5 + 10 = 20\text{kN}$$

以上计算结果是否正确，可取整体为研究对象进行验算。

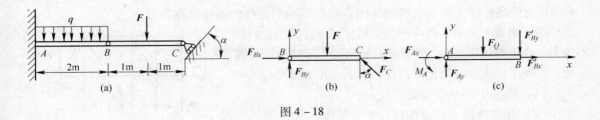

图 4 – 18

现将物体系平衡问题的解法及特点做如下总结:

（1）首先判断物体系是否属于静定问题。

（2）合理地选择研究对象。

1）以解题简便为原则，尽量选择受力情况较简单而且独立平衡方程的个数与未知量的个数相等的物体系或某些物体为研究对象。

2）如果物体系外约束力未知量的个数与独立平衡方程的个数相等或多一个，则可先选物体系为研究对象，求出全部或一部分未知量。在结构平衡问题中常出现这种情况。

3）在分析机构平衡问题中主动力之间的关系时，通常按传动顺序将机构拆开，分别选为研究对象，通过求连接点的力，逐步求得主动力之间应满足的关系式。

（3）受力分析。

1）首先从二力构件入手，这可使受力图比较简单，有利于解题。

2）解除约束时，要严格按照约束的性质，画出相应的约束反力，切忌凭主观想象画力。

3）画受力图时，关键在于正确画出铰链反力，除二力构件外，通常用两分力表示铰链反力。

4）不画研究对象的内力。

5）两物体间的相互作用力应该符合作用与反作用定律，即作用力与反作用力必定等值、反向和共线。

（4）列平衡方程，求未知量。

1）在分析机构平衡问题中主动力之间的关系时，只需求出连接点的力，因此不必列出物系的全部平衡方程，而只需列出必要的平衡方程。

2）列出恰当的平衡方程，尽量避免在方程中出现不需要求的未知量。为此，可恰当地运用力矩方程，适当选择两个未知力的交点为矩心，所选的坐标轴应与较多的未知力垂直。

3）判断清楚每个研究对象所受的力系及其独立平衡方程的个数以及物体系独立平衡方程的总数，避免列出不独立的平衡方程。

4）解题时先从未知量最少的方程入手，尽量避免联立解。

5）校核。求出全部所需的未知量后，可再列一个平衡方程，将上述计算结果代入，若能满足方程，表示计算无误。

4.8　平面简单桁架的内力计算

桁架是一种常见的工程结构，例如许多桥梁、房架和起重机架等都是桁架结构。图

4 – 19 为铁路桥梁中桁架结构的简图，桁架结构中各杆的连接点称为节点。

　　为了确定桁架中各杆件的截面尺寸，需要算出它们的内力。在进行计算之前，首先要对桁架的实际结构进行简化，以便于计算。在简化时，常采用下面几个假设：

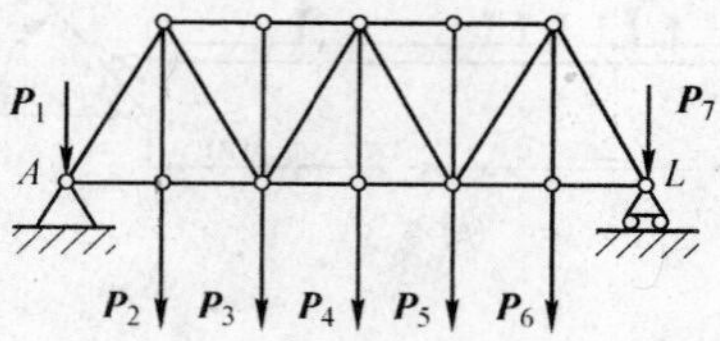

　　（1）桁架中的杆件都是直杆；

　　（2）杆件两端为铰链连接，不计摩擦；

　　（3）桁架所受的力都作用在桁架平面内的节点上；

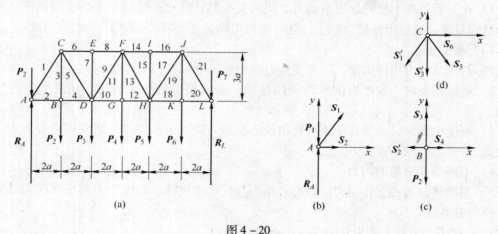

图 4 – 19

　　（4）不计桁架各杆件的自重或将杆重平均分配到杆的两端节点上。

　　下面介绍两种计算桁架内力的方法：节点法和截面法。

4.8.1　节点法

　　现举例说明节点法的方法和步骤。

　　【例 4 – 9】一座铁路桥梁桁架结构如图 4 – 19 所示，已知 $P_1 = P_7 = P$，$P_2 = P_3 = P_4 = P_5 = P_6 = 2P$，几何尺寸如图 4 – 20 所示。用节点法求第 1 至第 6 各杆内力。

图 4 – 20

　　解：先求约束反力。以整个桁架为研究对象，作用于桁架上的外力有：P_1、P_2、P_3、P_4、P_5、P_6、P_7 和约束反力 R_A 及 R_L（见图 4 – 20a）。

　　列平衡方程，求出 R_A 及 R_L，也可根据本例的载荷及几何关系都对称于 FG 线的对称性质求得。

$$R_A = R_L = \frac{1}{2}(P_1 + P_2 + P_3 + P_4 + P_5 + P_6 + P_7) = \frac{1}{2}(2 \times P + 5 \times 2P) = 6P$$

　　然后，求桁架各杆内力。为了求各杆内力，应该设想将杆件截断，选取每个节点为研究对象，画受力图。作用在节点上的力有：被截断杆件的内力、外载荷和支座反力，它们组成一个平面汇交力系。因此，用节点法求桁架内力就是求解平面汇交力系的平衡问题，可逐次按每个节点用两个平衡方程求解。也可用图解法求桁架内力。

　　解题时，可先假设各杆均受拉力，即力的指向背离节点。为使计算简便，每次应选择只含两个未知内力的节点为对象，列平衡方程，逐次求解。

先从节点 A 开始。节点 A 的受力图如图 4 - 20（b）所示。选坐标系 Axy，列平面汇交力系平衡方程：

$$\sum X = 0, S_2 + \frac{2a}{\sqrt{(2a)^2 + (3a)^2}} S_1 = 0 \tag{a}$$

$$\sum Y = 0, R_A - P_1 + \frac{3a}{\sqrt{(2a)^2 + (3a)^2}} S_1 = 0 \tag{b}$$

由式（b）得：$S_1 = \frac{\sqrt{(2a)^2 + (3a)^2}}{3a}(P_1 - P_A) = \frac{\sqrt{13}}{3}(P - 6P) = -6.01P$（压力）

由式（a）得：$S_2 = -\frac{2a}{\sqrt{(2a)^2 + (3a)^2}} S_1 = -\frac{2a}{3a}(P_1 - P_A) = -\frac{2}{3}(P - 6P) = 3.33P$（拉力）

其次，选节点 B 为对象，其受力图如图 4 - 20（c）所示。列平衡方程：

$$\sum X = 0, S_4 - S_2' = 0 \tag{c}$$

$$\sum Y = 0, S_3 - P_2 = 0 \tag{d}$$

由式（c）得：$\qquad S_4 = S_2' = S_2 = 3.33P$（拉力）

由式（d）得：$\qquad S_3 = P_2 = 2P$

最后，选节点 C 为对象，其受力图如图 4 - 20（d）所示。列平衡方程：

$$\sum X = 0, S_6 + \frac{2}{\sqrt{13}} S_5 - \frac{2}{\sqrt{13}} S_1' = 0 \tag{e}$$

$$\sum Y = 0, -S_3' - \frac{3}{\sqrt{13}} S_5 - \frac{3}{\sqrt{13}} S_1' = 0 \tag{f}$$

由式（f）得：$S_5 = -S_1' - \frac{\sqrt{13}}{3} S_3' = -(-6.01P) - \frac{\sqrt{13}}{3} \times 2P = 3.61P$（压力）

由式（e）得：$S_6 = \frac{2}{\sqrt{13}}(S_1' - S_5) = \frac{2}{\sqrt{13}} \times (-6.01 - 3.61) \times P = -5.33P$（压力）

内力为正值，表示杆受拉力；内力为负值，表示其指向与假设指向相反，杆受压力。

根据对称性可得：$S_{21} = S_1 = -6.01P$（压力）；$S_{20} = S_2 = 3.33P$（拉力）；$S_{19} = S_3 = 2P$（拉力）；$S_{18} = S_4 = 3.33P$（拉力）；$S_{17} = S_5 = 3.61P$（拉力）；$S_{16} = S_6 = -5.33P$（压力）。

4.8.2 截面法

现举例说明截面法的方法和步骤。

【例 4 - 10】 用截面法求上例中第 14 杆的内力。

解：先求出支座反力，与上例结果相同。

为了求杆 14 的内力，可设想用一截面 m—n 将杆 12、13、14 截断，分桁架为左、右两部分。

选取右半部分桁架为研究对象，并假设所截各杆均受拉力。它是平面一般力系。

列平面一般力系平衡方程：

$$\sum M_H(\boldsymbol{F}) = 0, 3aS_{14} - 2aP_6 - 4aP_7 + 4aR_L = 0 \tag{a}$$

解得：$S_{14} = \frac{a}{3a}(2P_6 + 4P_7 - 4 \times 6P) = \frac{1}{3}(2 \times 2P + 4 \times P - 4 \times 6P) = -5.33P$（压力）

通常，每一次作截面只应截断不超过三个未知内力的杆件，以便用平面一般力系的三个独立平衡方程，求出这三个内力。

小　　结

本章用解析法研究平面一般力系的简化与平衡。以力线平移定理为基础，将平面一般力系向一点简化，得到一个主矢 R' 和一个主矩 M_O，从而建立了平面一般力系的平衡条件和平衡方程。

（1）力线平移定理：平移一力时必须附加一力偶，附加力偶矩等于原力对平移点之矩。这是力系简化的理论基础。

（2）平面一般力系的简化。

1）简化过程：

$$\frac{平面一般力系\ (F_1、F_2、\cdots、F_n)}{同一点\ O\ 平移}\begin{cases}\rightarrow\ \begin{array}{c}平面汇交力系\\ (F'_1,F'_2,\cdots,F'_n)\end{array}\ \xrightarrow{合成}\ \begin{array}{c}主矢\ R'\\ R'=\sum F'=\sum F\end{array}\\[2mm]\rightarrow\ \begin{array}{c}平面力偶系\\ (F_1,F''_1)、(F_2,F''_2)、\cdots、(F_n,F''_n)\end{array}\ \xrightarrow{合成}\ \begin{array}{c}主矩\ M_O\\ M_O=\sum M=\sum M_O(F)\end{array}\end{cases}$$

2）简化结果见表 4-1。

表 4-1　简 化 结 果

主　矢	主　矩	合成结果	说　　明
$R'\neq 0$	$M_O=0$	合　力	合力作用线通过简化中心
	$M_O\neq 0$	合　力	简化中心至合力作用线的距离 $d=\dfrac{\lvert M_O\rvert}{R}$
$R'=0$	$M_O\neq 0$	力　偶	力偶矩等于主矩 M_O，与简化中心的位置无关
	$M_O=0$	平　衡	

（3）平面一般力系的平衡方程的三种形式见表 4-2。

表 4-2　平面一般力系的平衡方程的三种形式

基 本 式	二 矩 式	三 矩 式
$\sum X=0$	$\sum X=0$（或 $\sum Y=0$）	$\sum M_A(F)=0$
$\sum Y=0$	$\sum M_A(F)=0$	$\sum M_B(F)=0$
$\sum M_O(F)=0$	$\sum M_B(F)=0$	$\sum M_C(F)=0$
	AB 连线不能垂直于 x 轴（或 y 轴）	A、B、C 三点不能共线

（4）平面平行力系平衡方程的两种形式见表 4-3。

表 4-3　平面平行力系平衡方程的两种形式

I	II
$\sum Y=0$	$\sum M_A(F)=0$
$\sum M_O(F)=0$	$\sum M_B(F)=0$
y 轴不垂直于力作用线	AB 连线不能与诸力作用线平行

（5）平面桁架内力计算有两种方法：节点法和截面法。

思 考 题

4-1　试用力的平移定理说明用单手搬丝锥攻螺纹所产生的后果。

4-2　在一刚体某平面上，A、B、C 三点分别作用三个力 F_1、F_2、F_3，它们构成的力三角形恰好封闭。此刚体是否平衡？

4-3　设一平面任意力系向某一点简化，得到一个合力。如果另选适当的点为简化中心，问力系能否简化为力偶？

4-4　平面任意力系的主矢是否就是该力系的合力？为什么？

4-5　当力系简化的最后结果为一力偶时，为什么说主矩与简化中心的选择无关？

习 题

4-1　将图 4-21 所示平面任意力系向 O 点简化，并求力系合力的大小、方向及其与原点的距离 d。已知 $F_1 = 150\text{N}$，$F_2 = 200\text{N}$，$F_3 = 300\text{N}$，力偶中的力 $F_4 = 200\text{N}$，力偶臂等于 8cm。

4-2　桥墩受力如图 4-22 所示。已知 $P = 2740\text{kN}$，$W = 5280\text{kN}$，$F_1 = 193\text{kN}$，$F_2 = 140\text{kN}$，$M = 552.5$ kN·m。试将力系向 O 点简化，求力系的合力并画出作用线。

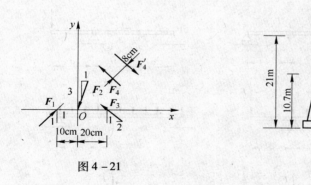

图 4-21　　　　　　　　　　　　图 4-22

4-3　试求图 4-23 所示各梁或钢架的支座反力。

4-4　各梁的尺寸及受力如图 4-24 所示。已知 q、a，且 $F = qa$，$M = qa^2$，求图示各梁的支座反力。

4-5　各刚架的载荷和尺寸如图 4-25 所示，图 4-25（c）中 $M_2 > M_1$，试求刚架的各支座反力。

4-6　水平外伸梁如图 4-26 所示，已知 $F = 20\text{kN}$，$M = 10\text{kN·m}$，$q = 10\text{kN/m}$。求 A、B 支座的约束反力。

4-7　图 4-27 所示水平梁上的起重机重 50kN，其重心在 CD 直线上；起吊重量 $P = 10\text{kN}$，梁重 30kN。试求支座 A、B 的反力。

4-8　重力为 G 的球夹在墙和匀质杆 AB 之间，如图 4-28 所示。已知 $\alpha = 30°$，AB 杆重量为 $\dfrac{4G}{3}$，长为 L，$AD = \dfrac{2}{3}L$。求绳子 BC 的拉力和铰 A 的约束反力。

4 - 9　汽车式起重机中，车重 $W_1 = 26$kN，起重臂 CDE 重 $G = 4.5$kN，起重机旋转及固定部分重 $W_2 = 31$kN，作用线通过 B 点，几何尺寸如图 4 - 29 所示。这时起重臂在该起重机对称面内。试求图示位置汽车不致翻倒的最大起重载荷 G_p。

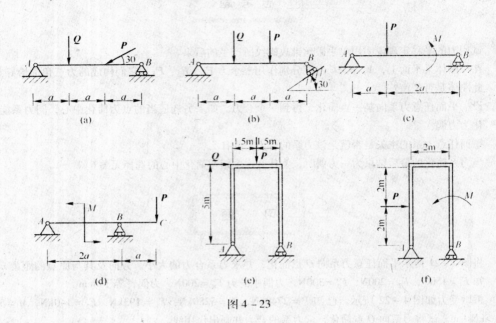

图 4 - 23

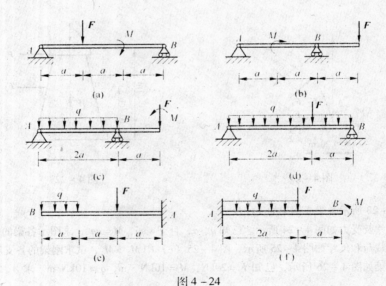

图 4 - 24

4 - 10　如图 4 - 30 所示构架中，已知 F、a。试求 A、B 两支座反力。

4 - 11　如图 4 - 31 所示三铰拱由两半拱和三个铰链 A、B、C 构成。已知每半拱重 $W = 300$kN，$a = 10$m，试求支座 A、B 的约束反力。

4 - 12　插床机构如图 4 - 32 所示，已知 $OA = 310$mm，$O_1B = AB = BC = 665$mm，$CD = 600$mm，$OO_1 = 545$mm，$P = 25$kN。在图示位置：OO_1A 在铅垂位置，O_1C 在水平位置，机构处于平衡，试求作

用在曲柄 OA 上的主动力偶的力偶矩 M。

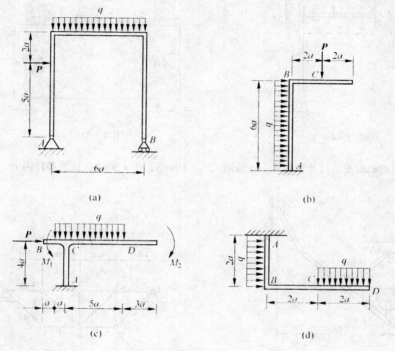

(a)

(b)

(c)

(d)

图 4 – 25

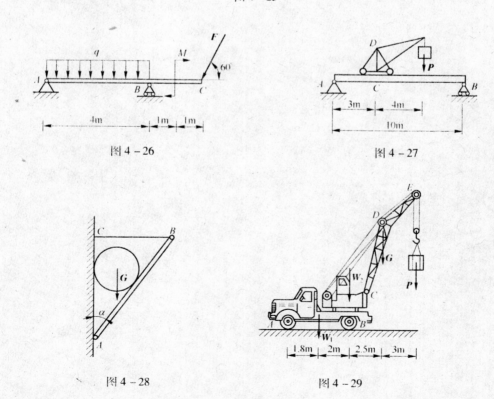

图 4 – 26

图 4 – 27

图 4 – 28

图 4 – 29

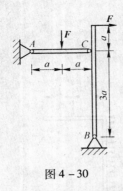

图 4 – 30

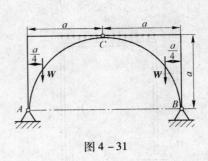

图 4 – 31

4 – 13 桥式起重机机架的尺寸如图 4 – 33 所示，$P_1 = 100\text{kN}$，$P_2 = 50\text{kN}$，试求各杆内力。

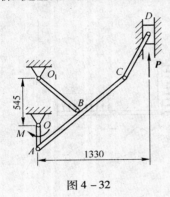

图 4 – 32

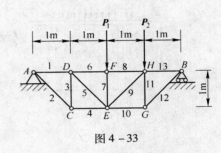

图 4 – 33

材料力学

5 材料力学的基础知识

工程结构的组成部分，如建筑物的梁和柱、机床的轴等，统称为构件。构件在工作时，受到力的作用，例如：建筑物的梁受自身重力和其他物体重力的作用，车床主轴受齿轮啮合力和切削力的作用。构件一般由固体制成，固体具有抵抗外力的能力，但载荷过大时，构件就会断裂。在外力作用下，固体的尺寸和形状会发生变化，称为变形。变形分为弹性变形和塑性变形。弹性变形指载荷去除后随之消失的变形；载荷消除后不能消失的变形称为塑性变形，也称为永久变形、残余变形。

为保证构件正常工作，构件应具有足够的能力来负担所承受的载荷。因此，构件应当满足以下要求：

（1）强度要求：即构件在外力作用下应具有足够的抵抗破坏的能力。在规定的载荷作用下，构件不破坏（包括断裂和发生较大的塑性变形）。例如，建筑物的梁和板不应发生较大的塑性变形；冲床曲轴不可折断。强度要求就是指构件在规定的使用条件下不发生断裂或塑性变形。

（2）刚度要求：即构件在外力作用下应具有足够的抵抗变形的能力。在载荷作用下，构件若变形过大，即使有足够的强度，也不能正常工作。例如，梁的变形过大，将影响承载能力；齿轮轴变形过大，将造成齿轮和轴承的不均匀磨损，引起噪声。刚度要求就是指构件在规定的使用条件下不发生较大的变形。

（3）稳定性要求：即构件在外力作用下能保持原有直线平衡状态的能力。承受压力作用的细长杆，如建筑物中的柱等应始终维持原有的直线平衡状态，保证不被压弯。稳定性要求就是指构件在规定的使用条件下不产生丧失稳定性的破坏。

如果构件的横截面尺寸不足、形状不合理或材料选用不当，不能满足上述要求，将不能保证工程结构的安全工作。相反，如果不恰当地加大构件横截面尺寸或选用高强材料，虽满足了上述要求，却使用了更多的材料而增加了成本，造成浪费。

综上所述，可以得出以下结论：材料力学是研究各类构件（主要是杆件）的强度、刚度和稳定性的学科，它提供了有关的基本理论、计算方法和试验技术，使我们能合理地确定构件的材料和形状尺寸，以达到安全与经济的设计要求。

在工程实际问题中，一般来说，构件都应具有足够的承载能力，即足够的强度、刚度和稳定性，但对具体的构件又有所侧重。例如，储气罐主要保证强度，车床主轴主要要求具有足够的刚度，受压的细长杆应该保持其稳定性。对某些特殊的构件还可能有相反的要求。例如，为防止超载，当载荷超过某一极限时，安全销应立即破坏；又如，为发挥缓冲作用，车辆的缓冲弹簧应有较大的变形。

研究构件的承载能力时，必须了解材料在外力作用下表现出的变形和破坏等方面的性能及材料的力学性能。材料的力学性能由试验来测定，经过抽象、综合、归纳而建立的理论是否可信，也要由试验来验证。此外，对于一些尚无理论结果的问题，需要借助试验方法来解决。所以，试验分析和理论研究同是材料力学解决问题的方法。

5　材料力学的基础知识

5.1　变形固体的基本假设

固体在外力作用下会产生一定的变形，称之为变形固体或可变形固体。研究变形固体的强度、刚度和稳定性时，为使问题得以简化并由此得出一般性的理论结果，常略去变形固体的次要属性，并根据其主要属性作出某些假设，使之成为一种理想的力学模型。为此，在材料力学中对变形固体作下列假设：

（1）**均匀连续假设**。均匀连续假设认为，整个固体内物质是连续分布的，且各处的力学性质是完全相同的。常用的金属材料是由极微小的晶粒（例如，每立方毫米的钢料中一般含有数百个晶粒）组成的，晶粒的排列通常是随机的，晶粒之间可能存在着空位，而且各晶粒的性质也不尽相同。但由于材料力学中所研究的构件或构件的一部分的尺寸远大于晶粒，因此可把金属构件看成是连续体；同时，金属材料的力学性质是它所含晶粒性质的统计平均值，所以，晶粒之间的空位及其性质的非均匀性对构件性质和分析计算的影响都不算严重。

（2）**各向同性假设**。各向同性假设认为，材料沿各个方向的力学性能均相同。工程中常用的金属材料，就单个晶粒来说，其力学性能是有方向性的，但由于晶粒的尺寸远小于构件尺寸，且排列是随机的，因此，在宏观研究中认为它们的性能接近相同。

5.2　外力及其分类

研究构件时，用来代替周围其他物体对构件作用的力称为外力。

外力有多种分类方法。按其作用方式的不同，外力可分为表面力和体积力。表面力是作用于物体表面的力。表面力又可分为多种，例如风力或液体压力等，它们是连续作用于物体表面的力，故称为分布力；火车轮对钢轨的压力，滚珠轴承对轴的作用力等，其作用面积相对较小，可看作是作用于一点，故称为集中力。体积力是连续分布于物体内部各点的力，例如物体本身的重力和惯性力等。

按随时间变化的情况，外力又可分为静载荷和动载荷。若载荷由零缓慢增加到一定值后保持不变，或变动很不明显，即为静载荷。若载荷明显地随时间而改变，则为动载荷。按其随时间变化的方式，动载荷又可分为交变载荷和冲击载荷。

5.3　内力、截面法和应力的概念

物体均是由无数微小的颗粒组成的。不受外力作用时，物体内各颗粒间存在着相互作用的力。受到外力作用而产生变形后，各颗粒间相对位置会发生改变，从而引起相互作用也发生改变。这种物体内部各部分之间因外力而引起的相互作用的改变量，即称为内力。内力随外力的增加而加大，到达某一限度时就会引起构件破坏。

在材料力学中已知外力求内力的基本方法是截面法。此法可分为三个步骤：

（1）求某一截面上的内力时，可假想地沿该截面处把整个构件分成两部分，取其中任意一部分为研究对象，并弃去另一部分。

（2）用作用于截面上的内力来代替弃去部分对保留部分的作用。

（3）对所选研究对象建立平衡方程，确定未知的内力。

设杆件在外力的作用下处于平衡状态，求 m—m 截面上的内力，即求 m—m 截面左右两部分的相互作用力。首先假想地用一截面从 m—m 截面处把杆件截成两部分（见图 5 - 1a），然后取其任一部分作为研究对象，另一部分对它的作用力即为 m—m 截面上的内力 F_N（见图 5 - 1b）。因为整个杆件是平衡的，所以每一部分也都平衡，由静力学平衡条件即可确定内力。例如以 m—m 截面左侧部分的杆件为研究对象得：

$$\sum F_x = 0$$
$$F_N - F = 0$$

即
$$F_N = F$$

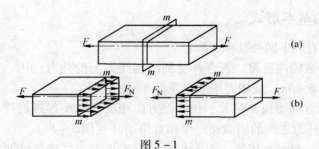

图 5 - 1

按照材料连续性假设，m—m 截面上各处都有内力作用，所以 F_N 应是一个分布内力系的合力。

用截面法确定的内力，不能说明分布内力系在截面内某一点处的强弱程度，为此我们引入内力集度的概念。设在图 5 - 2 中所示受力构件的 m—m 截面上 C 点附近取微小面积 ΔA，ΔA 上分布内力的合力为 ΔF_R。ΔF_R 的大小与 C 点的位置和 ΔA 的大小有关。把 ΔF_R 和 ΔA 的比值称为平均应力，用来表征 ΔA 上内力的平均集度，即

$$p_m = \frac{\Delta F_R}{\Delta A}$$

当 ΔA 趋于零时，p_m 的大小和方向都将趋于一定极限，由此得到：

$$p = \lim_{\Delta A \to 0} p_m = \frac{dF_R}{dA}$$

式中，p 称为 C 点的应力，它是分布内力系在 C 点的集度，反映内力系在 C 点的强弱程度。当截面上各点的应力都相同（即截面上应力均匀分布）时，应力 p 就等于截面单位面积上的内力。

p 是一个矢量，一般说来，它既不与截面垂直，也不与截面相切。通常把应力 p 分解

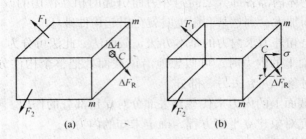

图 5 - 2

成垂直于截面的分量 σ 和与截面相切的分量 τ（见图 5 - 2b），σ 称为正应力，τ 称为剪应力。

在国际单位制中，应力的单位是牛/米^2（N/m^2），称为帕斯卡，简称为帕（Pa），即：1 帕 = 1 牛/米^2。也可采用帕斯卡的倍数单位：千帕斯卡、兆帕斯卡或吉帕斯卡，其代号分别为千帕（kPa）、兆帕（MPa）、吉帕（GPa）。它们的关系为：

$$1 kPa = 10^3 Pa, 1 MPa = 10^6 Pa, 1 GPa = 10^9 Pa$$

5.4　杆件变形的基本形式

杆件归纳起来有以下四种基本变形：

（1）轴向拉伸或轴向压缩。若直杆受到沿轴线方向的外力作用，则直杆的主要变形是轴向拉伸（见图 5 - 3a）或轴向压缩（见图 5 - 3b）。

（2）剪切。若直杆受到一对大小相等、方向相反且相距很近的横向外力作用，则直杆的主要变形是两外力之间的横截面产生相对错动（见图 5 - 3c）。

（3）扭转。在一对大小相等、方向相反、位于垂直于杆轴线的两平面内的力偶作用下，杆的任意横截面将绕轴线发生相对转动，如图 5 - 3（d）所示。

（4）弯曲。在一对大小相等、方向相反、位于杆的纵向平面内的力偶作用下，直杆的轴线由直线弯成曲线，如图 5 - 3（e）所示。

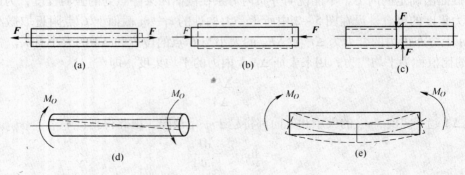

图 5 - 3

在工程实际中，杆件在载荷作用下的变形为一种基本变形的情况较为少见，大多为上述几种基本变形的组合。若材料同时发生两种或两种以上基本变形，几种变形形式无主次之分，则属组合变形问题。本书将先分别讨论几种基本变形，然后再分析组合变形问题。

小　结

（1）在材料力学中主要讨论构件的强度、刚度及稳定性问题。强度指的是构件在外力作用下抵抗破坏的能力；刚度指的是构件在外力作用下抵抗变形的能力；稳定性是指细长构件在外力作用下保持原有直线平衡状态的能力。

（2）在材料力学中讨论构件的强度、刚度及稳定性问题时，都认为材料是均匀连续的，并且认为材料沿各个方向的力学性能均相同。当构件受到外力作用时，会使构件发生轴向拉伸或压缩、剪切、扭转、弯曲等变形，并在其截面上引起内力及应力。

（3）材料力学所研究的内力，实际是一种"附加内力"，是因外力作用而引起的内力改变量。内力可以是力，也可以是力偶。

（4）截面法是求内力的一般方法，其关键是"截开→代替→平衡"三步。应力是指受力构件某一截面上某一点处的内力集度，在讨论应力时必须明确其在哪个截面的哪点上。应力一般有两种：1）与截面垂直的正应力 σ；2）与截面相切的剪应力 τ。

思 考 题

5-1　对变形固体进行基本假设的意义是什么？

5-2　内力和应力概念的区别是什么？

5-3　杆件变形的基本形式有哪些？其各自特点如何？

习 题

5-1　简述变形固体基本假设的内容。

5-2　简述内力、应力的概念。

6　轴向拉伸与压缩

6.1　轴向拉伸与压缩的概念

　　工程实际中有许多承受拉伸或压缩的杆件。如图 6 - 1（a）所示的三铰支架，在载荷 P 的作用下，AC 杆受到拉伸（见图 6 - 1b），BC 杆则受到压缩（见图 6 - 1c）。又如液压传动机构中的活塞杆，在油压和工作阻力作用下受压（见图 6 - 2）。

　　这些杆件虽然形状与用途都不同，其承受的载荷却有着一个共同的特点：作用在直杆两端的外力等值、反向，作用线与杆的轴线重合。杆件产生沿轴线方向的伸长或缩短，这种变形形式称为轴向拉伸和压缩。这类杆件称为拉、压杆。它们的受力简图如图 6 - 3 所示。

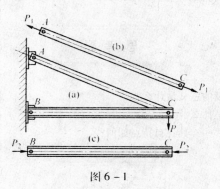

图 6 - 1

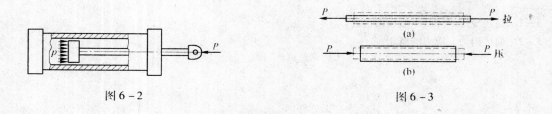

图 6 - 2　　　　　　　　　　　　　　　　图 6 - 3

6.2　拉、压杆横截面上的内力

6.2.1　轴力

　　以图 6 - 4（a）所示的圆截面等直杆为例，分析轴向拉、压杆任一截面上的内力。

　　如图 6 - 4（b）所示，将杆沿欲求内力的截面 m—m 假想地分为两段，取左（Ⅰ）段为研究对象（见图 6 - 4c），其作用有外力 P 和截面 m—m 的内力。外力 P 是沿轴线的，内力的作用线也必与轴线重合。这种与杆轴线重合的内力称为轴力，以 F_N 表示。轴力的大小由平衡条件决定。

$$\sum F_x = 0, F_N - P = 0$$

得
$$F_N = P$$

轴力的单位是牛顿（N）或千牛顿（kN）。轴力的正负规定如下：拉伸时（离开截面）的轴力为正，压缩时（指向截面）的轴力为负。

如果取右（Ⅱ）段为研究对象（见图6-4d），求出的内力 F_N 与 F_N 的大小相等，符号相同（同为拉力）。二者是作用力和反作用力的关系。

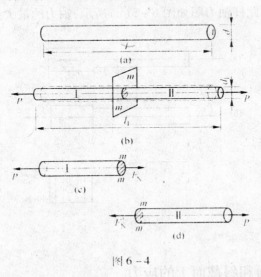

图 6 - 4

轴力的正负号规定如下：设想将欲求轴力的截面固定，背离研究截面的外力产生正轴力，指向研究截面的外力产生负轴力。

6.2.2 轴力图

为反映轴力随截面位置的变化情况，通常用平行于轴线的坐标 x 表示横截面的位置，用垂直于杆轴线的坐标 F_N 表示对应截面上的轴力，绘出轴力沿轴线方向变化规律的图形，称为轴力图。绘制轴力图的步骤如下：

（1）用截面法计算各段的轴力。

（2）按平行于杆轴线的方向设定 x 轴，在 x 轴上确定好各截面的位置，其位置一定要与受力简图上相应截面的位置对齐，即 x 轴坐标相同，不能偏离。

（3）确定纵坐标及比例尺，用平行于 x 轴的线段（各段 F_N 为常数时）表示各段的 F_N 值，拉力画在 x 轴上方，压力画在 x 轴的下方，注意标出 F_N 值的大小、正负及单位。

（4）在图上画上一些垂直于 x 轴的线条。

【例6-1】 绘制图6-5（a）所示杆件的轴力图。已知 $P_1 = P_2 = 20kN$，$P_3 = 40kN$。

解：（1）计算支座反力。取整个杆件为研究对象（见图6-5b），设杆件 D 端的支座反力为 R，列平衡方程：
$$\sum F_x = 0, \quad -P_1 + P_2 + P_3 + R = 0$$

得：
$$R = P_1 - P_2 - P_3 = 20 - 20 - 40 = -40kN$$

（2）分段计算轴力。取1—1假想截面，考虑左段，设截面上有正轴力 F_{N1}，由平衡方程得：

$$\sum F_x = 0, F_{N1} - P_1 = 0, F_{N1} = P_1 = 20\text{kN}$$

取 2—2 假想截面，考虑左段，设截面上有正轴力 F_{N2}，由平衡方程得：

$$\sum F_x = 0, F_{N2} - P_1 + P_2 = 0, F_{N1} = P_1 - P_2 = 20 - 20 = 0\text{kN}$$

取 3—3 假想截面，考虑左段，设截面上有正轴力 F_{N3}，由平衡方程得：

$$\sum F_x = 0, R - N_3 = 0, F_{N3} = R = 40\text{kN}$$

（3）绘制轴力图。此杆轴力图如图 6 - 5（c）所示，轴力的最大绝对值为 $|N_{\text{max}}| = 40\text{kN}$。

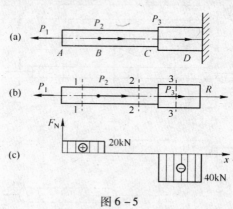

图 6 - 5

6.3　拉、压杆横截面和斜截面上的应力

6.3.1　横截面上的正应力

如图 6 - 6 所示简易吊车中的拉杆 AB，由于受到沿轴线的力作用而沿轴线伸长。这种受到沿轴线方向外力作用而发生沿轴线伸长或缩短的变形称为轴向拉伸或压缩，简称拉伸或压缩。其内力沿轴线，称为轴力。

轴力是横截面上轴向分布内力的合力，轴向分布内力（即垂直于横截面的分布内力）在某点处的集度，即为该点处的正应力。为了求得横截面上任意一点的正应力，必须了解内力在截面上的分布规律。

取一等截面直杆（见图 6 - 7），试验前在杆上画上与杆轴垂直的横线，再画上与杆轴平行的纵向线（见图 6 - 7a）。然后沿杆的轴线作用拉力 P，使杆产生拉伸变形。这时可以观察到：横线仍然保持直线，且垂直于杆的轴线，只是相互间的间距增大；纵线仍然平行于轴线，间距有所减小。

根据上述现象，通过分析，可以提出拉伸时的变形平面假设：横截面在拉伸变形时，保持为平面，且仍垂直于杆的轴线，仅沿轴线产生了相对平移。平面假设意味着拉杆的任意两个横截面之间的所有纵向线段的伸长相同。对于均匀性材料，如果变形相同，则受力也相同。由此可以推断内力在横截面上的分布是均匀的，即横截面上各点处的正应力是相等的。其计算式为：

$$\sigma = \frac{F_N}{A} \tag{6 - 1}$$

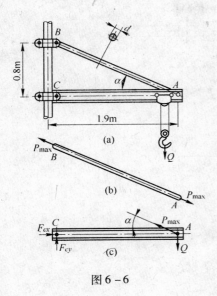

图 6-6

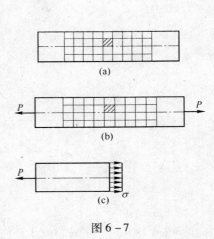

图 6-7

式中，A 为杆横截面面积。正应力的正负号与轴力的相对应，即拉应力为正，压应力为负。

【例6-2】 圆截面阶梯杆受力如图6-8（a）所示。已知 $P = 50\text{kN}$，$d_{BC} = 40\text{mm}$，$d_{CD} = 25\text{mm}$，求杆中最大正应力。

解：（1）画杆的轴力图，如图6-8（b）所示。

求出各杆各段轴力：

$$F_{NBC} = -2P = -100\text{kN}, N_{CD} = P = 50\text{kN}$$

（2）分段计算杆内应力。

$$A_{BC} = \frac{\pi}{4}d_{BC}^2 = \frac{\pi}{4} \times 40^2 = 1257\text{mm}^2$$

$$A_{CD} = \frac{\pi}{4}d_{CD}^2 = \frac{\pi}{4} \times 25^2 = 491\text{mm}^2$$

$$\sigma_{BC} = \frac{N_{BC}}{A_{BC}} = -\frac{100 \times 10^3}{1257} = -79.6\text{MPa}$$

$$\sigma_{CD} = \frac{N_{CD}}{A_{CD}} = \frac{50 \times 10^3}{491} = -101.8\text{MPa}$$

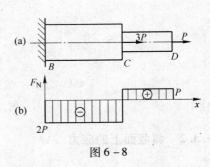

图 6-8

（3）CD 杆内有最大正应力 $|\sigma|_{max} = 101.8\text{MPa}$。

【例6-3】 一受轴向载荷的阶梯轴如图6-9（a）所示，求各段横截面上的应力，并画轴力图。

解：（1）求轴力。应用截面法，求得各段轴力为：

$$F_{NAB} = -P_1 = 50\text{kN}$$

$$F_{NBC} = P_2 - P_1 = 30\text{kN}$$

$$F_{NCD} = P_4 = 25\text{kN}$$

$$F_{NDE} = P_4 = 25\text{kN}$$

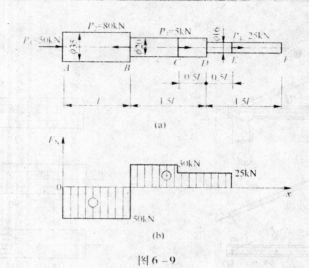

图 6 - 9

（2）画轴力图，如图 6 - 9（b）所示。

（3）求应力。分段计算横截面上的正应力：

$$\sigma_{AB} = \frac{F_{NAB}}{A_{AB}} = \frac{-50 \times 10^3}{\frac{\pi}{4} \times 35^2} = -52 \text{MPa}$$

$$\sigma_{BC} = \frac{F_{NBC}}{A_{BC}} = \frac{30 \times 10^3}{\frac{\pi}{4} \times 20^2} = 95.5 \text{MPa}$$

$$\sigma_{CD} = \frac{F_{NCD}}{A_{CD}} = \frac{25 \times 10^3}{\frac{\pi}{4} \times 20^2} = 79.6 \text{MPa}$$

$$\sigma_{DE} = \frac{F_{NDE}}{A_{DE}} = \frac{25 \times 10^3}{\frac{\pi}{4} \times 16^2} = 124.4 \text{MPa}$$

$$\sigma_{EF} = 0$$

其中　　　　　　　　$|\sigma|_{max} = \sigma_{DE} = 124.4 \text{MPa}$

6.3.2　斜截面上的应力

6.3.2.1　斜截面上的全应力 p_α

设图 6 - 10（a）所示直杆的横截面面积为 A，受到的轴向拉力为 P，横截面上的正应力为 $\sigma = P/A$。

设任意斜截面 $k—k$ 的方位角为 α，用截面法可求得斜截面上的内力为：

$$F_\alpha = P$$

斜截面的面积为：

$$A_\alpha = \frac{A}{\cos\alpha}$$

斜截面上的应力也是均匀分布的，任一点的全应力为：

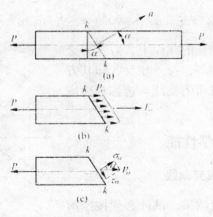

图 6 - 10

$$p_\alpha = \frac{F_\alpha}{A_\alpha} = \frac{P}{A_\alpha} = \frac{P}{A/\cos\alpha} = \frac{P}{A}\cos\alpha \tag{6-2}$$

6.3.2.2　斜截面上正应力 σ_α 和剪应力 τ_α

如图 6 - 10（c）所示，将斜截面上的全应力 p_α 分解为垂直于斜截面的正应力 σ_α 和位于斜截面内的剪应力 τ_α，得：

$$\left.\begin{array}{l} \sigma_\alpha = p_\alpha\cos\alpha = \sigma\cos^2\alpha \\[2mm] \tau_\alpha = p_\alpha\sin\alpha = \sigma\cos\alpha\sin\alpha = \dfrac{\sigma}{2}\sin2\alpha \end{array}\right\} \tag{6-3}$$

斜截面上的正应力 σ_α 和剪应力 τ_α 都是 α 的函数。α 的正负号规定如下：由 x 轴逆时针转到外法线 n 的 α 角为正，反之为负。正应力 σ_α 仍以拉应力为正，压应力为负。对于剪应力 τ_α，规定对截体为顺时针转动作用的为正，逆时针转动作用的为负（见图 6 - 11）。

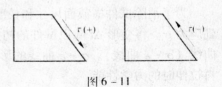

图 6 - 11

6.3.2.3　最大正应力和最大剪应力

当 $\alpha = 0°$（即横截面）时，正应力为最大值：$\sigma_{max} = \sigma$；

当 $\alpha = 45°$时，剪应力 τ_α 达到最大值：$\tau_{max} = \dfrac{\sigma}{2}$；

当 $\alpha = 90°$时，σ_α 和 τ_α 均为零，表明轴向拉（压）杆在平行于轴线的纵向截面上无任何应力。

6.3.2.4　剪应力互等定理

如图 6 - 12 所示，由剪应力公式有：

$$\tau_\alpha = \frac{\alpha}{2}\sin2\alpha \tag{6-4}$$

有： $$\tau_{\alpha+90°} = \frac{\alpha}{2}\sin2(\alpha+90°) = -\frac{\alpha}{2}\sin2\alpha = -\tau_\alpha \qquad (6-5)$$

上式说明杆件内相互垂直的截面上，剪应力必然成对地出现。两者大小相等，符号相反，即其方向同时垂直指向或背离两截面的交线。这称为剪应力双生互等定理。

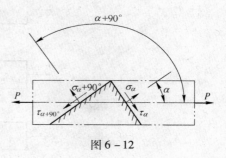

图 6 – 12

6.4 材料拉、压时的力学性能

6.4.1 拉伸试验和应力 – 应变曲线

为了便于比较拉伸试验结果，试件必须按照国家标准（GB/T 228.1—2010）加工成标准试件。圆截面标准试件如图 6 – 13 所示。试件较粗的两端是装夹部分，中间部分为试验段，其长度 l 为工作长度，称为标距。标距 l 和工作段直径 d 之比有 $l = 5d$ 和 $l = 10d$ 两种规格。

图 6 – 13

试验在万能材料试验机上进行。试件装夹好后，开动机器缓慢加载，试件即受到由零逐渐增加到 F 的拉力作用，在试件标距 l 内也将产生相应的变形 Δl。把试验过程中对应的 F 和 Δl 绘制成曲线，即称为 $F - \Delta l$ 曲线，也称拉伸图。

为了消除试件横截面尺寸和长度的影响，将载荷 F 除以试件的初始横截面面积 A，得到应力 σ。将变形 Δl 除以试件的初始标矩 l，得到线应变 ε。这样的曲线称为应力 – 应变曲线（$\sigma - \varepsilon$ 曲线）。$\sigma - \varepsilon$ 曲线的形状与 $F - \Delta l$ 曲线相似，工程中即以 $\sigma - \varepsilon$ 曲线反映材料拉伸时的力学性能。

6.4.2 低碳钢拉伸时的力学性能

低碳钢是含碳量在 0.3% 以下的碳素钢，是工程中广泛使用的金属材料。它在拉伸试验中表现出来的力学性能具有典型性。图 6 – 14 和图 6 – 15 分别为 Q235A 钢拉伸时的 $F - \Delta l$ 曲线和 $\sigma - \varepsilon$ 曲线。现以其 $\sigma - \varepsilon$ 曲线为例分析材料拉伸时的一些主要力学性能。

6.4.2.1 四个阶段及四个应力极限值

由图 6 – 15 可知，整个拉伸过程大致可分为四个阶段。

（1）线弹性阶段。这一阶段可分为斜直线 Oa 段与微弯曲线 aa' 段。斜直线 Oa 为试件拉伸的初始阶段，这时应力 σ 与应变 ε 成正比，胡克定律 $\sigma = E\varepsilon$ 适用。Oa 直线的倾角为 α，其正切值 $\tan\alpha = \sigma/\varepsilon = E$，即为材料的弹性模量。直线部分的最高点 a 的所对应的应力值 σ_p 称为比例极限。当应力超过 σ_p 后，拉伸曲线 aa' 段就不是直线，但材料的变形仍是弹性的。若在应力值不超过 a' 点所对应的应力值时卸去载荷，变形也随之全部消失。这

一阶段的最高点 a' 所对应的应力值 σ_e 称为弹性极限。比例极限 σ_p 和弹性极限 σ_e 的概念不同，但两者十分接近，通常对它们不做严格区分，并近似地认为材料在弹性范围内服从胡克定律。

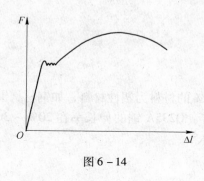

图 6 – 14

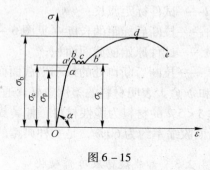

图 6 – 15

（2）屈服阶段。应力超过弹性极限 σ_e 后并增加到一定值，试件变形加快，图 6 – 15 上出现接近水平的锯齿形波动段 bc。这时的应力先是下降，然后在很小的范围内波动，而应变迅速增加。这种应力变化不大，而变形显著增加的现象称为材料的"屈服"或"流动"，故 bc 段称为屈服阶段。该段曲线的最高点 b 为上屈服点，最低点 b' 称为下屈服点，下屈服点 b' 所对应的应力称为屈服点或屈服极限，用 σ_s 表示。

在屈服阶段，如果试件表面光滑，可以看到试件表面有与轴线大约成 45° 的条纹，称为滑移线（见图 6 – 16）。它们是由于金属内部的晶格滑移而形成的。晶格的滑移是产生塑性变形的主要原因。由于材料屈服时，将产生明显的塑性变形，因而导致构件不能正常工作而失效。所以工程中将屈服极限 σ_s 作为衡量塑性材料强度的一个重要指标。

（3）强化阶段。屈服阶段后，图 6 – 15 上出现上升的曲线 cd 段。这表明，若要使材料继续变形，必须增加应力，即材料又恢复了抵抗变形的能力。这种现象称为材料的"强化"，曲线的 cd 段称为强化阶段。曲线最高点 d 所对应的应力值称为材料的强度极限，用 σ_b 表示。它是材料所能承受的最大应力，也是衡量材料强度的一个重要指标。

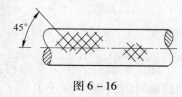

图 6 – 16

（4）颈缩阶段。应力达到 σ_b 后，在试件较薄弱的横截面处发生急剧的局部收缩，称为"颈缩"现象（见图6 – 17）。在颈缩处，横截面面积迅速减小，变形急速扩大，导致曲线呈下降形状，试件很快断裂。de 段称颈缩断裂阶段或局部变形阶段。

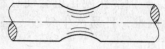

图 6 – 17

6.4.2.2　两个塑性指标

根据试件在拉伸过程中产生的塑性变形的大小，材料可以分为塑性材料和脆性材料两类。前者在拉断时有较大的塑性变形。而后者在拉断时几乎没有塑性变形。常用的塑性指标有伸长率 δ 和断面收缩率 ψ 两个。

$$\left.\begin{array}{l} \delta = \dfrac{l_1 - l}{l} \times 100\% \\[3mm] \psi = \dfrac{A - A_1}{A} \times 100\% \end{array}\right\} \tag{6-6}$$

式中　l——试件标距原长；

　　　l_1——拉断后标距的长度（见图 6-18）；

　　　A——试件原始横截面面积；

　　　A_1——拉断后断口处的最小横截面面积。

δ 和 ψ 愈大表明材料的塑性愈好。通常称 $\delta \geqslant 5\%$ 的材料为塑性材料，如钢材、铜、铝等；称 $\delta < 5\%$ 的材料为脆性材料，如铸铁、砖石等。Q235A 钢的伸长率在 20% ~ 30% 之间，断面收缩率约为 60%，是一种典型的塑性材料。

6.4.2.3　卸载规律及冷作硬化

在低碳拉伸试验中，如果把试件拉伸到超过屈服极限的 f 点（见图 6-19），然后缓慢地卸载。这时可以观察到，在卸载过程中，应力和应变按直线规律变化。应力应变关系将沿着与 Oa 近似平行的直线 fg 回到 g 点，而不是沿原来的加载曲线回到 O 点。图中 Og 是试件残留下来的塑性应变，gh 表示消失的弹性应变。

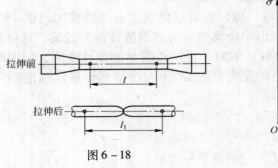

图 6-18

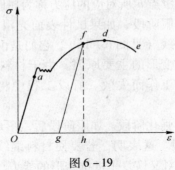

图 6-19

如果卸载后，在短期内再次加载，σ - ε 曲线大致沿卸载时的斜直线 gf 上升到 f 点，到达 f 点后，产生塑性变形，并仍沿 fde 曲线变化。比较未经过预拉的曲线 $Oafde$ 和经过预拉的曲线 $gfde$，可以发现预拉后材料的比例极限提高了，而塑性降低，这种现象称为"冷作硬化"。但冷作硬化也会使材料变硬、变脆，使再加工发生困难，且易产生裂纹，必要时可以通过退火处理来消除。

6.4.3　其他材料拉伸时的力学性能

6.4.3.1　其他塑性材料

图 6-20 是一些其他塑性材料的 σ - ε 曲线。由图

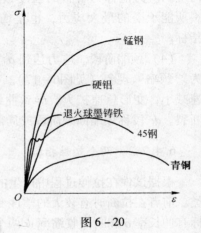

图 6-20

中可以看到，它们与低碳钢相似，存在线弹性阶段，有较大的塑性变形。但有的材料无明显的屈服现象。对于无明显屈服现象的材料，国家标准规定以产生 0.2% 塑性变形时所对应的应力作为其屈服应力，称为名义屈服极限，用 $\sigma_{0.2}$ 表示（见图 6-21）。

图 6-22 给出了用途日益广泛的塑料（聚氯乙烯 PVC 硬片与共混型工程塑料 ABS）在常温时的 $\sigma-\varepsilon$ 曲线，可见它们在屈服前的线（弹）性都相当好，塑性也不错，只是弹性模量 E 比较低（其试件形式为板状，与金属板状试件略有不同）。另外，橡胶也是一种用途比较广的材料，其弹性性能好，即卸载后，能按加载时应力－应变曲线的路径恢复到原点。

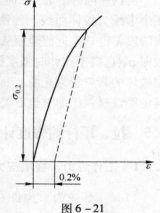

图 6-21

6.4.3.2 脆性材料

图 6-23 为灰铸铁拉伸时的应力－应变曲线。该曲线没有明显的直线部分，没有屈服阶段，也无颈缩现象，断口垂直于试件的轴线。铸铁的伸长率 δ 通常只有 0.5% ~ 0.6%，是典型的脆性材料。抗拉强度 σ_b 是脆性材料唯一的强度指标。因铸铁构件在实际使用的应力范围内，其 $\sigma-\varepsilon$ 曲线的曲率很小，实际计算时常近似地用直线（见图 6-23 中的虚线）代替，即可以认为它们近似地服从胡克定律。

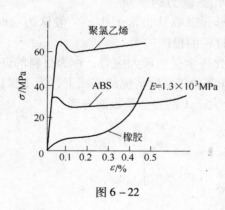

图 6-22

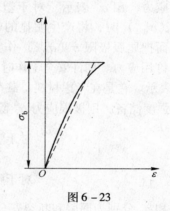

图 6-23

6.4.4 材料压缩时的力学性能

材料压缩时的力学性能通过材料的压缩试验确定。金属材料的压缩试件常采用短圆柱体，其高度为直径的 1.5 ~ 3 倍；非金属材料（如水泥）的压缩试件采用立方体形状。通过压缩试验，可以得到材料压缩时的 $\sigma-\varepsilon$ 曲线，并从中分析压缩时材料的力学性能。

6.4.4.1 低碳钢及其他塑性材料

图 6-24 中的实线为低碳钢压缩时的 $\sigma-\varepsilon$ 曲线，虚线是拉伸的。可以看出，在强化阶段之前两曲线是重合的。这表明，低碳钢在压缩时的比例极限 σ_p、弹性极限 σ_e、弹性模量 E 和屈服极限 σ_s，都与拉伸时基本相同。过了屈服阶段，两曲线逐渐分离，压缩曲

线上升。

6.4.4.2　铸铁及其他脆性材料

铸铁压缩时的 $\sigma - \varepsilon$ 曲线如图 6 - 25 中实线所示，图中虚线为拉伸曲线。铸铁压缩时的 $\sigma - \varepsilon$ 曲线也没有直线阶段，也只是近似地服从胡克定律。铸铁压缩时的强度极限 σ_{by} 远高于拉伸时强度极限 σ_{bl}（高 2 ~ 4 倍），铸铁压缩破坏的断口较为光滑，断口平面与轴线约成 45° 的夹角。其他脆性材料压缩时也有类似特点。

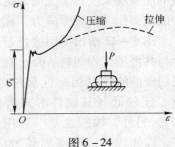

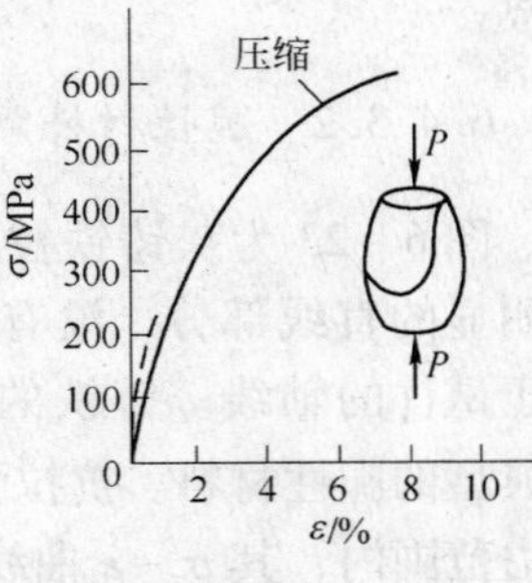

图 6 - 24

6.5　拉、压杆的强度计算

6.5.1　工作应力、极限应力与许用应力

（1）工作应力。构件在载荷作用下的应力称为工作应力，用 σ 表示。

$$\sigma = \frac{F_N}{A}$$

图 6 - 25

（2）极限应力。工程中把材料破坏时的应力称为危险应力或极限应力，用 σ^0 表示。对于塑性材料，当应力达到屈服极限 $\sigma_s(\sigma_{0.2})$ 时，将产生明显的塑性变形，影响其正常工作。一般认为这时材料已破坏，因而把屈服极限 $\sigma_s(\sigma_{0.2})$ 作为塑性材料的极限应力。

（3）许用应力。构件安全工作时，材料允许承受的最大应力，称为材料的许用应力，用 $[\sigma]$ 表示。它是在考虑材料、载荷及工作条件等实际情况的基础上，为了保证构件具有一定的强度储备，用极限应力 σ^0 除以一个大于 1 的安全系数而得到。

$$
\left.
\begin{aligned}
\text{对于塑性材料}\quad [\sigma] &= \frac{\sigma_s}{n_s} \\
\text{对于脆性材料}\quad [\sigma] &= \frac{\sigma_b}{n_b}
\end{aligned}
\right\}
\tag{6 - 7}
$$

式中，n_s 和 n_b 分别为屈服和断裂安全系数。

由于塑性材料拉、压时的屈服极限 σ_s（或 $\sigma_{0.2}$）相同，故塑性材料拉、压许用应力通常相同；而脆性材料的拉、压强度极限 σ_{bl} 和 σ_{by} 不同，故其拉、压许用应力也不同，分别用 $[\sigma_1]$（或 $[\sigma_+]$）和 $[\sigma_y]$（或 $[\sigma_-]$）表示。

图 6 - 26 为低碳钢 $n_s = 2$ 时的 σ_s 和 $[\sigma]$ 示意图，其中 $[\sigma] = \frac{\sigma_s}{2}$，$\sigma_s - [\sigma]$ 为强度储备。

6.5.2　安全系数

由式（6 - 7）和图 6 - 26 可以看出，安全系数代表强度储备的多少。安全系数取得大，许用应力则小，强度储

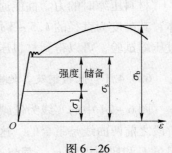

图 6 - 26

备多，偏向于安全。确定安全系数时应考虑的主要因素有以下几个方面：

（1）材料的综合性能，包括材料质地好坏、均匀程度，是塑性材料还是脆性材料。

（2）受载情况，包括载荷的性质与对载荷估计的准确性。

（3）实际构件的简化过程和计算方法的精确程度。

（4）构件的工作条件、在设备中的重要性、损坏后造成后果的严重程度、制造和修配的难易程度等。

在静载荷条件下，一般机械设计中，安全系数的大致范围为：

$$n_s = 1.5 \sim 2.5, n_b = 2.0 \sim 3.5 (或更大)$$

6.5.3　拉、压杆的强度条件

为了保证构件安全工作，构件横截面上的最大工作应力不得超过材料的许用应力，即

$$\sigma_{\max} = \frac{F_N}{A} \leqslant [\sigma] \tag{6-8}$$

式中，F_N 和 A 分别为危险截面上的轴力与面积。

式（6-8）称为拉、压杆的强度条件。根据强度条件，可进行三种类型的强度计算。

（1）强度校核。若已知杆件的尺寸，所受载荷和材料的许用应力，即可用式（6-8）验算杆件是否满足强度条件。

（2）截面设计。若已知杆件所受的载荷和材料的许用应力，可将式（6-8）改写为：

$$A \geqslant \frac{F_N}{[\sigma]}$$

由此确定杆件的截面尺寸。

（3）确定许可载荷。若已知杆件的截面尺寸和许用应力，可将式（6-8）改写为：

$$F \leqslant A[\sigma]$$

由此求得杆件所能承受的最大轴力。再通过静力平衡关系可进一步确定机构所能承受的许可载荷。

强度计算中，可能出现工作应力略大于材料许用应力的情况。按设计规范规定，当超过部分的应力不超出许用应力值的 5% 时，仍可认为构件满足强度要求。

【例 6-4】 螺纹内径 $d = 15\text{mm}$ 的螺栓，紧固时所承受的预紧力 $F_P = 20\text{kN}$。若已知螺栓的许用应力 $[\sigma] = 150\text{MPa}$，试校核螺栓的强度是否安全。

解：（1）确定螺栓所受轴力。应用截面法，容易求得螺栓所受轴力即为预紧力。

$$F_N = F_P = 20\text{kN}$$

（2）计算螺栓横截面上的工作应力。

$$\sigma = \frac{F_N}{A} = \frac{4 \times F_P}{\pi d^2} = \frac{4 \times 20 \times 10^3}{\pi \times (15 \times 10^{-3})^2} = 113.2 \times 10^6 = 113.2\text{MPa}$$

（3）校核强度。

$$\sigma = 113.2\text{MPa} < [\sigma]$$

所以螺栓的强度是安全的。

【例 6-5】 某车间工人自制一台简易吊车（见图 6-27a），已知在铰接点 B 起吊重物的最大重量为 20kN，$AB = 2\text{m}$，$BC = 1\text{m}$。杆件 AB 和 BC 均用圆钢制作，材料的许用应力

$[\sigma] = 58\text{MPa}$。试确定两杆所需直径。

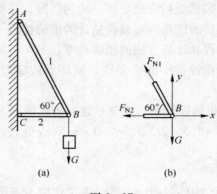

图 6 – 27

解：计算两杆内力大小。用截面法切开两杆，因两杆都是二力杆，故内力均为轴力。设 AB 杆的轴力为 F_{N1}，BC 杆轴力为 F_{N2}，画受力图如图 6 – 27（b）所示。

由平衡条件 $\sum F_{iy} = F_{N1}\sin60° - G = 0$ 得：

$$F_{N1} = \frac{G}{\sin60°} = \frac{20}{0.866} = 23.1\text{kN}(拉力)$$

由平衡条件 $\sum F_{ix} = -F_{N1}\cos60° - F_{N2} = 0$ 得：

$$F_{N2} = -F_{N1}\cos60° = -23.1 \times 0.5 = -11.6\text{kN}(压力)$$

根据强度条件，两杆横截面面积应分别满足以下要求：

$$AB\ 杆\quad A_1 = \frac{\pi d_1^2}{4} \geqslant \frac{F_{N1}}{[\sigma]} = \frac{23.1 \times 10^3}{58} \approx 400\text{mm}^2$$

$$BC\ 杆\quad A_2 = \frac{\pi d_2^2}{4} \geqslant \frac{F_{N2}}{[\sigma]} = \frac{11.6 \times 10^3}{58} = 200\text{mm}^2$$

式中，F_{N2} 取绝对值。

由面积公式求出：

$$AB\ 杆直径\quad d_1 \geqslant \sqrt{\frac{4A_1}{\pi}} = 22.6\text{mm}$$

$$BC\ 杆直径\quad d_2 \geqslant \sqrt{\frac{4A_2}{\pi}} = 16\text{mm}$$

根据计算结果，考虑到制造和使用方便起见，可以统一取两杆直径为 23mm。

【例 6 – 6】 气缸盖用小径 $d_1 = 17.294\text{mm}$ 的 8 个螺栓与气缸连接，如图 6 – 28 所示。设螺栓许用拉应力 $[\sigma] = 100\text{MPa}$，气缸内径 $D = 600\text{mm}$。不考虑气密性问题，试求气缸体内最大允许的蒸汽压力。

解：每一个螺栓小径处横截面积为：

$$A = \frac{\pi d_1^2}{4} = \frac{3.14 \times 17.294^2}{4} = 235\text{mm}^2$$

根据强度条件，可求出每一个螺栓的许可内力：

$$F_N \leqslant A[\sigma] = 235 \times 100 = 23.5\text{kN}$$

8 个螺栓共能承受的最大载荷为:

$$F_{max} = 8F_N = 8 \times 23.5 = 188kN$$

气缸盖的受力面积为:

$$A_1 = \frac{\pi D^2}{4} = \frac{3.14 \times 600^2}{4} = 282600mm^2$$

缸体内最大容许的蒸汽压力为:

$$P = \frac{F_{max}}{A_1} = \frac{188 \times 10^3}{282600} = 0.67MPa$$

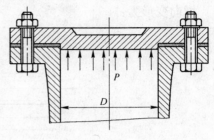

图 6-28

6.6 应力集中的概念

等截面构件轴向拉伸或压缩时,横截面上的应力是均匀分布的。但对于截面尺寸有急剧变化的杆件,例如有开孔、沟槽、肩台和螺纹的构件等,在孔、槽等附近,应力急剧增大,而在较远处又渐趋均匀。这种由于截面的突然变化而产生的应力局部增大的现象,称为应力集中。

例如图 6-29 中,孔边或槽边的应力 σ_{max} 远比平均应力 σ 高。σ_{max} 与 $\sigma = \dfrac{P}{A}$ 之比,称为应力集中系数,以 k 表示,即

$$k = \sigma_{max}/\sigma \qquad (6-9)$$

在静载荷作用下,应力集中对塑性材料和脆性材料的强度产生的影响是不同的。对于塑性材料,当应力集中处的最大应力达到屈服点时,仅在局部产生塑性变形。如果载荷继续加大,应力集中处的变形继续增加,而应力不再增加。只有当载荷继续增加,其他部位的应力逐渐升高,使塑性变形区域扩大到整个截面时,才会使构件破坏(见图 6-30),可见屈服现象有缓和应力集中的作用。所以在静载荷下,应力集中对塑性材料强度的影响较小。

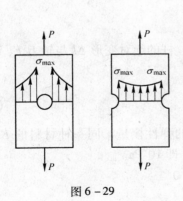

图 6-29

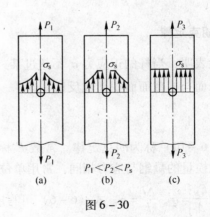

图 6-30

6.7 拉、压杆的变形及胡克定律

6.7.1 纵向变形与横向变形

设等直拉(压)杆的原长为 l,横向尺寸为 b(见图 6-31)。在轴向拉力 P 作用下,

纵向长度变为 l_1，横向尺寸变为 b_1，则杆的纵向绝对变形为：

$$\Delta l = l_1 - l$$

横向变形为：

$$\Delta b = b_1 - b$$

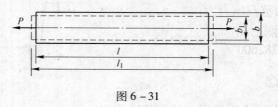

图 6 – 31

为了度量杆的变形程度，用单位长度内杆的变形，即线应变来衡量。

纵向线应变为：

$$\varepsilon = \frac{\Delta l}{l} = \frac{l_1 - l}{l}$$

横向线应变为：

$$\varepsilon' = \frac{\Delta b}{b} = \frac{b_1 - b}{b}$$

线应变表示的是杆件的相对变形，是一个没有量纲的量。

试验表明，当应力不超过某一限度时，横向线应变 ε' 和纵向线应变 ε 之间存在比例关系，而符号相反，即

$$\varepsilon' = -\mu\varepsilon$$

式中，比例常数 $\mu = \left| \dfrac{\varepsilon'}{\varepsilon} \right|$ 称为材料的横向变形系数，亦称泊松比。

6.7.2　胡克定律

试验表明，当杆的正应力 σ 不超过某一限度时，杆的绝对变形 Δl 与轴力 F_N 和杆长 l 成正比，而与横截面面积 A 成反比，即

$$\Delta l = \frac{F_N l}{EA} \tag{6 – 10}$$

式（6 – 10）称为胡克定律。常数 E 称为材料的弹性模量，同一种材料的 E 值为常数，弹性模量的量纲与应力相同，常用单位是 GPa，即 $10^9 Pa$。

由于 $\dfrac{F_N}{A} = \sigma$，$\dfrac{\Delta l}{l} = \varepsilon$，式（6 – 6）可写成：

$$\varepsilon = \frac{\sigma}{E} \quad \text{或} \quad \sigma = E\varepsilon \tag{6 – 11}$$

这是胡克定律的又一表达形式。它表明：若应力未超过某一极限值，则应力与应变成正比。弹性模量 E 和泊松比 μ 都是材料的弹性常数，可由试验测定。几种常用材料的 E 和 μ 值见表 6 – 1。

表6-1 几种常用材料的 E、μ 值

材 料 名 称	E/GPa	μ
碳 钢	196～216	0.24～0.28
合金钢	186～206	0.25～0.30
灰铸铁	78.5～157	0.23～0.27
铜及铜合金	72.6～128	0.31～0.42
铝合金	70	0.33

【例6-7】 阶梯钢杆（见图6-32a）承受轴向载荷 $P_1 = 30\text{kN}$，$P_2 = 10\text{kN}$。各段杆长 $l_1 = l_2 = l_3 = 100\text{mm}$。各段横截面面积 $A_1 = 500\text{mm}^2$，$A_2 = 300\text{mm}^2$，弹性模量 $E = 200\text{GPa}$。求杆的总伸长量。

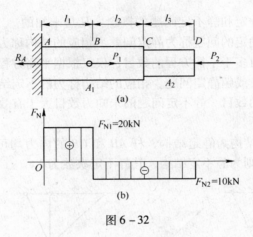

图6-32

解：（1）作轴力图。用截面法求得 CD 段和 BC 段的轴力 $F_{N2} = -10\text{kN}$，AB 段的轴力 $F_{N1} = 20\text{kN}$，画出杆的轴力图（见图6-32b）。

（2）计算各段杆的变形量。

$$\Delta l_{AB} = \frac{F_{N1}l_1}{EA_1} = \frac{20 \times 10^3 \times 100}{200 \times 10^3 \times 500} = 0.02\text{mm}$$

$$\Delta l_{BC} = \frac{F_{N2}l_2}{EA_1} = \frac{-10 \times 10^3 \times 100}{200 \times 10^3 \times 500} = -0.01\text{mm}$$

$$\Delta l_{CD} = \frac{F_{N2}l_3}{EA_2} = \frac{-10 \times 10^3 \times 100}{200 \times 10^3 \times 300} = -0.0167\text{mm}$$

（3）计算杆的总伸长量。

$$\Delta l = \Delta l_{AB} + \Delta l_{BC} + \Delta l_{CD} = 0.02 - 0.01 - 0.0167 = -0.0067\text{mm}$$

结果为负，说明杆的总变形为缩短。

【例6-8】 图6-33所示的连接螺栓由 Q235 钢制成，螺栓杆部直径 $d = 16\text{mm}$，在拧紧螺母时，其杆部长度在 $L = 125\text{mm}$ 内伸长 $\Delta L = 0.1\text{mm}$。已知材料弹性模量 $E = 200\text{GPa}$。试计算螺栓横截面的正应力和螺栓对钢板的压紧力。

解：拧紧后螺栓的线应变为：

$$\varepsilon = \frac{\Delta L}{L} = \frac{0.1}{125} = 8 \times 10^{-4}$$

由胡克定律求出螺栓横截面上的拉应力是：

$$\sigma = E\varepsilon = 200 \times 10^3 \times 8 \times 10^{-4} = 160 \text{MPa}$$

螺栓所受拉力为：

$$F = A\sigma = \frac{\pi \times 16^2}{4} \times 160 \approx 32 \text{kN}$$

由力的作用力与反作用公理知道，螺栓对钢板的压紧力为：

$$F_P = F = 32 \text{kN}$$

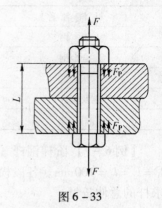

图 6 – 33

6.7.3　拉、压静不定问题

在静力平衡中提到静定和静不定问题的概念：凡是未知的约束力均可由平衡方程确定的问题称为静定问题，相应的结构称为静定结构；如果作用在研究对象上的未知力数目多于平衡方程的数目，仅仅根据平衡方程即不能全部求解，这样的问题称为静不定问题，或超静定问题，相应的结构称为静不定结构。静定问题的未知力数目等于有效平衡方程的数目。静不定问题的未知力数目大于有效平衡方程的数目，二者之差称为超静定次数。

图 6 – 34（a）所示结构为静定结构，杆 *AB* 和 *CB* 的内力均可由静力平衡方程确定。图 6 – 34（b）所示结构则为静不定结构，其静不定次数为 1。

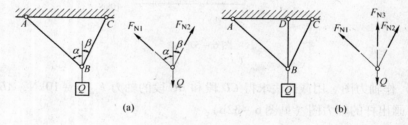

图 6 – 34

在静定结构上附加的约束或杆件称为"多余约束"，如图 6 – 34（b）中的杆 *DB*。这种"多余"只是对保证结构的平衡与几何不变性而言的，对于提高结构的强度、刚度来说则是有益的，并不是多余的。

小　　结

（1）杆件受到作用线与轴线重合的外力作用，称轴向拉伸或压缩。拉、压杆的内力也与轴线重合，称为轴力 F_N。它可以采用截面法和静力平衡关系求得，也可以用轴力图反映轴力随截面的变化情况。

（2）拉、压杆横截面上的正应力均匀分布，计算公式为：

$$\sigma = \frac{F_N}{A}$$

最大正应力作用在横截面上，最大剪应力在与轴线成45°的斜截面上。

因为 $\tau_\alpha = -\tau_{\alpha+90°}$，说明杆件内部相互垂直的截面上剪应力必然成对地出现，这称为剪应力双生互等定理。

（3）拉、压杆有纵向线应变 ε 和横向线应变 ε'，二者之间的关系为：

$$\varepsilon' = -\mu\varepsilon$$

胡克定律建立了内力和变形之间的关系，其表达式为：

$$\Delta l = \frac{F_N l}{EA} \quad 或 \quad \sigma = E\varepsilon$$

（4）低碳钢的拉伸 $\sigma - \varepsilon$ 曲线有四个阶段：线弹性阶段、屈服阶段、强化阶段和颈缩阶段。重要的强度指标有 σ_s 和 σ_b，塑性指标有 δ 和 ψ。

（5）拉、压杆的强度条件为：

$$\sigma = \frac{F_N}{A} \leqslant [\sigma]$$

利用强度条件可以进行强度校核、截面设计和确定许可载荷三类强度计算。

（6）静不定问题需根据变形协调条件，确立补充方程，并与静力平衡方程联立求解。

思 考 题

6-1 拉（压）杆的受力特点是什么？试列举轴向拉伸与压缩的实例。

6-2 拉压杆横截面上的正应力公式是如何建立的？为什么要做假设？该公式的应用条件是什么？

6-3 两根不同材料的等截面直杆，承受相同的轴向拉力，它们的横截面和长度都相等，试问：（1）横截面上的应力是否相等？（2）强度是否相同？（3）绝对变形是否相同？为什么？

6-4 何谓轴力？其正负号是如何规定的？如何画轴力图？

6-5 何谓许用应力？安全因数的确定原则是什么？

6-6 拉压杆的胡克定律是如何建立的？有几种表示形式？该定律的应用条件是什么？何谓杆件的拉压刚度？

6-7 何谓静定与静不定问题？试述求解静不定问题的方法与步骤？与静定问题相比，静定问题有何特点？

习 题

6-1 用截面法求杆中图6-35中指定截面上的内力。

6-2 试求图6-36所示各杆段的内力及应力，并作轴力图。

6-3 试计算图6-37所示各杆段的轴力，并画出轴力图。

6-4 如图6-38所示为一高10m的石砌桥墩，其横截面的两端是半圆形，尺寸如图所示。已知轴向压力 $F_P = 1000$kN，石料的堆密度 $\gamma = 23.47$kN/m³，试求在桥墩底面上的压应力大小。

6-5 图6-39所示为一木杆，承受轴向荷载 $F_P = 19$kN 作用，杆的横截面面积 $A = 1000$mm²，黏结面的方位角 $\theta = 45°$，试求该截面上的正应力和切应力，并画出应力的方向。

6-6 如图6-40所示一由两种材料制成的圆杆，直径 $d = 40$mm，杆总伸长 $\Delta l = 0.126$mm，钢、铜的弹

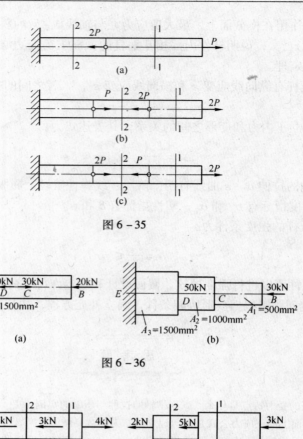

图 6 – 35

图 6 – 36

图 6 – 37

图 6 – 38

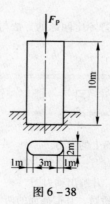

性模量分别为 $E_钢 = 210\text{GPa}$、$E_铜 = 100\text{GPa}$。试求载荷 F 及杆内的最大正应力 $\sigma_{\max}$。

6 – 7　如图 6 – 41 所示构架悬挂的物体重 $G = 60\text{kN}$。已知木质支柱 AB 杆的许用应力 $[\sigma] = 10\text{MPa}$，木质支柱 AB 的横截面为正方形，试确定 AB 杆横截面边长。

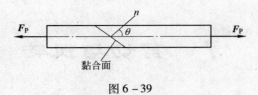

图 6 - 39

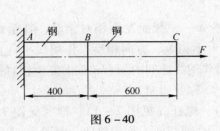

图 6 - 40

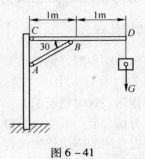

图 6 - 41

剪切与扭转

7.1 剪切与挤压的概念及剪切胡克定律

7.1.1 剪切的概念

用剪床剪钢板时，钢板在刀刃的作用下沿 $m—m$ 截面发生相对错动，直至最后被切断，如图 7-1 所示。其受力特点是：受一对大小相等、方向相反、作用线平行且相距很近的外力作用。这时钢板的左、右两个部分沿作用线之间的 $m—m$ 截面发生相对错动，这种变形称剪切变形。发生相对错动的截面 $m—m$ 称剪切面。

机械中常用的连接件如铆钉（见图 7-2）、螺杆（见图 7-3）、键（见图 7-4）都是承受剪切的零件。图 7-2 所示的铆钉只有一个剪切面，称为单剪；而图 7-3 所示的螺杆具有两个剪切面，称为双剪。

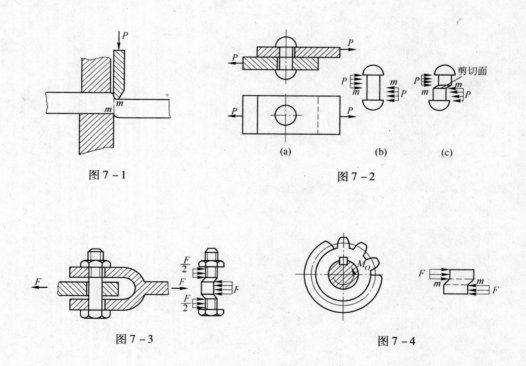

图 7-1　　　　　　　　　　　　图 7-2

图 7-3　　　　　　　　　　　　图 7-4

7.1.2 挤压的概念

构件在受剪切时伴随着挤压现象。当两物体接触而传递压力时，两物体的接触面就相互挤压，如果接触面只是表面上的一个不大的区域，而传递的压力又比较大，则接触面就很可能被压陷（产生显著的塑性变形），甚至压碎，这种现象称为挤压。图 7-5 所示为铆钉与孔壁的挤压情况。构件局部受压的接触面称为挤压面。

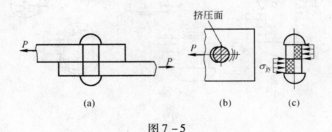

图 7 - 5

7.1.3 剪切变形与剪切胡克定律

从图 7 - 1 钢板的剪切面处取出一个微小的正六面体——单元体，如图 7 - 6 所示。在与剪力相应的剪应力 τ 的作用下，单元体的右面相对左面发生错动，使原来的直角改变了一个微量 γ，称为剪应变。

从图 7 - 6 中可看出，当 γ 很小时，有：

$$\gamma \approx \tan\gamma = \frac{bb'}{ab} \qquad (7-1)$$

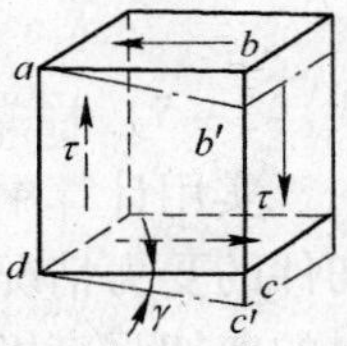

当剪应力不超过材料的剪切比例极限 τ_p 时，剪应力 τ 与剪应变 γ 成正比，即

$$\tau = G\gamma \qquad (7-2)$$

图 7 - 6

这就是材料的剪切胡克定律。式（7 - 2）中的比例系数 G 称为材料的切变模量，是表示材料抵抗剪切变形能力的物理量。

由广义胡克定律可以证明：对于各向同性材料，三个弹性常数 E、G、μ 之间存在一定的关系，即

$$G = \frac{E}{2(1+\mu)} \qquad (7-3)$$

7.2 剪切和挤压的实用计算

7.2.1 剪切强度的实用计算

图 7 - 2 中连接钢板的铆钉受力情况如图 7 - 7（a）所示。用截面法假想地将铆钉沿 m—m 截面截开，分为上、下两个部分。任取上半部分或下半部分为研究对象（见图 7 - 7b）。在剪切面必然有与外力 P 大小相等、方向相反的内力存在，这个内力称做剪力，用 F_Q 表示。

剪力是剪切面上分布内力的合力。剪切面上分布内力的集度为剪应力（或切应力），以 τ 表示，如图 7 - 7（c）所示。剪切面上的实际变形情况比较复杂，因而剪应力在剪切面上的分布规律很难确定。工程上通常采用近似计算方法，即假设剪应力在剪切面上均匀分布，得出：

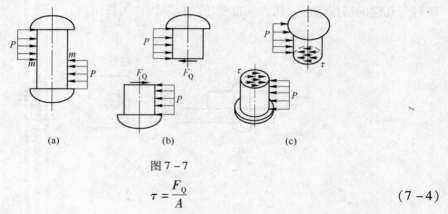

(a)　　　　　　　　　(b)　　　　　　　　　(c)

图 7 – 7

$$\tau = \frac{F_{Q}}{A} \qquad\qquad (7-4)$$

式中　F_{Q}——剪切面上的剪力；

　　　A——剪切面面积。

为了保证构件不被剪坏，必须使构件剪切面上的工作剪应力不超过材料的剪切许用剪应力 $[\tau]$，即：

$$\tau = \frac{F_{Q}}{A} \leqslant [\tau] \qquad\qquad (7-5)$$

式（7 – 5）称为剪切实用计算中的强度条件。

实用计算中的许用剪切力 $[\tau]$ 是根据剪切试验确定的，试验是将试件按照与实际剪切件的受力情况相似的条件安装在试验机上，加载测出试件被剪断时的剪力 F_{Qb}，算出材料的剪切强度极限 τ_{b}，即：

$$\tau_{b} = \frac{F_{Qb}}{A}$$

考虑实际构件的加工工艺和工作条件等因素，选择适当的安全系数 n，并由式（7 – 6）定出材料的剪切许用应力。

$$[\tau] = \frac{\tau_{b}}{n} \qquad\qquad (7-6)$$

工程中常用的剪切许用应力，可以从有关规范中查得。在一般情况下，剪切许用应力 $[\tau]$ 与拉伸许用应力 $[\sigma]$ 的关系为：

塑性材料　　　　　　　　　　　$[\tau] = (0.6 \sim 0.8)[\sigma]$

脆性材料　　　　　　　　　　　$[\tau] = (0.8 \sim 1.0)[\sigma]$

7.2.2　挤压强度的实用计算

在挤压面上，由挤压力引起的应力称做挤压应力，以 σ_{jy} 表示。挤压应力在挤压面上的分布规律也比较复杂，工程上同样采用实用计算，即认为挤压应力在挤压面上是均匀分布的，计算公式为：

$$\sigma_{jy} = \frac{F_{jy}}{A_{jy}} \qquad\qquad (7-7)$$

式中　F_{jy}——挤压面上的挤压力；

　　　A_{jy}——挤压面的计算面积。

如果挤压面为平面，如平键（见图 7 - 8a），则实际接触面面积即为计算挤压面面积。如果接触面为半圆柱面，例如铆钉、销钉、螺杆等连接件的挤压面，则取半圆柱面的正投影面积（见图 7 - 8c 中画阴影线的矩形面积）为计算挤压面面积，即 $A_{jy} = dt$。这时按式（7 - 7）计算出来的挤压应力 σ_{jy} 与按理论分析所得的最大挤压应力 σ_{max}（见图 7 - 8b）相近，因此在实用计算中都采用这种计算方法。

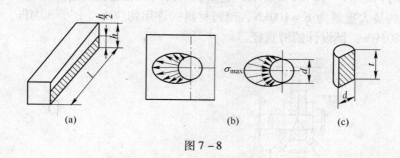

图 7 - 8

为了保证构件不发生挤压破坏，必须使构件挤压面上的工作挤压应力 σ_{jy} 不超过材料的许用挤压应力 $[\sigma_{jy}]$，故挤压实用计算的强度条件为：

$$\sigma_{jy} = \frac{F_{jy}}{A_{jy}} \leqslant [\sigma_{jy}] \tag{7 - 8}$$

式中，$[\sigma_{jy}]$ 是材料的挤压许用应力，它的确定方法与确定剪切许用应力 $[\tau]$ 的方法相似，设计时，可从有关规范中查取。对于钢材等塑性材料，一般可取

$$[\sigma_{jy}] = (1.7 \sim 2.0)[\sigma]$$

式中，$[\sigma]$ 为材料的拉伸许用应力。

【例 7 - 1】 齿轮和轴用平键连接，平键的尺寸如图 7 - 9 所示，键材料的许用切应力 $[\tau] = 100\text{MPa}$，许用压应力 $[\sigma_{jy}]_1 = 150\text{MPa}$，轴的许用压应力为 $[\sigma_{jy}]_2 = 140\text{MPa}$，齿轮许用挤压应力 $[\sigma_{jy}]_3 = 120\text{MPa}$，转矩引起的力 $P = 5\text{kN}$，试校核剪切和挤压强度。

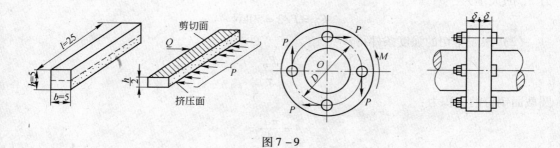

图 7 - 9

解：（1）校核键的剪切强度。剪切面积为：

$$A = bl = 5 \times 25 = 125\text{mm}^2$$

$$\tau = \frac{Q}{A} = \frac{5000}{125} = 40\text{MPa} < [\tau]$$

（2）校核连接的挤压强度。挤压面积为：

$$A_{jy} = \frac{h}{2}l = \frac{5}{2} \times 25 = 62.5 \text{mm}^2$$

$$\sigma_{jy} = \frac{P_{jy}}{A_{jy}} = \frac{5000}{62.5} = 80 \text{MPa}$$

此连接中，齿轮的挤压强度最低，$\sigma_{jy} \leqslant [\sigma_{jy}]_3$，故此连接的剪切和挤压强度足够。

【例 7 - 2】 如图 7 - 10（a）所示，起重机吊钩用销钉连接。已知吊钩的钢板厚度 $t = 24$mm，吊起的最大重量为 $F = 100$kN，销钉材料的许用切应力 $[\tau] = 60$MPa，许用挤压应力 $[\sigma_{jy}] = 180$MPa，试设计销钉直径。

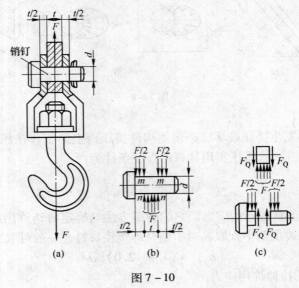

图 7 - 10

解：（1）取销钉为研究对象，画出受力图如图 7 - 10（b）所示。用截面法求剪切面上的剪力，受力图如图 7 - 10（c）所示。根据力在垂直方向的平衡条件，得剪切面上剪力 F_Q 的大小为：

$$F_Q = F/2 = 50 \text{kN}$$

（2）按照剪切的强度条件得：

$$A \geqslant \frac{F_Q}{[\tau]}$$

圆截面销钉的面积为：

$$A = \frac{\pi d^2}{4}$$

所以

$$d = \sqrt{\frac{4A}{\pi}} \geqslant \sqrt{\frac{4F_Q}{\pi[\tau]}} = \sqrt{\frac{4 \times 50 \times 10^3}{3.14 \times 60 \times 10^6}} \text{m} = 32.6 \text{mm}$$

（3）销钉的挤压应力各处均相同，其中挤压力 $F_{jy} = F$，挤压面积 $A_{jy} = A$，按挤压的强度条件公式得：

$$A_{jy} = dt \geqslant \frac{F_{jy}}{[\sigma_{jy}]}$$

所以

$$d \geqslant \frac{F}{[\sigma_{bs}]t} = \frac{100 \times 10^3}{180 \times 10^6 \times 24 \times 10^{-3}} \text{m} = 21.3 \text{mm}$$

为了保证销钉安全工作，必须同时满足剪切和挤压强度条件，应取 $d \geqslant 32.6 \text{mm}$。

【例 7-3】 某电动机轴与皮带轮用平键连接，如图 7-11 所示。已知轴的直径 $d = 50 \text{mm}$，键的尺寸 $b \times h \times l = 16 \text{mm} \times 10 \text{mm} \times 50 \text{mm}$，传递的力矩 $M = 600 \text{N} \cdot \text{m}$。键材料为 45 钢，许用切应力 $[\tau] = 60 \text{MPa}$，许用挤压应力 $[\sigma_{jy}] = 100 \text{MPa}$。试校核键连接的强度。

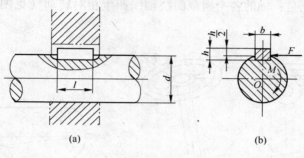

图 7-11

解：（1）计算作用于键上的力 F。取轴和键一起为研究对象，其受力如图 7-11（b）所示。由平衡条件：

$$\sum_{i=1}^{n} M_O(F_i) = 0$$

得：

$$F = \frac{M}{d/2} = \frac{600}{50 \times 10^{-3}/2} \text{N} = 24 \text{kN}$$

（2）校核键的剪切强度。剪切面的剪力为：

$$F_Q = F = 24 \text{kN}$$

键的剪切面积为：

$$A = bl = 16 \times 50 \text{mm}^2 = 800 \text{mm}^2$$

按剪应力计算公式得：

$$\tau = \frac{F_Q}{A} = \frac{24 \times 10^3}{800 \times 10^{-6}} \text{Pa} = 30 \text{MPa} \leqslant [\sigma]$$

故剪切强度足够。

（3）校核键的挤压强度。键所受的挤压力为：

$$F_{jy} = F = 24 \text{kN}$$

挤压面积为：

$$A_{jy} = \frac{hl}{2}$$

按挤压应力强度条件得：

$$\sigma_{jy} = \frac{F_{jy}}{A_{jy}} = \frac{24 \times 10^3}{2.5 \times 10^{-4}} \text{Pa} = 96 \text{MPa} < [\sigma_{jy}]$$

故挤压强度也足够。

7.3　扭转的概念与传动轴外力偶矩的计算

7.3.1　扭转的概念

传动轴是机械中重要的构件，它们通常是圆形截面的，称为圆轴。轴在传递动力时，往往受到力偶的作用。例如，汽车中传递发动机动力的传动轴和传递方向盘动力的轴（见图 7 – 12），它们的两端都受到一对大小相等、转向相反、作用面垂直于轴线的力偶作用。它们的变形特点是：轴的各个横截面绕轴线产生相对转动（见图 7 – 13）。这种变形称为扭转变形。

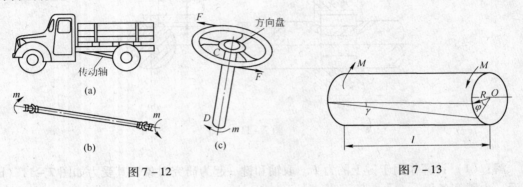

图 7 – 12　　　　　　　　　　　　　　　图 7 – 13

7.3.2　传动轴外力偶矩的计算

工程中，作用于轴上的外力偶矩通常不易测量，可以根据轴的转速和轴所传递的功率进行计算。

$$M = 9550 \frac{P}{n} \tag{7 – 9}$$

式中　　M——外力偶矩，$N \cdot m$；

　　　　P——功率，kW；

　　　　n——轴的转速，r/min。

当功率用马力做单位时，1 马力 = 735.5W，外力偶矩的计算公式变为：

$$M = 7024 \frac{P}{n} \tag{7 – 10}$$

7.4　扭矩和扭矩图

7.4.1　扭转时圆轴横截面上的内力偶——扭矩

若已知轴上作用的外力偶矩，即可用截面法分析其横截面上的内力。如图 7 – 14（a）所示，圆轴 AB 两端分别作用有等值反向的外力偶矩 M。在需求内力处（1—1 截面）将轴分为两段，取左段为研究对象（见图 7 – 14b）。根据平衡关系，可求得内力偶矩 M_n。

$$\sum M_n(\boldsymbol{F}) = 0$$
$$M_n = M$$

M_n 称为扭矩，它是左、右两段轴在 1—1 截面上相互作用的分布力系的合力偶矩，作用平面为横截面方向。

如取右段为研究对象（见图 7-14c），求得扭矩与左段扭矩大小相等，转向相反，两者是作用与反作用的关系。

扭矩的正负号按右手螺旋法则确定（见图 7-15）：用右手握轴，让四指的指向与扭矩的转向相同，若大拇指指向离开研究对象（即朝向截面的外法线方向），则该扭矩为正号；若大拇指指向朝向研究对象（即与截面的外法线方向相反），则该扭矩为负号。

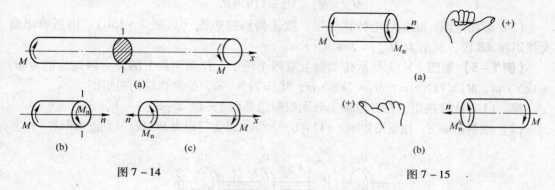

图 7-14　　　　　　　　　　　　　　图 7-15

7.4.2　扭矩图

当轴上有多个外力偶作用时，可将轴分成数段，用截面法求出各段的扭矩，再取轴线方向坐标 x 表示横截面位置，以垂直于轴线的方向取坐标（M_n）表示扭矩，绘一扭矩图，反映各横截面上的扭矩沿轴线变化的情况。

【例 7-4】传动轴如图 7-16（a）所示，其转速 $n = 960\text{r}/\min$，输入功率 $P_A = 30\text{kW}$，输出功率 $P_B = 18\text{kW}$，$P_C = 12\text{kW}$，不计轴承摩擦等功率消耗，试作该轴的扭矩图。

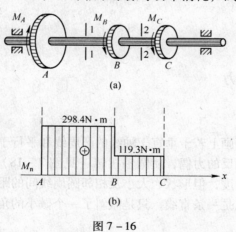

图 7-16

解：（1）计算外力偶矩。

$$M_A = 9550 \frac{P_A}{n} = 9550 \frac{30}{960} = 298.4\text{N} \cdot \text{m}$$

$$M_B = 9550 \frac{P_B}{n} = 9550 \frac{18}{960} = 179.1 \text{N} \cdot \text{m}$$

$$M_C = 9550 \frac{P_C}{n} = 9550 \frac{12}{960} = 119.3 \text{N} \cdot \text{m}$$

式中，M_A 为主动力偶矩，与轴的转向相同；M_B、M_C 为阻力偶矩，与轴的转向相反。

（2）计算扭矩。将轴分为两段，分别计算扭矩。

$$M_{n1} = M_A = 298.4 \text{N} \cdot \text{m}$$

$$M_{n2} = M_A - M_B = 119.3 \text{N} \cdot \text{m}$$

（3）画扭矩图。根据以上计算结果，按比例画扭矩图（见图 7 - 16b）。由图看出最大扭矩在 AB 段，其值为 $M_{nmax} = 298.4 \text{N} \cdot \text{m}$。

【例 7 - 5】如图 7 - 17 所示传动轴上有四个轮子，作用于轮上的外力偶矩分别为 $M_A = 3 \text{kN} \cdot \text{m}$，$M_B = 7 \text{kN} \cdot \text{m}$，$M_C = 2 \text{kN} \cdot \text{m}$，$M_D = 2 \text{kN} \cdot \text{m}$，绘制该轴的扭矩图。

解：（1）计算扭矩。在各段轴上分别取假想截面 1—1，2—2，3—3。

（2）绘制扭矩图。扭矩图如图 7 - 17（b）所示，最大扭矩为 BC 段，$|T|_{max} = 4 \text{kN} \cdot \text{m}$。

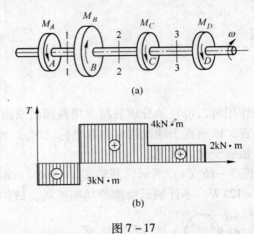

图 7 - 17

7.5　圆轴扭转时的应力

7.5.1　扭转试验

取一圆轴，在其表面画上若干垂直于轴线的圆周线和平行于轴线的纵向线，两端施加一对力偶矩相等、方向相反的力偶，使圆轴扭转（见图 7 - 18）。可以观察到，各圆周线绕轴线相对旋转了一个角度，但形状、大小及相邻圆周线间的距离保持不变。在小变形的情况下，纵向线仍近似地是一条直线，只是倾斜了一个微小的角度，使圆轴表面原来的矩形变成了平行四边形。

可以认为：扭转变形时，轴的横截面仍保持平面，形状和大小不变，横截面上的半径也仍为直线，且相邻两截面间的距离不变，这就是圆轴扭转的变形平面假设。按照这一假设，在扭转变形时，圆轴的横截面像刚性平面一样，绕轴线旋转了一个角度。由于相邻两横截面之间的间距不变，因此横截面上没有正应力，只有剪应力，且剪应力垂直于半径。

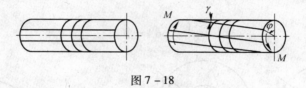

图 7 – 18

7.5.2　剪应力的分布规律

为了确定剪应力在横截面上的分布规律，可以从轴中取出 dx 微段进行研究（见图 7 – 19）。圆轴扭转时，微段的右截面 O_2 相对于左截面 O_1 转过了一个微小的角度 $d\varphi$，半径 a_2O_2 转到了 $a_2'O_2$ 位置。外圆柱面上的纵线 a_1a_2 倾斜到 a_1a_2' 位置，倾斜角 γ 即为剪应变。在弹性范围内，γ 很小，得出：

$$\gamma = \tan\gamma = \frac{a_2a_2'}{a_1a_2} = R\frac{d\varphi}{dx}$$

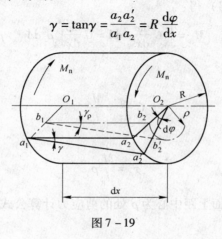

图 7 – 19

在距中心为 ρ 的内圆柱面上，纵线 b_1b_2 倾斜到 b_1b_2' 位置，倾斜角 γ_ρ 为：

$$\gamma_\rho = \tan\gamma_\rho = \frac{b_2b_2'}{b_1b_2} = \rho\frac{d\varphi}{dx} \tag{7 – 11}$$

此即横截面上 b_2 点的剪应变。对于相邻的两横截面，$d\varphi$ 和 dx 都是常数，上式表明横截面上任一点的剪应变 γ_ρ 与该点到圆心的距离 ρ 成正比。这就是圆轴扭转时的变形规律。

根据胡克定律，横截面上距中心为 ρ 的点 b_2 处的剪应力为：

$$\tau_\rho = G\gamma_\rho = G\frac{d\varphi}{dx}\rho \tag{7 – 12}$$

式中，$G\dfrac{d\varphi}{dx}$ 为常数，表明横截面上任一点的剪应力的大小与该点到中心的距离 ρ 成正比。中心剪应力为零，周边上剪应力最大。剪应力分布规律如图 7 –20 所示。

7.5.3　剪应力的计算公式

在横截面上离中心为 ρ 的点处，取微面积 dA（见图 7 – 21），dA 上的微内力为 $\tau_\rho dA$。该微内力对中心的微小力矩为 $\tau_\rho\rho dA$。整个横截面上所有微力矩之和应等于横截面上的扭

矩 M_n，即

$$\int_A \tau_\rho \rho \mathrm{d}A = M_n \tag{7-13}$$

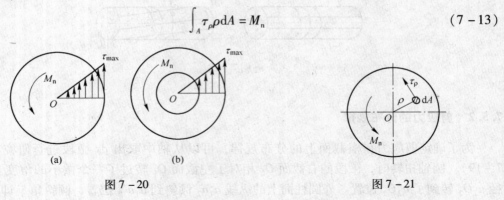

图 7 - 20　　　　　　　　　　　　　图 7 - 21

把式（7 - 12）代入（7 - 13）得：

$$M_n = \int_A G \frac{\mathrm{d}\varphi}{\mathrm{d}x} \rho^2 \mathrm{d}A = G \frac{\mathrm{d}\varphi}{\mathrm{d}x} \int_A \rho^2 \mathrm{d}A \tag{7-14}$$

令 $I_p = \int_A \rho^2 \mathrm{d}A$，有：

$$G \frac{\mathrm{d}\varphi}{\mathrm{d}x} = \frac{M_n}{I_p} \tag{7-15}$$

代入式（7 - 12），推出：

$$\tau_\rho = \frac{M_n}{I_p} \rho \tag{7-16}$$

式（7 - 16）即为横截面上距中心为 ρ 处的剪应力计算公式，式中 $I_p = \int_A \rho^2 \mathrm{d}A$ 称为截面的极惯性矩。

7.5.4　极惯性矩

截面的极惯性矩 $I_p = \int_A \rho^2 \mathrm{d}A$ 是截面的一个几何参数，它与截面的形状和大小有关，单位为米的四次方（m^4）或毫米的四次方（mm^4）。

对于圆形截面，可取一圆环形微面积为 $\mathrm{d}A$（见图 7 - 22），微圆环到中心的距离（半径）为 ρ，微圆环的宽度为 $\mathrm{d}\rho$，则

$$\mathrm{d}A = 2\pi\rho\mathrm{d}\rho$$

$$I_p = \int_A \rho^2 \mathrm{d}A = \int_0^{\frac{d}{2}} 2\pi\rho^3 \mathrm{d}\rho = \frac{\pi}{32} d^4$$

用同样的方法可求得圆环形截面（见图 7 - 23）的惯性矩为：

$$I_p = \frac{\pi}{32}(D^4 - d^4) = \frac{\pi}{32} D^4 (1 - \alpha^4)$$

式中，$\alpha = \dfrac{d}{D}$，称为内外径之比。

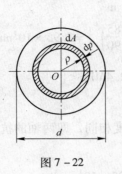

图 7 - 22

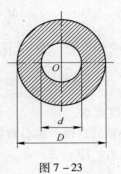

图 7 - 23

7.6 圆轴扭转的强度计算

7.6.1 最大剪应力及抗扭截面系数

扭转时，在圆轴横截面的周边处$\left(\rho = \dfrac{d}{2}\right)$有最大的剪应力（$\tau_{max}$）。

$$\tau_{max} = \frac{M_n}{I_p} \cdot \frac{d}{2} = \frac{M_n}{I_p / \dfrac{d}{2}}$$

令

$$\frac{I_p}{d/2} = W_n$$

有：

$$\tau_{max} = \frac{M_n}{W_n}$$

式中，$W_n = \dfrac{I_p}{d/2}$称为抗扭截面系数，其单位为米的三次方（m³）或毫米的三次方（mm³）。

对于圆形截面：

$$W_n = \frac{\pi}{16} d^3$$

对于圆环形截面：

$$W_n = \frac{\pi}{16} D^3 (1 - \alpha^4)$$

7.6.2 强度计算

要使圆轴能正常地工作，必须使最大工作应力τ_{max}不超过材料的允许剪应力$[\tau]$，即

$$\tau_{max} = \frac{M_{n max}}{W_n} \leqslant [\tau] \tag{7-17}$$

式（7 - 17）即为圆轴扭转时的强度条件。

【例 7 - 6】 汽车传动轴由 45 号无缝钢管制成，外径$D = 90mm$，内径$d = 85mm$，许用应力$[\tau] = 60MPa$，传递的最大力偶矩$M = 1.6kN \cdot m$。

（1）校核该轴的强度；

（2）如将该轴改为实心轴，试在相同条件下确定轴的直径；

（3）比较空心轴和实心轴的重量。

解：（1）校核扭转强度。

$$M_n = M = 1.6\text{kN} \cdot \text{m}$$

$$W_n = \frac{\pi}{16}D^3(1-\alpha^4) = \frac{\pi}{16} \times 90^3 \times \left[1 - \left(\frac{85}{90}\right)^4\right] = 2.95 \times 10^4 \text{mm}^3$$

$$\tau_{max} = \frac{M_{nmax}}{W_n} = \frac{1.6 \times 10^6}{2.95 \times 10^4} = 52.4\text{MPa} < [\tau]$$

传动轴满足强度要求。

（2）计算实心轴的直径。实心轴与空心轴的强度相同，即两轴的抗扭截面系数相等。设实心轴的直径为 d_1，即

$$\frac{\pi}{16}d_1^3 = \frac{\pi}{16}D^3(1-\alpha^4) = 2.95 \times 10^4 \text{mm}^3$$

$$d_1 = \sqrt[3]{\frac{16 \times 2.95 \times 10^4}{\pi}} = 53.2\text{mm}$$

（3）比较空心轴和实心轴的重量。两轴的材料和长度相同，它们的重量比就等于截面面积之比。设 A_1 为实心轴的截面面积，A_2 为空心轴的截面面积，则：

$$A_1 = \frac{\pi}{4}d_1^2, A_2 = \frac{\pi}{4}(D^2 - d^2)$$

$$\frac{A_2}{A_1} = \frac{D^2 - d^2}{d_1^2} = \frac{90^2 - 85^2}{53.2^2} = 0.31$$

7.7　圆轴扭转时的变形与刚度计算

7.7.1　圆轴扭转时的变形

衡量扭转变形大小的几何量有两个：一个是扭转角 φ，另一个是单位长度扭转角 θ。扭转角 φ 是两个截面间绕轴线旋转时的相对转角（见图 7-24a）。单位长度扭转角 θ 是相距一个单位长度的两个横截面间的相对转角（见图 7-24c），也是扭转角 φ 对 x 的变化率（见图 7-24b）：

$$\theta = \frac{\mathrm{d}\varphi}{\mathrm{d}x}$$

对于 M_n 为常值的等截面圆轴：

$$\theta = \frac{\varphi}{l}$$

式中，l 为两截面之间的距离（见图 7-24a）。扭转角 φ 的单位为弧度（rad）。θ 的单位为弧度/米（rad/m）或弧度/毫米（rad/mm）。

7.7.2　扭转变形的计算

在 7.5 节推导剪应力计算公式时有式（7-15）：

$$G\frac{\mathrm{d}\varphi}{\mathrm{d}x} = \frac{M_n}{I_p}$$

因此　　　　　　　　　　　　　　$$\theta = \frac{\mathrm{d}\varphi}{\mathrm{d}x} = \frac{M_n}{GI_p} \tag{7-18}$$

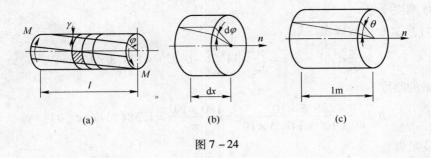

图 7 – 24

或
$$\varphi = \frac{M_n l}{GI_p} \qquad (7-19)$$

式中，GI_p 反映截面抵抗扭转变形的能力，称为截面的抗扭刚度。

7.7.3　圆轴扭转时的刚度计算

在圆轴扭转时，限定单位长度扭转角 θ 的最大值不得超过规定的允许值 $[\theta]$：

$$\theta_{max} = \frac{M_n}{GI_p} \leqslant [\theta] \qquad (7-20)$$

此称为圆轴扭转时的刚度条件。式中的 $[\theta]$ 值，可查阅有关的工程手册，一般按轴的精度要求规定为：

一般传动轴　　　　　　　$[\theta] = 0.5 \sim 1.0(°)/m$

精密机器的轴　　　　　　$[\theta] < 0.5(°)/m$

精度较低的轴　　　　　　$[\theta] > 1.0(°)/m$

在式（7 – 20）中，如前所述，$\theta_{max} = \dfrac{M_n}{GI_p}$ 的单位为弧度/米（rad/m），而 $[\theta]$ 的单位为度/米$[(°)/m]$，考虑单位的换算，可写成：

$$\theta = \frac{M_n}{GI_p} \times \frac{180}{\pi} \leqslant [\theta] \qquad (7-21)$$

如果式（7 – 21）中，长度单位用毫米（mm），即扭矩 M_n 用牛顿·毫米（N·mm），剪切弹性模量 G 用兆帕（MPa），I_p 用毫米的四次方（mm⁴）为单位，则不等式左边 θ 的单位为度/毫米$[(°)/mm]$。为了使不等式两边的单位相同，刚度条件则为：

$$\theta = \frac{M_n}{GI_p} \times \frac{180}{\pi} \times 10^3 \leqslant [\theta] \qquad (7-22)$$

【例 7 – 7】校核例 7 – 6 所计算的实心轴和空心轴是否符合刚度要求，设单位长度许用扭转角 $[\theta] = 1.5(°)/m$，材料的切变模量 $G = 80GPa$。

解：（1）计算实心轴的极惯性矩。

$$I_p = \frac{\pi}{32}d^4 = \frac{\pi}{32} \times 34^4 = 131.2 \times 10^3 mm^4$$

校核实心轴的刚度。

$$\theta = \frac{286.5 \times 10^3}{80 \times 10^3 \times 131.2 \times 10^3} \times \frac{180 \times 10^3}{\pi} = 1.56(°)/m > [\theta]$$

实心球刚度不够。

（2）计算空心球的极惯性矩。

$$I_p = \frac{\pi}{32} d^4 (1 - \alpha^4) = \frac{\pi}{32} \times 34^4 (1 - 0.8^4) = 148.3 \times 10^3 \, \text{mm}^4$$

校核空心轴的刚度

$$\theta = \frac{286.5 \times 10^3}{80 \times 10^3 \times 148.3 \times 10^3} \times \frac{180 \times 10^3}{\pi} = 1.38 (°)/\text{m} < [\theta]$$

空心轴刚度足够。

小　结

（1）剪切变形的受力特点：外力作用线互相平行、反向、相隔距离很小。剪切面上的内力为沿截面作用的剪力 F_Q。

（2）剪切变形的变形特点：截面沿外力方向产生相对错动，微小的正六面体变成平行六面体，直角发生的微小改变量 γ 称为剪应变，当剪应力不超过材料的剪切比例极限时，τ 与 γ 成正比：$\tau = G\gamma$。G 为材料的切变模量，材料的三个弹性常数 G、E、μ 之间的关系为：$G = \frac{E}{2(1+\mu)}$。

（3）连接件往往发生剪切和挤压变形，实用计算假设应力均匀分布，强度条件为：$\tau = \frac{F_Q}{A} \leqslant [\tau]$；$\sigma_{jy} = \frac{F_{jy}}{A_{jy}} \leqslant [\sigma_{jy}]$。

（4）已知轴的转速 $n(\text{r/min})$ 和轴所传递的功率 $P(\text{kW})$，求外力偶矩 $M(\text{N} \cdot \text{m})$ 的公式为：$M = 9550 \dfrac{P}{n}$。

（5）圆轴扭转时横截面上任一点的剪应力与该点到圆心的距离 ρ 成正比，在圆心处为零，最大剪应力发生在圆的周边处各点，其计算公式为：$\tau_\rho = \dfrac{M_n}{I_p} \rho$，$\tau_{max} = \dfrac{M_n}{W_n}$。其中，$I_p$ 称为极惯性矩；W_n 称为抗扭截面系数。

对圆轴截面 $I_p = \dfrac{\pi}{32} d^4$，$W_n = \dfrac{\pi}{16} d^3$。

（6）在圆轴扭转的强度条件为：$\tau_{max} = \dfrac{M_{nmax}}{W_n} \leqslant [\tau]$。

（7）圆轴扭转变形的计算公式为：$\varphi = \dfrac{M_n l}{GI_p}$。

圆轴扭转的刚度条件是：$\theta = \dfrac{M_n}{GI_p} \times \dfrac{180}{\pi} \leqslant [\theta]$。

思　考　题

7 - 1　剪切变形的受力特点及变形特点与拉伸比较，有何不同？

7-2 什么是挤压？它与压缩变形有何区别？

7-3 剪切和挤压的实用计算采用了什么假设？

7-4 为什么同一减速器中，高速轴的直径较小，而低速轴的直径较大？

7-5 图7-25所示的切应力分布情况是否正确？为什么？

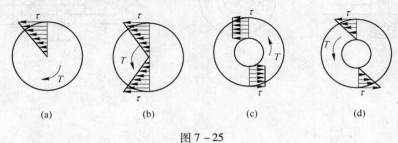

(a)　　　　　(b)　　　　　(c)　　　　　(d)

图7-25

7-6 直径和长度均相同而材料不同的两根轴，在相同扭矩作用下，它们的最大切应力是否相同？扭转强度是否相同？扭转角是否相同？为什么？

习　题

7-1 如图7-26所示，直径 $d=20mm$ 的轴上安装着一个手柄，柄与轴之间用一平键连接，键长 $l=35mm$，键宽 $b=6mm$，键高 $h=6mm$，键的材料为45号钢，$[\tau]=100MPa$，$[\sigma_{bs}]=220MPa$，求距轴心600mm处可加多大力 F？

7-2 拖车挂钩用销钉连接，如图7-27所示，已知最大牵引力 $F=85kN$，尺寸 $t=30mm$，销钉和板材料相同，许用应力 $[\tau]=80MPa$，$[\sigma_{jy}]=180MPa$，试确定销钉直径。

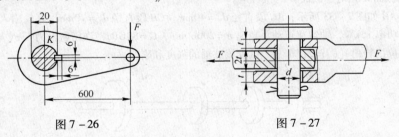

图7-26　　　　　　　　　　　　图7-27

7-3 图7-28所示为一凸缘联轴器，两凸缘用四个直径 $d_0=10mm$ 的螺栓连接。已知凸缘厚度为12mm，$D_0=120mm$，轴的直径 $d=40mm$，键的尺寸12mm×8mm×50mm，键和螺栓材料的许用应力 $[\tau]=70MPa$，$[\sigma_{jy}]=200MPa$，联轴器材料为铸铁，$[\sigma_{jy}]=60MPa$，试计算该联轴器所能传递的最大扭矩。

7-4 如图7-29所示接头，承受轴向载荷 $F=80kN$，板宽 $b=80mm$，板厚 $t=10mm$，铆钉直径 $d=16mm$，板与铆钉材料相同，许用应力 $[\sigma]=160MPa$，$[\tau]=120MPa$，$[\sigma_{jy}]=320MPa$。试校核接头的强度。

7-5 如图7-30所示，要在一块厚度 $t=10mm$ 的钢板上冲出一个直径 $d=20mm$ 的孔，已知钢板材料的剪切强度极限为300MPa，求所需要的冲力。

7-6 轴的尺寸如图7-31所示，外力偶矩 $M=300N \cdot m$，材料的许用应力 $[\tau]=60MPa$，试校核轴的强度。

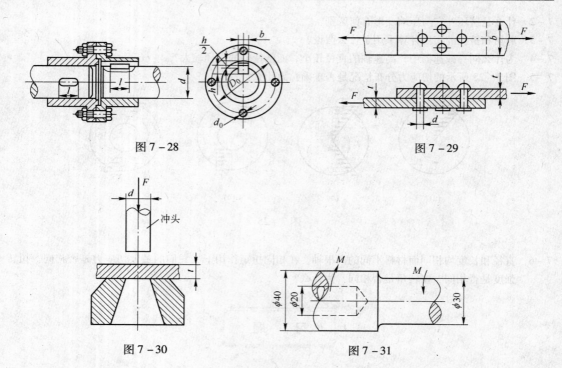

图 7 - 28　　　　　　　　　　　　　　　图 7 - 29

图 7 - 30　　　　　　　　　　　　　图 7 - 31

7 - 7　一传动轴如图 7 - 32 所示，直径 $d = 75\mathrm{mm}$，作用有力偶矩 $M_1 = 1000\mathrm{N \cdot m}$，$M_2 = 600\mathrm{N \cdot m}$，$M_3 = M_4 = 200\mathrm{N \cdot m}$，$G = 8 \times 10^4 \mathrm{MPa}$。

（1）作轴的扭矩图；

（2）求各段内的最大剪应力；

（3）求截面 A 相对于截面 C 的扭转角。

7 - 8　阶梯轴 AB 如图 7 - 33 所示，AC 段直径 $d_1 = 40\mathrm{mm}$，CB 段直径 $d_2 = 70\mathrm{mm}$，B 轮输入功率 $35\mathrm{kW}$，A 轮输出功率 $15\mathrm{kW}$，轴匀速转动，转速 $n = 200\mathrm{r/min}$，$G = 80\mathrm{GPa}$，许用剪应力 $[\tau] = 60\mathrm{MPa}$，轴的许用单位扭转角 $[\theta] = 2(°)/\mathrm{m}$。试校核该轴的强度和刚度。

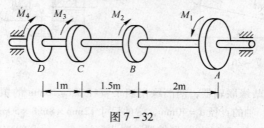

图 7 - 32

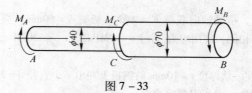

图 7 - 33

7 - 9　作图 7 - 34 所示各杆的扭矩图。

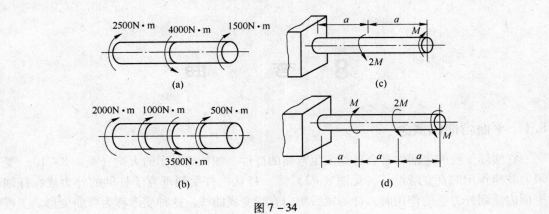

图 7 - 34

8.1 平面弯曲的概念

在实际工程和生活中常会遇到发生弯曲的杆件，如桥式吊车的大梁（见图 8-1）、受风力载荷作用的直立塔设备（见图 8-2）等。杆状构件受到垂直于杆轴的外力或在杆轴平面内受到外力偶的作用时，杆的轴线将由直线变成曲线，这种变形称为弯曲变形。工程上把以弯曲变形为主的杆件统称为梁。

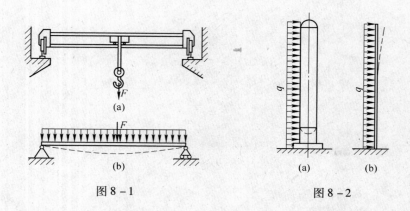

图 8-1   图 8-2

工程中常见的梁，其横截面通常都有一纵向对称轴，该对称轴与梁的轴线组成梁的纵向对称面（见图 8-3）。若梁上的外力以及外力偶作用在纵向对称面内，则梁的轴线在纵向对称平面内弯曲成一条平面曲线，这种弯曲变形称为平面弯曲。

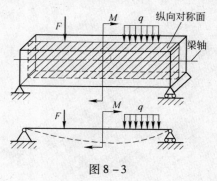

图 8-3

平面弯曲是弯曲变形中最简单，也是最常见的一种，本章将以这种情况为主，讨论梁的应力和变形问题。

梁按其支承情况，结构形式可分为以下三种基本形式：

（1）简支梁：梁的一端为固定铰支座，另一端为活动铰支座，如图 8-4（a）所示。

（2）外伸梁：其支座形式和简支梁相同，但梁的一端或两端伸出支座之外，如图 8 - 4（b）所示。

（3）悬臂梁：梁的一端为固定端，另一端为自由端，如图 8 - 4（c）所示。

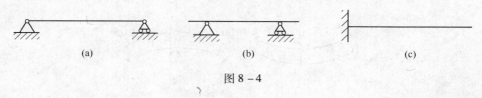

图 8 - 4

8.2　梁的弯曲内力及内力图

8.2.1　剪力与弯矩

作用于梁的外力确定后，梁的内力可由截面法求出。

图 8 - 5（a）所示为一受集中力 P_1、P_2 作用的简支梁，相应的支反力为 R_A、R_B，现求任意横截面 m—m 上的内力。设截面距 A 端为 x，由截面法，沿截面 m—m 将梁截开，任取其中一段，如左段作为研究对象。因梁原来处于平衡状态，故左段梁在外力及截面内力的共同作用下亦应保持平衡。因外力 R_A 及 P_1 均垂直于梁的轴线，故一般情况，在截面 m—m 上应有一个与截面相切的力 Q 和一个在外力所在平面内的力偶 M 与之平衡，如图 8 - 5（b）所示。

Q 称为剪力，M 称为弯矩，剪力和弯矩统称为弯曲内力，其值可由左段梁的平衡方程确定。

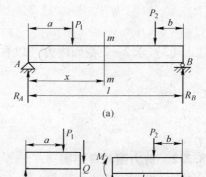

由　　　　$\sum Y = 0, R_A - P_1 - Q = 0$

得：　　　　$Q = R_A - P_1$

由　$\sum M_C(\boldsymbol{F}) = 0, -R_A x + P_1(x - a) + M = 0$

得：　　　　$M = R_A x - P_1(x - a)$

图 8 - 5

矩心 C 为截面 m—m 的形心。上面是取横截面 m—m 的左段梁为研究对象所得到的剪力和弯矩。如果取横截面 m—m 的右段梁为研究对象，也可求得同样大小的剪力和弯矩，但方向和转向相反。也就是说梁横截面上内力大小的计算，与所取的研究对象（是左段梁还是右段梁）无关。

梁的某横截面上的剪力 Q 等于此截面一侧梁上所有外力的代数和，弯矩 M 等于此截面一侧梁上所有外力（含外力偶）对该截面形心力矩的代数和。

为了使从左右两段梁上求得的内力数值相等和正负号相同，通常根据梁的变形，对剪力 Q 和弯矩 M 的符号作如下规定：以所截截面为界，使左右两段梁发生左上右下的相对错动时，该截面上的剪力为正，反之为负，如图 8 - 6（a）、（b）所示；使梁弯曲变形呈上凹下凸状时，横截面上的弯矩为正，反之为负，如图 8 - 6（c）、（d）所示。

由图 8 - 6 可看出，截面左段向上、右段向下的外力产生正剪力；反之，引起负值剪力。至于弯矩，向上的外力（不论在截面的左侧或右侧）产生正弯矩，反之为负；截面

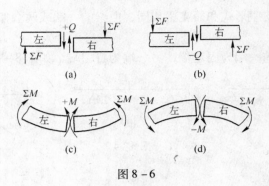

图 8 - 6

左侧顺时针力偶及截面右侧逆时针力偶产生正弯矩，反之为负。

【例 8 - 1】 简支梁如图 8 - 7 所示，试根据外力直接求图中各指定截面的剪力和弯矩。

解：（1）求支反力。

由 $\sum M_B(F) = 0$，得：$R_A = \dfrac{Pb}{l}$

由 $\sum M_A(F) = 0$，得：$R_B = \dfrac{Pa}{l}$

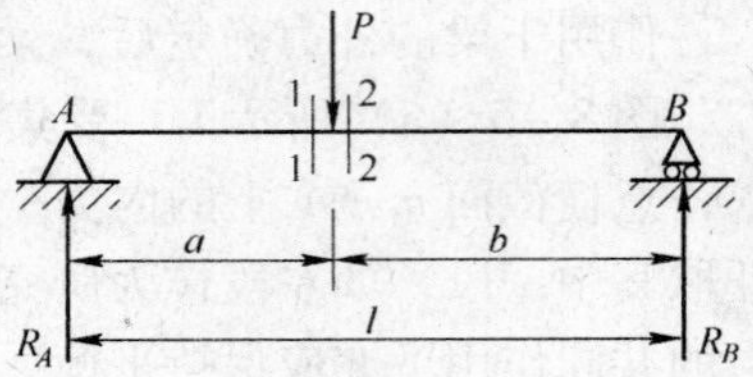

（2）求 1—1 截面内力（以左侧为研究对象）。

$$Q_{1-1} = R_A = \frac{Pb}{l}$$

$$M_{1-1} = R_A a = \frac{Pab}{l}$$

（3）求 2—2 截面内力（以右侧为研究对象）。

$$Q_{2-2} = -R_B = -\frac{Pa}{l}$$

$$M_{2-2} = R_B b = \frac{Pab}{l}$$

图 8 - 7

8.2.2　剪力图与弯矩图

用截面法可求出任一横截面上的剪力和弯矩。一般梁的各个横截面上的内力，将随截面位置的变化而变化。

取坐标 x 表示横截面沿梁轴线的位置，则各截面上的剪力和弯矩均可表示为 x 的函数，即：

$$Q = Q(x)$$
$$M = M(x)$$

上述两函数式称为剪力方程和弯矩方程。

为了清晰明显地表达各截面内力的变化情况，与画轴力图和转矩图一样，也可用图线来反映梁的各横截面上的剪力与弯矩沿轴线变化的情况，即以 x 为横坐标轴，以 Q 或 M 为纵坐标轴，分别绘制 $Q = Q(x)$ 和 $M = M(x)$ 的函数曲线，得出的图形称为剪力图和弯矩图。

下面举例说明剪力图和弯矩图的作法。

【例 8 - 2】 简支梁受均布荷载作用, 如图 8 - 8 所示, 作此梁的剪力图和弯矩图。

解: (1) 求约束反力。由对称关系, 可得:

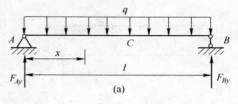

$$F_{Ay} = F_{By} = \frac{1}{2}ql$$

(2) 列剪力方程和弯矩方程。

$$F_Q(x) = F_{Ay} - qx = \frac{1}{2}ql - qx$$

$$M(x) = F_{Ay}x - \frac{1}{2}qx^2 = \frac{1}{2}qlx - \frac{1}{2}qx^2$$

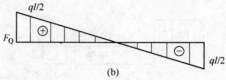

(3) 作剪应力图和弯矩图。最大剪力发生在梁端, 其值为:

$$F_{Qmax} = \frac{1}{2}ql$$

最大弯矩发生在跨中, 它的数值为:

$$M_{max} = \frac{1}{8}ql^2$$

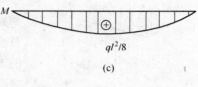

图 8 - 8

【例 8 - 3】 简支梁受集中力偶作用, 如图 8 - 9 (a) 所示, 试画梁的剪力图和弯矩图。

解: (1) 求约束反力。

$$F_{Ay} = \frac{M_e}{l}, F_{By} = \frac{M_e}{l}$$

(2) 列剪应力方程和弯矩方程。

AB 段:

$$F_Q(x) = \frac{M_e}{l} \quad (0 < x < l)$$

AC 段:

$$M(x) = F_{Ay}x = \frac{M_e}{l}x \quad (0 \leqslant x \leqslant a)$$

CB 段:

$$M(x) = F_{Ay}x - M_e = \frac{M_e}{l}x - M_e \quad (a < x \leqslant l)$$

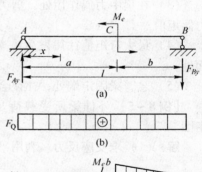

图 8 - 9

(3) 绘出剪力图和弯矩图。

【例 8 - 4】 简支梁受集中力作用, 如图 8 - 10 (a) 所示, 作此梁的剪力图和弯矩图。

解: (1) 求约束反力。

$$F_{Ay} = \frac{Fb}{l}, F_{By} = \frac{Fa}{l}$$

(2) 列剪力方程和弯矩方程。

AC 段:

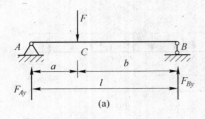

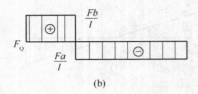

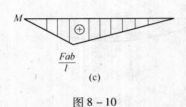

图 8 - 10

$$F_Q(x) = F_{Ay} = \frac{Fb}{l}(0 < x < a)$$

$$M(x) = F_{Ay}x = \frac{Fb}{l}x(0 \leqslant x \leqslant a)$$

CB 段：

$$F_Q(x) = F_{Ay} - F = \frac{Fb}{l} - F = \frac{Fa}{l}(a < x < l)$$

$$M(x) = F_{Ay}x - F(x - a) = \frac{Fa}{l}(l - x)(0 \leqslant x \leqslant l)$$

（3）作剪力图和弯矩图。

通过以上几个例题可以总结出画剪力图、弯矩图的规律。

（1）梁上只有集中力作用时，剪力图为水平线，弯矩图为倾斜直线。在集中力作用处，剪力图有突变，其突变量即为该处集中力的大小，突变的方向与集中力的方向一致；弯矩图在此出现尖角，发生转折。

（2）梁上有均布载荷作用时，其受均布载荷作用的一段，剪力图为斜直线，弯矩图为二次抛物线。若 q 向下，则剪力图向右下方倾斜，弯矩图的抛物线开口向下；若 q 向上，则剪力图向右上方倾斜，弯矩图的抛物线开口向上。

（3）在集中力偶作用处，剪力图不变，弯矩图有突变。突变之值即为该集中力偶的力偶矩值。

（4）最大弯矩值往往发生在集中力作用处，或集中力偶作用处以及剪力为零的截面处。

（5）悬臂梁固定端处，往往会有最大弯矩值。

【例 8 -5】外伸梁所受载荷及几何尺寸如图 8 - 11（a）所示，试绘其剪力图和弯矩图。

解：（1）求支座反力。利用平衡方程 $\sum M_B(F) = 0$ 和 $\sum M_A(F) = 0$ 分别求得：

$$F_A = 10 \text{kN}, F_B = 5 \text{kN}$$

（2）判断各段 Q 图和 M 图的形状。根据外力作用点将梁分成 CA、AD 和 DB 三段。各段的 Q 图和 M 图的形状见表 8 - 1。

表 8 - 1　Q 图和 M 图分析

项　目	CA 段	AD 段	DB 段
载　荷	$q = 0$	$q = 0$	$q =$ 常数（<0）
Q 图	水平直线	水平直线	斜直线（＼）
M 图	斜直线（＼）	斜直线（／）	抛物线（∩）

（3）分段描点绘 F_Q 图。由于各段的 F_Q 图均为直线，故只需确定各段端截面上（关键点）的剪力，就可绘出 F_Q 图。

CA 段：　　　　　　　　　　$F_{QC} = F_{QA} = - F = -3 \text{kN}$

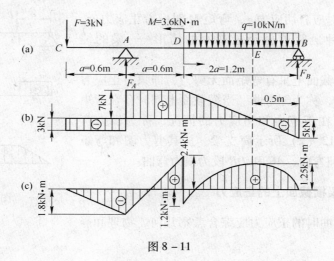

图 8－11

AD 段：$\quad F_{QA} = F_{QD} = -F + F_A = -3 + 10 = 7\text{kN}(F_A$ 的出现,使 F_Q 值突变)

DB 段：$\qquad\qquad\qquad F_{QD} = 7\text{kN}, F_{QB} = F_B = -5\text{kN}$

过点连线,可得全梁的 F_Q 图,如图 8－11（b）所示,且 $F_{Q\max} = 7\text{kN}$。

（4）分段描点绘 M 图。由于 CA 段和 AD 段的 M 图均为斜直线,故均只需确定端截面上的弯矩,就可绘出这两段的 M 图。集中力偶会在 D 截面右侧使 M 图有突变。DB 段的 M 图为抛物线,需找出顶点位置,才可绘出该段的 M 图。由 DB 段的 F_Q 图知,该段在 E 截面处 $F_Q = 0$,故此截面上的弯矩取极值,即为抛物线的顶点。且 $q < 0$,抛物线开口向下。

CA 段：$\qquad\qquad\qquad\qquad M_C = 0$

$$M_A = -Fa = -3 \times 0.6 = -1.8\text{kN} \cdot \text{m}$$

AD 段：$\qquad\qquad\qquad M_A = -1.8\text{kN} \cdot \text{m}$

$$M_D = -F \cdot 2a + F_A a = -3 \times 2 \times 0.6 + 10 \times 0.6 = 2.4\text{kN} \cdot \text{m}$$

DB 段：D 点处由于集中力偶 M 的作用,使弯矩图有突变。

$$M_D = 2.4 - 3.6 = -1.2\text{kN} \cdot \text{m}$$

$$M_B = 0$$

$$M_E = F_B \times 0.5 - q \times 0.5 \times \frac{0.5}{2} = 5 \times 0.5 - 10 \times 0.5 \times \frac{0.5}{2} = 1.25\text{kN} \cdot \text{m}$$

全梁的 M 图如图 8－11（c）所示。由图可见,D 点左侧截面上的弯矩最大,$M_{\max} = 2.4\text{kN} \cdot \text{m}$。

8.3　梁的弯曲应力和强度条件

8.3.1　梁的纯弯曲

前一节讨论了弯曲时梁横截面上的内力——剪力和弯矩,但要解决梁的强度问题,必须进一步了解横截面上各点应力的分布情况。剪力和弯矩是横截面上内力的合成结果,剪力 F_Q 是与横截面相切的分布内力系的合力,弯矩 M 是与横截面相垂直的分布内力系的合力偶矩。剪力 F_Q 对应着切应力 τ，弯矩 M 对应着正应力 σ。本节首先考察一种最简单也是最基本的情形——梁的纯弯曲。

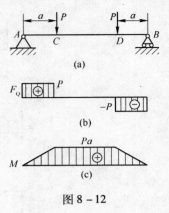

图 8 – 12

若梁的各个横截面上只有弯矩而无剪力，即只有正应力而无切应力的情况，称为纯弯曲。当横截面上同时存在弯矩和剪力，即同时存在正应力和切应力的情况，称为横力弯曲。例如，图 8 – 12（a）所示简支梁，从其剪力图和弯矩图可知，CD 段为纯弯曲，AC 和 DB 段为横力弯曲。

8.3.2 纯弯曲的梁横截面上的正应力

分析研究纯弯曲时的正应力应综合考察几何、物理和静力三个方面的关系。

8.3.2.1 几何关系

为了观察梁纯弯曲时的变形，取一矩形截面等直梁，在其侧面上画两条横向直线 mm 和 nn，两条纵向线 aa 和 bb，如图 8 – 13（a）所示。然后使梁发生纯弯曲变形（见图 8 – 13b）。

此时可以发现变形现象：

（1）横向直线 mm 和 nn 在梁变形后仍为直线，且仍然垂直于已经变成弧线的 aa 和 bb，只是相对旋转了一个角度。

（2）靠近凹边的纵向线 aa 缩短，靠近凸边的 bb 伸长，且矩形截面上部变宽，下部变窄。

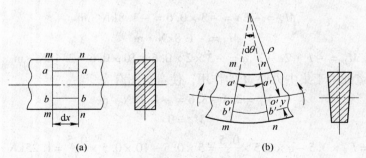

图 8 – 13

根据梁表面的这些现象，可对梁内部的变形情况作出假设：梁弯曲时，原为平面的横截面变形后仍保持为平面，且仍垂直于变形后梁的轴线，只是绕横截面内某一轴旋转一角度。这就是弯曲变形的平面假设。

设想梁由无数层纵向纤维组成，梁弯曲时，靠近凹边的纤维缩短，靠近凸边的纤维伸长。由变形的连续性可知，其间必有一层纤维长度不变，称该层为中性层。中性层与横截面的交线称为中性轴（见图 8 – 14）。梁弯曲时，横截面即绕中性轴旋转一角度。

为了考察距中性层为 y 的纤维 bb 的变形，如图 8 – 13 所示，取长为 dx 的微段梁，设

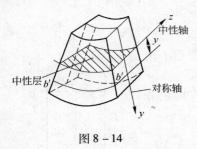

图 8-14

变形后的中性层 $o'o'$ 的曲率半径为 ρ，则纤维 bb 变形前的长度为 $\overline{bb} = dx = \rho d\theta$，变形后的长度为 $\widehat{b'b'} = (\rho + y) d\theta$，于是，纤维 bb 的线应变为：

$$\varepsilon = \frac{\widehat{b'b'} - \overline{bb}}{\overline{bb}} = \frac{(\rho + y)d\theta - \rho d\theta}{\rho d\theta} = \frac{y}{\rho} \qquad (8-1)$$

对于给定的横截面，ρ 为常量。故式（8-1）表明纵向纤维的应变 ε 与它到中性层的距离 y 成正比。

8.3.2.2 物理关系

设各纵向纤维之间无挤压，因而每一纵向纤维都只发生简单的轴向拉伸或压缩变形。在应力不超过材料的比例极限时，其应力与应变的关系服从胡克定律。

$$\sigma = E\varepsilon$$

将式（8-1）代入得：

$$\sigma = E\frac{y}{\rho} \qquad (8-2)$$

式（8-2）表明，纵向纤维的正应力与该纤维到中性层的距离成正比，即横截面上任意点的正应力 σ 与该点到中性轴的距离 y 成正比。y 值相同的点，正应力相等；中性轴上各点的正应力为零。因此，正应力沿截面高度按直线规律变化（见图 8-15）。

8.3.2.3 静力关系

由于 ρ 未知，且中性轴位置待定，即 y 未知，故暂时还不能直接用式（8-2）求正应力 σ，须借助静力关系来解决。

梁发生纯弯曲时，横截面上只有正应力，横截面上所有微内力（σdA）构成一空间平行力系，形成弯矩 M，如图 8-15 所示。内力偶矩为：

$$M = \int_A \sigma y dA \qquad (8-3)$$

图 8-15

将式（8-2）代入式（8-3）得：

$$M = \int_A E\frac{y}{\rho} y dA = \frac{E}{\rho}\int_A y^2 dA = \frac{E}{\rho}I_z \qquad (8-4)$$

式中，$I_z = \int_A y^2 dA$ 为截面对中性轴 z 的惯性矩，于是式（8-4）写成：

$$\frac{1}{\rho} = \frac{M}{EI_z} \qquad (8-5)$$

将式（8-5）代入式（8-2），得：

$$\sigma = \frac{My}{I_z} \qquad (8-6)$$

这就是纯弯曲时梁横截面上的正应力公式。

8.3.3　惯性矩

根据式（8-5）和式（8-6），纯弯曲梁的正应力和变形不仅与外力有关，而且与截面对中性轴的惯性矩（I_z）有关。

对于矩形、圆形等简单图形的截面，其惯性矩可以直接积分求得。如图 8-16 所示矩形截面，其惯性矩为：

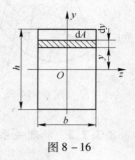

图 8-16

$$I_z = \int_A y^2 \mathrm{d}A = \int_{-\frac{h}{2}}^{\frac{h}{2}} y^2 b \mathrm{d}y = \left[\frac{b}{3} y^2 \right]_{-\frac{h}{2}}^{\frac{h}{2}} = \frac{bh^3}{12}$$

同理，图 8-17 所示圆形截面惯性矩为 $I_z = \dfrac{\pi d^4}{64}$。图 8-18 所示圆环形截面惯性矩为：

$$I_z = \frac{\pi}{64}(D^4 - d^4) = \frac{\pi D^4}{64}(1 - \alpha^4)$$

式中，$\alpha = \dfrac{d}{D}$。其他截面和各种轧制型钢的惯性矩 I_z 可查有关资料。

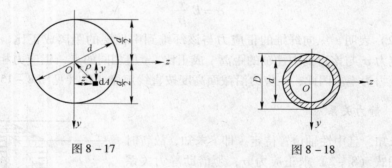

图 8-17　　　　　　　　　　　　　图 8-18

8.3.4　弯曲正应力的计算

式（8-6）是在梁纯弯曲的情况下导出的，它以平面假设和纵向纤维间无挤压的假设为基础。但工程中弯曲问题多为横力弯曲，即梁的横截面上不仅有弯矩，还有剪力。剪力的作用使梁的横截面发生翘曲，不再保持为平面，而且纵向纤维之间也往往存在挤压应力。然而大量的理论计算和实验结果表明：当梁的跨度 L 与横截面的高度 h 之比大于 5 时，剪力对正应力的影响很小。用式（8-6）计算横力弯曲时的正应力是足够精确的，$L/h > 5$ 的梁称为细长梁。

由式（8-6）知，梁的某确定横截面上，最大正应力 σ_{max} 发生在离中性轴最远处，即横截面的上下边缘处。设该处到中性轴的距离为 y_{max}，则最大弯矩所在截面（危险截面）的最大应力为：

$$\sigma_{max} = \frac{M_{max} y_{max}}{I_z} \tag{8-7}$$

令

$$W_z = \frac{I_z}{y_{max}} \tag{8-8}$$

则
$$\sigma_{\max} = \frac{M_{\max}}{W_z} \qquad (8-9)$$

W_z 称为抗弯截面系数，它是与截面尺寸和截面形状有关的几何量，单位为 mm³ 或 m³。

对于矩形截面（$b \times h$）：$\quad W_z = \frac{bh^3}{12} \bigg/ \frac{h}{2} = \frac{bh^2}{6}$

对于圆形截面（直径为 d）：$\quad W_z = \frac{\pi d^4}{64} \bigg/ \frac{d}{2} = \frac{\pi d^3}{32}$

对于空心圆截面（内、外径分别为 d、D，$\alpha = d/D$）：

$$W_z = \frac{\pi D^4}{64}(1-\alpha^4) \bigg/ \frac{D}{2} = \frac{\pi D^3}{32}(1-\alpha^4)$$

对于其他截面或各种轧制型钢，其弯曲截面系数可查有关资料。

8.3.5 弯曲正应力的强度条件

横力弯曲时，弯矩 M 不再是常量，而是随横截面位置而变化，最大正应力一般发生在弯矩最大的截面（危险截面）上，由式（8-9）知：

$$\sigma_{\max} = \frac{M_{\max}}{W_z}$$

一般，$\sigma_{\max}$ 发生在危险截面上离中性轴最远的点处，即截面的上、下边缘处。而在这些点处的切应力为零，故限定梁内最大正应力不得超过材料的许用应力，这就是细长梁的强度条件。

$$\sigma_{\max} = \frac{M_{\max}}{W_z} \leqslant [\sigma] \qquad (8-10)$$

式（8-10）称为弯曲强度条件。

【例8-6】 图8-19所示 T 形截面铸铁梁。已知：$F_1 = 9\text{kN}$，$F_2 = 4\text{kN}$，铸铁的许用拉应力 $[\sigma_t] = 30\text{MPa}$，许用压应力 $[\sigma_c] = 60\text{MPa}$，截面对形心轴 z 的惯性矩 $I_z = 763\text{cm}^4$，$y_1 = 52\text{mm}$。试校核梁的强度。

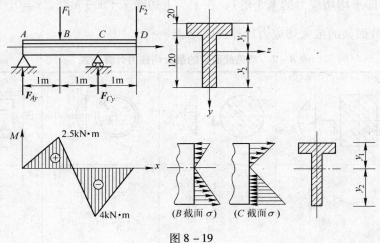

图 8-19

解：（1）求支反力。

$$\sum M_C = 0, \quad F_{Ay} = 2.5\text{kN}$$

$$\sum M_A = 0, \quad F_{Cy} = 10.5\text{kN}$$

（2）画弯矩图。

$$M_A = M_D = 0$$

$$M_B = F_{Ay} \times 1 = 2.5\text{kN} \cdot \text{m}$$

$$M_C = -F_{Cy} \times 1 = -4\text{kN} \cdot \text{m}$$

（3）强度校核。

$$M_{max} = M_C = -4\text{kN} \cdot \text{m}$$

C 截面：

$$\sigma_{tmax} = \frac{M_C y_1}{I_z} = \frac{4 \times 10^3 \times 52 \times 10^{-3}}{763 \times 10^{-8}} = 27.2 \times 10^6 \text{Pa} = 27.2\text{MPa} < [\sigma_t]$$

$$\sigma_{Cmax} = \frac{M_C y_2}{I_z} = \frac{4 \times 10^3 \times (120 + 20 - 52) \times 10^{-3}}{763 \times 10^{-8}} = 46.2 \times 10^6 \text{Pa} = 46.2\text{MPa} < [\sigma_C]$$

B 截面：

$$\sigma_{Bmax} = \frac{M_B y_2}{I_z} = \frac{2.5 \times 10^3 \times (120 + 20 - 52) \times 10^{-3}}{763 \times 10^{-8}} = 28.8 \times 10^6 \text{Pa} = 28.8\text{MPa} < [\sigma_t]$$

因此，梁满足强度条件。

　　需要特别指出的是，一般情况下，梁的强度往往由正应力控制，而忽略切应力的影响。但在某些情况下，如梁的剪力大、跨度小、横截面窄而高时，就必须考虑弯曲切应力。

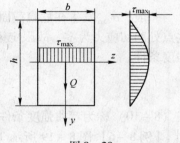

图 8－20

　　进一步的推导可知，横力弯曲时，梁横截面上任一点的剪应力 τ 是可以计算的，且 τ 沿截面高度按二次抛物线规律变化，如图 8－20 所示。

　　对于矩形截面，在中性轴上 $y = 0$ 处，τ 有最大值，$\tau_{max} = 1.5 \dfrac{Q}{A}$（即平均切应力的 1.5 倍）；在上、下边缘 $y = \pm \dfrac{1}{2} h$ 处，$\tau = 0$。

　　几种常见截面梁的最大切应力计算公式见表 8－2。

表 8－2　常见截面梁的最大切应力计算公式

截面形状及应力分布			
最大切应力	$\tau_{max} = 1.5 \dfrac{Q}{A}$ $A = bh$	$\tau_{max} = \dfrac{4}{3} \times \dfrac{Q}{A}$ $A = \dfrac{\pi d^2}{4}$	$\tau_{max} = 2 \dfrac{Q}{A}$ $A = \dfrac{\pi}{4}(D^2 - d^2)$	$\tau_{max} = \dfrac{Q}{A}$ $A = h_0 d$

弯曲切应力的强度条件是限定最大切应力不超过许用值。即

$$\tau_{max} \leqslant [\tau] \tag{8-11}$$

8.3.6 提高梁弯曲强度的主要措施

提高梁的弯曲强度，就是在材料消耗尽可能少的前提下使梁能够承受尽可能大的载荷，达到既安全又经济以及减轻结构重量等目的。对于一般细长梁，影响梁强度的主要因素是弯曲正应力，由等截面梁的正应力强度条件

$$\sigma_{max} = \frac{M_{max}}{W_z} \leqslant [\sigma]$$

可看出，在同样载荷作用下，降低最大弯矩值，或在同样截面积下，增大抗弯截面系数，都能提高梁的弯曲强度。工程中常见的提高梁弯曲强度的措施有以下几种：

（1）选择合理的截面形状。由于梁的强度与梁的抗弯截面系数有关，选择具有较大抗弯截面系数的截面形状能有效地提高梁的强度。如图 8-21 所示，在截面面积相同的情况下，因梁的放置状态不同，或梁的截面形状不同，其 W_z 依次增大。所以工程结构中往往采用空心截面以及工字形、箱形和槽形等合理截面梁。

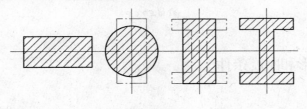

图 8-21

（2）合理安排梁的受力情况。为了提高梁的强度，还可以通过合理安排梁的受力或改变支座位置，使梁内弯矩的最大值尽量降低。如图 8-22（a）所示，简支梁受均布载荷 q 的作用，梁内最大弯矩为 $M_{max} = \frac{1}{8}ql^2$。若两端支座向内移动 $\frac{l}{5}$（见图 8-22b），则梁内的最大弯矩降为 $M_{max} = \frac{ql^2}{40}$，仅为原来的最大弯矩的 $\frac{l}{5}$。

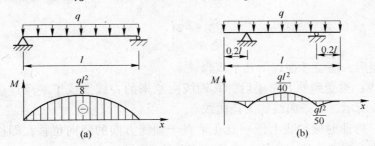

图 8-22

如图 8-23（a）所示，简支梁在跨度中点受一集中力 F 作用，其最大弯矩为 $M_{max} = \frac{1}{4}Fl$，若将集中力 F 移至离支座 $\frac{1}{6}l$ 处，则最大弯矩降为 $M_{max} = \frac{5}{36}Fl$（见图 8-23b）。又

若将集中力 F 分散为较小的集中力，同样梁的最大弯矩将显著降低，如图 8 – 23（c）所示。

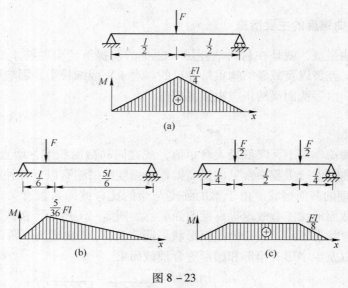

图 8 – 23

8.4　梁的弯曲变形和刚度条件

8.4.1　挠度和转角

工程中，对于某些受弯构件，不仅要求有足够的强度，还要求有足够的刚度，这就需要对其变形加以严格限制。如机床主轴（见图 8 – 24），较大的变形会影响其正常的工作。

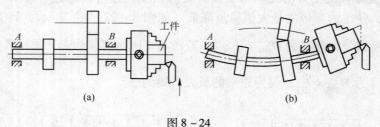

图 8 – 24

关于弯曲变形，需要掌握以下几个概念。

（1）挠曲线：梁受到外力作用后，其轴线由原来的直线变成了一条连续而光滑的曲线，如图 8 – 25 所示，这条曲线称为挠曲线。

（2）挠度：弯曲时梁轴线上任一点在垂直于轴线方向的竖向位移，即挠曲线上相应点的纵坐标，称为该点的挠度，用 y 表示，其单位常用 mm。

（3）转角：梁变形时，横截面将绕中性轴转动一个角度。梁的任一截面相对其原位置转动的角度称为该截面的转角，用 θ 表示，其单位是弧度或度。根据平面假设可知，变形前垂直于 x 轴的横截面，变形后仍垂直于挠曲线在该点的切线。因此，转角 θ 就是挠曲线的切线与 x 轴的夹角，如图 8 – 25 所示。

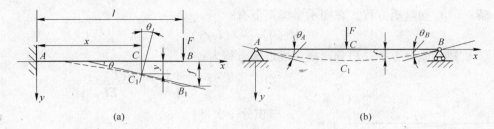

图 8 – 25

挠度 y 随截面的位置坐标 x 而变化，是 x 的函数，即：

$$y = y(x) \tag{8-12}$$

式（8-12）称为梁的挠曲线方程。由高等数学知，过挠曲线上任一点的切线与 x 轴夹角的正切，就是挠曲线上该点的斜率，即

$$\tan\theta = \frac{\mathrm{d}y}{\mathrm{d}x} = y'(x)$$

由于工程中梁的转角很小，故

$$\theta \approx \tan\theta = \frac{\mathrm{d}y}{\mathrm{d}x} = y'(x) \tag{8-13}$$

这说明任一截面的转角 θ 近似等于挠曲线对应点处的切线斜率，反映了挠度与转角间的关系。

挠度和转角的符号，同所取坐标系有关，如图 8 – 25 所示。通常规定向上的挠度为正，反之为负，逆时针转向的转角为正，反之为负。

8.4.2　梁变形的求法

8.4.2.1　用积分法求梁的变形

在纯弯曲时，曾得到以曲率半径 ρ 表示的弯曲变形公式：

$$\frac{1}{\rho} = \frac{M}{EI}$$

在横力弯曲情况下，横截面上除有弯矩外还有剪力，但如果 $l \gg h$，则剪力对弯曲变形的影响可忽略不计，上式仍然成立。此时，弯矩 M 和曲率半径 ρ 均是 x 的函数。此外，由高等数学知，平面曲线 $y = y(x)$ 上任一点的曲率是可以计算的。经过推导，得到梁变形挠曲线的近似微分方程式：

$$\frac{\mathrm{d}^2 y}{\mathrm{d}x^2} = \frac{M(x)}{EI} \tag{8-14}$$

对式（8-14）积分可得转角方程 $\theta(x)$ 和挠度方程 $y(x)$。

$$\theta(x) = \frac{\mathrm{d}y}{\mathrm{d}x} = \int \frac{M(x)}{EI}\mathrm{d}x + C \tag{8-15}$$

$$y(x) = \iint \frac{M(x)}{EI}\mathrm{d}x\mathrm{d}x + Cx + D \tag{8-16}$$

【例 8 – 7】 图 8 – 26 所示悬臂梁，试求其自由端的转角和挠度。

解: (1) 列弯矩方程。在图示坐标系下有:

$$M(x) = -F(l-x)$$

(2) 建立微分方程并积分。挠曲线近似方程为:

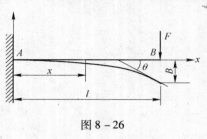

图 8 - 26

$$\frac{d^2 y}{dx^2} = -\frac{F(l-x)}{EI}$$

积分一次得:

$$\theta = \frac{dy}{dx} = \frac{1}{EI}\left(\frac{F}{2}x^2 - Flx + C\right) \qquad (a)$$

再积分一次得:

$$y = \frac{1}{EI}\left(\frac{F}{6}x^3 - \frac{Fl}{2}x^2 + Cx + D\right) \qquad (b)$$

(3) 确定积分常数。在固定端 A 处的转角和挠度均为零，即当 $x=0$ 时，$\theta=0$，$y=0$，分别代入式 (a)、式 (b) 中，得:

$$C = 0, \quad D = 0$$

所以

$$\theta(x) = \frac{1}{EI}\left(\frac{F}{2}x^2 - Flx\right) \qquad (c)$$

$$y(x) = \frac{1}{EI}\left(\frac{F}{6}x^3 - \frac{Fl}{2}x^2\right) \qquad (d)$$

(4) 求 θ_B，y_B。将 $x=l$ 代入式 (c)、式 (d) 中，得:

$$\theta_B = \frac{1}{EI}\left(\frac{F}{2}l^2 - Fl^2\right) = -\frac{Fl^3}{2EI}$$

$$y_B = \frac{1}{EI}\left(\frac{F}{6}l^3 - \frac{F}{2}l^2\right) = -\frac{Fl^3}{3EI}$$

所得 θ_B 为负值，说明 B 截面转角自 x 轴正向转向 y 负向；所得 y_B 为负值，说明 B 截面的挠度向下。

8.4.2.2　用叠加法求弯曲变形

积分法是确定梁位移的基本方法，通过积分法可建立梁的挠度方程和转角方程，从而可以确定任一截面的位移，但其运算较繁杂。表 8 - 3 列出了工程常用梁的挠度值，可直接查用。

表 8 - 3　梁在简单载荷作用下的变形

序号	梁的简图	挠曲线方程	端截面转角	最大挠度
1		$y = -\dfrac{Fx^2}{6EI}(3l-x)$	$\theta_B = -\dfrac{Fl^2}{2EI}$	$y_B = -\dfrac{Fl^3}{3EI}$
2		$0 \leqslant x \leqslant a:$ $y = -\dfrac{Fx^2}{6EI}(3a-x);$ $a \leqslant x \leqslant l:$ $y = -\dfrac{Fa^2}{6EI}(3x-a)$	$\theta_B = -\dfrac{Fa^2}{2EI}$	$y_B = -\dfrac{Fa^2}{6EI}(3l-a)$

序号	梁的简图	挠曲线方程	端截面转角	最大挠度
3		$y = -\dfrac{Mx^2}{2EI}$	$\theta_B = -\dfrac{Ml}{EI}$	$y_B = -\dfrac{Ml^2}{2EI}$
4		$0 \leqslant x \leqslant a:$ $y = -\dfrac{Mx^2}{2EI};$ $a \leqslant x \leqslant l:$ $y = -\dfrac{Ma}{EI}\left(x - \dfrac{a}{2}\right)$	$\theta_B = -\dfrac{Ma}{EI}$	$y_B = -\dfrac{Ma}{EI}\left(l - \dfrac{a}{2}\right)$
5		$y = -\dfrac{qx^2}{24EI}(x^2 + 6l^2 - 4lx)$	$\theta_B = -\dfrac{ql^3}{6EI}$	$y_B = -\dfrac{ql^4}{8EI}$
6		$0 \leqslant x \leqslant \dfrac{l}{2}:$ $y = -\dfrac{Fx}{48EI}(3l^3 - 4x^2)$	$\theta_A = -\theta_B = -\dfrac{Fl^2}{16EI}$	$y_C = -\dfrac{Fl^3}{48EI}$
7		$0 \leqslant x \leqslant a:$ $y = -\dfrac{Fbx}{6lEI}(l^2 - x^2 - b^2);$ $a \leqslant x < l:$ $y = -\dfrac{Fb}{6lEI}\left[(l^2 - b^2)x - x^3 + \dfrac{l}{b}(x-a)^3\right]$	$\theta_A = -\dfrac{Fab(l+b)}{6lEI}$ $\theta_B = -\dfrac{Fab(l+a)}{6lEI}$	若 $a > b$, 在 $x = \sqrt{\dfrac{l^2 - b^2}{3}}$ 处有: $y = -\dfrac{\sqrt{3}Fb}{27lEI}(l^2 - b^2)^{\frac{3}{2}};$ 在 $x = \dfrac{l}{2}$ 处有: $y_{\frac{l}{2}} = -\dfrac{Fb}{48EI}(3l^2 - 4b^2)$
8		$y = -\dfrac{Fbx^2}{6lEI}(l^2 - x^2)$	$\theta_A = -\dfrac{Ml}{6EI}$ $\theta_B = \dfrac{Ml}{3EI}$	在 $x = \dfrac{1}{\sqrt{3}}$ 处有: $y = -\dfrac{Ml^2}{9\sqrt{3}EI};$ 在 $x = \dfrac{l}{2}$ 处有: $y_{\frac{l}{2}} = -\dfrac{Ml^2}{16EI}$
9		$y = -\dfrac{Fbx^2}{6lEI}(l-x)(2l-x)$	$\theta_A = -\dfrac{Ml}{3EI}$ $\theta_B = \dfrac{Ml}{6EI}$	在 $x = 1 - \dfrac{1}{\sqrt{3}}$ 处有: $y = -\dfrac{Ml^2}{9\sqrt{3}EI};$ 在 $x = \dfrac{l}{2}$ 处有: $y_{\frac{l}{2}} = -\dfrac{Ml^2}{16EI}$

序号	梁的简图	挠曲线方程	端截面转角	最大挠度
10	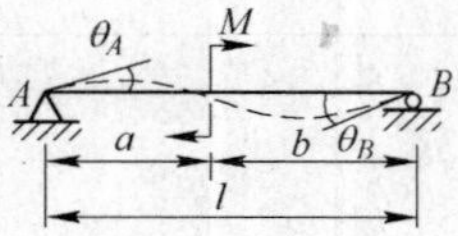	$0 \leqslant x \leqslant a:$ $y = -\dfrac{Mx}{6lEI}(l^2 - x^2 - 3b^2)$； $a \leqslant x < l:$ $y = -\dfrac{M(l-x)}{6lEI}[l^2 - 3a^2 - (l-x)^2]$	$\theta_A = \dfrac{M}{6lEI}(l^2 - 3b^2)$ $\theta_B = \dfrac{M}{6lEI}(l^2 - 3a^2)$ $\theta_C = -\dfrac{M}{6lEI}(3a^2 + 3b^2 - l^2)$	在 $x = \sqrt{\dfrac{l^2 - 3b^2}{3}}$ 处有： $y = \dfrac{M(l^2 - 3b^2)^{\frac{3}{2}}}{9\sqrt{3}lEI}$ 在 $x = \sqrt{\dfrac{l^2 - 3a^2}{3}}$ 处有： $y = -\dfrac{M(l^2 - 3a^2)^{\frac{3}{2}}}{9\sqrt{3}lEI}$

【例 8 - 8】 试用叠加法求图 8 - 27(a)所示梁中点 C 的挠度，EI 为已知常量。

解： 首先将梁的变形看成是图 8 - 27(b)、(c)两种简单情况的叠加。当 F 单独作用时，如图 8 - 27(b)所示，由表 8 - 3 第 6 行查出：

$$y_{C1} = -\frac{Fl^3}{48EI}$$

当 M 单独作用时（见图 8 - 27c）由表 8 - 3 第 9 行查出：

$$y_{C2} = \frac{Ml^2}{16EI} = \frac{Fl^3}{16EI}$$

故原梁 C 点处的挠度为：

$$y_C = y_{C1} + y_{C2} = -\frac{Fl^3}{48EI} + \frac{Fl^3}{16EI} = \frac{Fl^3}{24EI}$$

所得 y_C 为正，说明 C 截面的挠度是向上的。

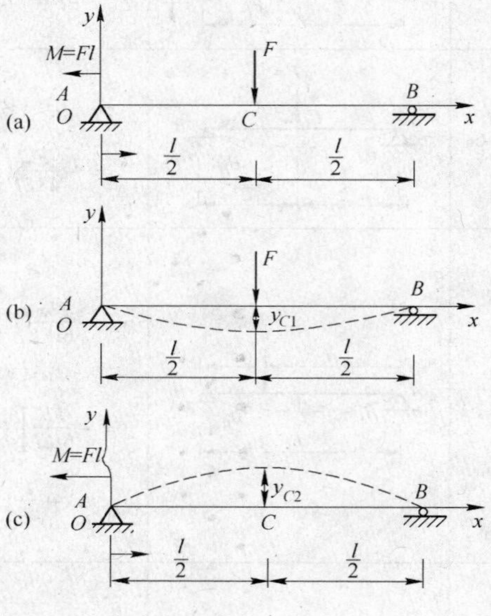

图 8 - 27

8.4.3　梁的刚度条件

在工程实际中，对于一些弯曲构件，除要求满足强度条件外，还要满足刚度条件，通常是要求其最大挠度或最大转角不得超过某一规定值，即：

$$y_{max} \leqslant [y]$$
$$\theta_{max} \leqslant [\theta]$$

式中　$[y]$——构件的许用挠度；

　　　$[\theta]$——构件的许用转角。

对于各类受弯构件，$[y]$ 和 $[\theta]$ 通常可以从工程手册中查到。

8.4.4　提高梁弯曲刚度的主要措施

综合表 8 - 3 中梁的各种变形计算式，梁的变形可统一表述为如下形式：

$$变形 \propto 载荷 \cdot (跨度)^n / 抗弯刚度$$

提高梁的弯曲刚度的主要方法有：

（1）增大梁的抗弯刚度 EI。由于梁的变形与梁的抗弯刚度成反比，因此，增大 EI 可有效地减小变形。这一措施包括两个方面：增大 E 值和增大 I 值。对于钢材而言，E 值差别不大，故通过调换优质钢材是划不来的。工程中主要是通过增大 I 值来提高梁的刚度，即选用合理截面，如采用工字钢、空心截面或组合截面。

（2）缩短梁的跨度。由于梁的变形与跨度的 n 次幂成正比，故缩短 l 值能明显地提高梁的弯曲刚度。这一措施有两种途径：一是采取外伸的结构形式和增加支承；二是将原来的静定梁变成静不定梁。

小　结

本章内容主要包括弯曲内力的计算、内力图的画法、弯曲正应力的分析与计算、弯曲强度条件及其应用、梁的变形与刚度、提高梁承载能力的措施。

（1）弯曲是工程实际中常见的变形形式，本章从内力计算到应力分析和强度、刚度条件的建立，实际上也是材料力学中研究问题的一个普遍思路。

（2）弯曲变形的解题思路归纳如下：

1）外力分析：方法是静力学平衡方程，目的是求解出所需约束反力；

2）内力分析：方法是截面法，目的是通过剪力图和弯矩图判定危险截面；

3）应力、变形分析：方法是应力与变形计算公式，目的是判定危险点；

4）强度、刚度条件应用：利用强度和刚度解决三类问题。

（3）本章需要重点掌握的知识点包括：

1）应用微分关系绘制弯曲内力图，重点掌握截面法及其应用；

2）弯曲梁的应力计算：$\sigma = \dfrac{My}{I_z}$，$\sigma_{max} = \dfrac{M}{W_z}$；

3）掌握常用截面图形的惯性矩和抗弯截面模量计算；

4）掌握通过梁的强度条件 $\sigma_{max} = \dfrac{M}{W_z} \leq [\sigma]$ 解决三类问题的思路与方法；

5）梁的刚度条件包括 $y_{max} \leq [y]$ 和 $\theta_{max} \leq [\theta]$，在工程实际中通常校核其中一个条件即可；

6）利用工程力学知识考察提高梁的强度和刚度的措施，对于我们活学活用力学知识具有一定的指导意义。

思 考 题

8－1　什么情况下梁发生弯曲变形？

8－2　什么是平面弯曲、剪切弯曲和纯弯曲？

8－3　举例说明画剪力图和弯矩图的步骤。

8－4　在一般梁的设计中，弯曲正应力和弯曲切应力哪一个占主导控制作用？

8－5　什么是梁的挠度和转角？

8－6　提高梁的强度和刚度的措施有哪些？

8-1 试计算图 8-28 所示各梁指定横截面的剪力和弯矩。

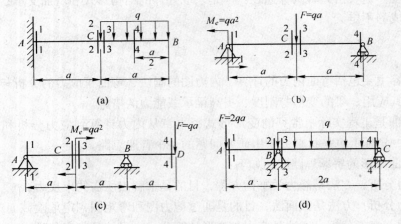

图 8-28

8-2 试列出图 8-29 所示各梁的剪力及弯矩方程，作剪力图和弯矩图并求出 F_{Qmax} 和 M_{max}。

8-3 简支梁受力如图 8-30 所示。梁为圆截面，其直径 $d=40mm$，求梁横截面上的最大正应力。

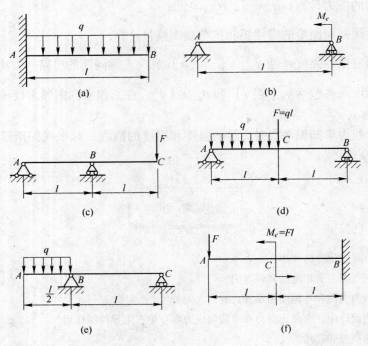

图 8-29

8-4 一单梁桥式吊车如图 8-31 所示，梁为 No28B 工字钢制成，电葫芦和起重量总量 $F=30\text{kN}$，材料的许用正应力 $[\sigma]=140\text{MPa}$，许用切应力 $[\tau]=100\text{MPa}$，试校核梁的强度。

图 8-30   图 8-31

8-5 用叠加法求图 8-32 所示各梁中 A 截面挠度和 B 截面的转角。图中 F、l、a、EI_z 等均为已知。

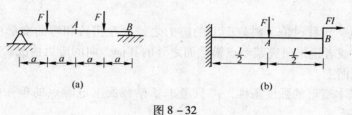

(a)   (b)

图 8-32

9　应力状态和强度理论

9.1　应力状态的概念

9.1.1　点的应力状态

　　前面对四种基本变形横截面上的应力情况进行分析讨论，建立了相应的强度条件。但有两点局限性：

　　（1）除了拉、压杆讨论了斜截面上的应力之外，在扭转和弯曲变形中都未研究斜截面的应力情况，或者说未研究某个点横截面之外的其他方向的应力情况。而破坏却不一定总是发生在横截面上。

　　（2）各种基本变形的强度条件，都只考虑了横截面上危险点的单一应力，如 $\sigma_{max} \leqslant [\sigma]$ 或 $\tau_{max} \leqslant [\tau]$。

　　如果某个点处在较复杂的应力情况下，在横截面上既有正应力 σ，又有剪切力 τ，如图 9 - 1（a）、（b）所示的圆形截面梁 AB，其固定端 A 截面上的 K_1 和 K_2 点（见图 9 - 1c、d）的弯曲正应力和扭转剪应力都为最大值。两种应力的综合影响如何考虑？

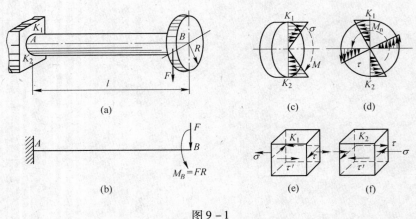

图 9 - 1

　　两种情况都有必要研究某个较危险的点在横截面之外的其他方向的应力情况，以便确定可能存在于某个斜截面上的最大正应力或最大剪应力，建立更为完善且符合较复杂应力情况下的强度条件。

　　一个点各个方向，即各个不同方位截面上的应力情况，称为点的应力状态。对点的应力状态的研究，称为点的应力分析。这种研究是在确定了某个点在横截面方向的应力情况后，对该点的受力情况进行的更深入的分析。

9.1.2 单元体的概念

在圆轴扭转或梁的弯曲等较复杂的变形中，横截面上的应力是非均匀分布的，为此，引入单元体的概念。为了对某个点进行应力分析，可以围绕该点取一个边长为无穷小的正六面体——单元体来分析。围绕一个点可以取很多不同方位的正六面体，但初始单元体的选取却不能是任意的。初始单元体的选取应遵循一个原则：其六个面上的应力，可以根据基本变形的规律予以确定，一般应有一对平行平面为横截面。

图 9-1（e）为 K_1 的初始单元体图。该单元体左、右两个面为横截面，有正应力 σ 和剪应力 τ。上、下两个面为外圆柱面和内圆柱面，没有应力。前、后两个面为纵向剖面，根据剪应力双生互等定律，有与横截面的剪应力 τ 方向相反的 τ'。K_2 点的单元体与之类似，其横截面上的正应力为压应力，见图 9-1（f）。

由于单元体的边长为无穷小（分别为 dx、dy、dz），单元体上各个面上的应力可以看做是均匀分布的。任意两个平行面上的应力，则在大小和性质上完全相同。

因为各个平面上的应力是均匀分布的，在确定了三对相互垂直的平面上的应力后，便可利用截面法，由平衡条件，求出单元体任意斜截面上的应力。

9.1.3 主平面（主方向）和主应力

在围绕一个点所取的不同方位的单元体中，有一个特殊的单元体称为主单元体（见图 9-2），在它的三对相互垂直的平面上，都没有剪应力，只有正应力。通常将单元体上剪应力等于零的平面称为主平面，其外法线方向称为主方向，作用在主平面上的正应力称为主应力。在主单元体上有三个主应力，分别用 σ_1、σ_2、σ_3 表示，并按它们的代数值大小顺序排列为：$\sigma_1 \geqslant \sigma_2 \geqslant \sigma_3$。

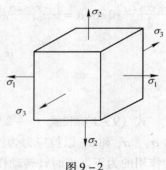

图 9-2

9.1.4 应力状态的分类

一个点的应力状态通常用该点的三个主应力表示。只有一个主应力不等于零的应力状态，称为单向应力状态。有两个主应力不为零时，称二向应力状态，或平面应力状态，如图 9-1（e）所示 K_1 点。当三个主应力均不为零时，称三向应力状态，又称空间应力状态。

9.2 平面应力状态分析

9.2.1 平面应力状态斜截面上的应力

一般情况下，平面应力状态的初始单元体如图 9-3（a）所示，单元体的平面图如图 9-3（b）所示。在 x 方向平面上有 σ_x 和 τ_x，在 y 方向平面上有 σ_y 和 τ_y，其中 $\tau_y = -\tau_x$，z 方向平面为主应力等于零的主平面。

如图 9-3（b）所示，用平行于 z 方向的斜截面 ef 截单元体，得一楔形体 bef，如图 9-3（c）所示。设斜截面的外法线 n 与 x 轴的正向之间的夹角为 α，并规定由 x 轴逆时

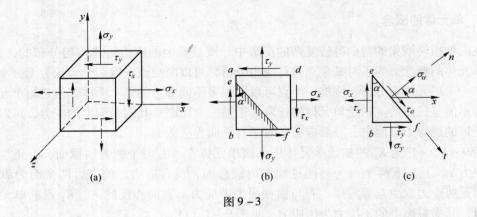

图 9 – 3

针转到外法线 n 的 α 角为正，反之为负。求该斜截面上的正应力 σ_α 和剪应力 τ_α。

取楔形体 bef 为研究对象，设斜截面面积为 $\mathrm{d}A$，be 平面的面积为 $\mathrm{d}A_x = \mathrm{d}A\cos\alpha$，$bf$ 平面的面积 $\mathrm{d}A_y = \mathrm{d}A\sin\alpha$。由平衡条件有：

$$\sum F_\mathrm{n} = 0, \sigma_\alpha \mathrm{d}A + \tau_x \mathrm{d}A_x \sin\alpha - \sigma_x \mathrm{d}A_x \cos\alpha + \tau_y \mathrm{d}A_y \cos\alpha - \sigma_y \mathrm{d}A_y \sin\alpha = 0$$

$$\sum F_\mathrm{t} = 0, \tau_\alpha \mathrm{d}A - \tau_x \mathrm{d}A_x \cos\alpha - \sigma_x \mathrm{d}A_x \sin\alpha + \tau_y \mathrm{d}A_y \sin\alpha + \sigma_y \mathrm{d}A_y \cos\alpha = 0$$

代入 $\tau_x = \tau_y$，$\mathrm{d}A_x = \mathrm{d}A\cos\alpha$，$\mathrm{d}A_y = \mathrm{d}A\sin\alpha$，并利用 $2\sin\alpha\cos\alpha = \sin2\alpha$，$\cos^2\alpha = \dfrac{1 + \cos2\alpha}{2}$ 和 $\sin^2\alpha = \dfrac{1 - \cos2\alpha}{2}$ 将上面的式子化简为：

$$\sigma_\alpha = \frac{\sigma_x + \sigma_y}{2} + \frac{\sigma_x - \sigma_y}{2}\cos2\alpha - \tau_x\sin2\alpha \tag{9-1}$$

$$\tau_\alpha = \frac{\sigma_x - \sigma_y}{2}\sin2\alpha + \tau_x\cos2\alpha \tag{9-2}$$

式（9－1）和式（9－2）为计算平面应力状态下斜截面上应力的公式。式中，正应力 σ_x、σ_y 和 σ_α 以拉应力为正，压应力为负；剪应力 τ_x、τ_y 和 τ_α 以对单元体为顺时针转动作用的为正，逆时针转动作用的为负。

9.2.2　平面应力状态的主应力及主平面位置

将式（9－1）对 α 取导数，得：

$$\frac{\mathrm{d}\sigma_\alpha}{\mathrm{d}\alpha} = -2\left(\frac{\sigma_x - \sigma_y}{2}\sin2\alpha + \tau_x\cos2\alpha\right) \tag{9-3}$$

若 $\alpha = \alpha_0$ 时，导数 $\dfrac{\mathrm{d}\sigma_\alpha}{\mathrm{d}\alpha} = 0$，则在 α_0 确定的截面上，正应力即为最大值或最小值。以 α_0 代入式（9－3），并令其等于零，推导出：

$$\frac{\sigma_x - \sigma_y}{2}\sin2\alpha_0 + \tau_x\cos2\alpha_0 = 0 \tag{9-4}$$

由此得出：

$$\tan2\alpha_0 = -\frac{2\tau_x}{\sigma_x - \sigma_y} \tag{9-5}$$

由式（9-5）可以求出两个相差90°的角度 α_0，它们确定两个互相垂直的平面，其中一个是最大正应力所在的平面，另一个是最小正应力所在的平面。比较式（9-2）和式（9-4），可见满足式（9-4）的 α_0 角恰好使 τ_α 等于零。也就是说，最大和最小正应力所在的平面就是剪应力等于零的平面，说明最大和最小的正应力就是主应力。由三角函数关系有

$$\sin2\alpha_0 = \frac{\tan2\alpha_0}{\sqrt{1 + \tan^2 2\alpha_0}}, \quad \cos2\alpha_0 = \frac{1}{\sqrt{1 + \tan^2 2\alpha_0}}$$

将它们代入式（9-1），求得最大和最小的正应力为：

$$\left.\begin{array}{r}\sigma_{max}\\\sigma_{min}\end{array}\right\} = \frac{\sigma_x + \sigma_y}{2} \pm \sqrt{\left(\frac{\sigma_x - \sigma_y}{2}\right)^2 + \tau_x^2} \qquad (9-6)$$

它们就是该单元体的两个主应力，还有一个主应力等于零，三个主应力大小顺序如下：

如果 $\sigma_{max} \geq \sigma_{min} > 0$，则 $\sigma_{max} = \sigma_1$，$\sigma_{min} = \sigma_2$，$\sigma_3 = 0$；

如果 $\sigma_{max} > 0 > \sigma_{min}$，则 $\sigma_{max} = \sigma_1$，$\sigma_2 = 0$，$\sigma_{min} = \sigma_3$；

如果 $0 > \sigma_{max} \geq \sigma_{min}$，则 $\sigma_1 = 0$，$\sigma_{max} = \sigma_2$，$\sigma_{min} = \sigma_3$。

9.2.3 最大和最小的剪应力及其所在平面

用完全相似的方法（过程从略），可以确定最大和最小剪应力及它们所在的平面角度 α_1。

$$\tan2\alpha_1 = \frac{\sigma_x - \sigma_y}{2\tau_x} \qquad (9-7)$$

$$\left.\begin{array}{r}\tau_{max}\\\tau_{min}\end{array}\right\} = \pm\sqrt{\left(\frac{\sigma_x - \sigma_y}{2}\right)^2 + \tau_x^2} \qquad (9-8)$$

9.2.4 主应力和最大剪应力之间的关系

9.2.4.1 主平面和最大剪应力所在平面之间的关系

比较式（9-5）和式（9-7），可见：

$$\tan2\alpha_0 = -\frac{1}{\tan2\alpha_1}$$

有：

$$2\alpha_1 = 2\alpha_0 + \frac{\pi}{2}$$

$$\alpha_1 = \alpha_0 + \frac{\pi}{4} \qquad (9-9)$$

即主平面和最大剪应力（或最小剪应力）所在平面之间的夹角为45°。

9.2.4.2 最大剪应力和主应力之间的数值关系

比较式（9-6）和式（9-8）有：

$$\tau_{max} = \frac{\sigma_{max} - \sigma_{min}}{2} \qquad (9-10)$$

考虑到还有一个等于零的主应力，式（9 – 10）应该写成：

$$\tau_{\max} = \frac{\sigma_1 - \sigma_3}{2} \qquad (9-11)$$

即最大剪应力等于主应力 σ_1 和 σ_3 之差的 1/2。

图 9 – 4 为初始单元体、主单元体和最大剪应力单元体三者的位置关系。最外层点划线所代表的单元体为初始单元体，x 方向平面上有 σ_x、τ_x，y 方向平面上有 σ_y、τ_y。中间虚线所代表的单元体为主单元体，σ_1 所在平面与 x 轴之间的夹角 α_0。内层实线所代表的单元体为最大和最小剪应力所在平面构成的单元体，$\tau_{\max}$ 所在平面的法线与 x 轴之间的夹角为 α_1。α_0 和 α_1 之和为45°。一般情况下，在最大和最小剪应力平面上还有正应力 σ。

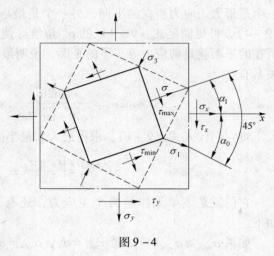

图 9 – 4

9.2.5　$\sigma_y = 0$ 时的计算

有一些平面应力状态问题，$\sigma_y = 0$，如图 9 – 1（e）和图 9 – 1（f）所示的 K_1 和 K_2 单元体。

斜截面上的应力：

$$\sigma_\alpha = \frac{\sigma_x}{2} + \frac{\sigma_x}{2}\cos 2\alpha - \tau_x \sin 2\alpha \qquad (9-12)$$

$$\tau_\alpha = \frac{\sigma_x}{2}\sin 2\alpha + \tau_x \cos 2\alpha \qquad (9-13)$$

主平面方位：

$$\tan 2\alpha_0 = -\frac{2\tau_x}{\sigma_x} \qquad (9-14)$$

主应力：

$$\left.\begin{array}{c}\sigma_1 = \sigma_{\max} \\ \sigma_3 = \sigma_{\min}\end{array}\right\} = \frac{\sigma_x}{2} \pm \sqrt{\left(\frac{\sigma_x}{2}\right)^2 + \tau_x^{\,2}} \qquad (9-15)$$

最大和最小剪应力所在平面方位：$\tan 2\alpha_1 = \dfrac{\sigma_x}{2\tau_x}$　$(9-16)$

最大和最小剪应力：$\left.\begin{array}{c}\tau_{\max} \\ \tau_{\min}\end{array}\right\} = \pm\sqrt{\left(\dfrac{\sigma_x}{2}\right)^2 + \tau_x^{\,2}} = \pm\dfrac{\sigma_1 - \sigma_3}{2}$　$(9-17)$

9.3　广义胡克定律

如果构件内某一点为三向应力状态，其主单元体如图 9 – 5 所示，主单元体上三个主应力分别为 σ_1、σ_2 和 σ_3。该单元体沿三个主应力方向产生的应变称主应变，分别为 ε_1、ε_2 和 ε_3。

在小变形范围内，先将该三向应力状态分解为分别在 σ_1、σ_2 和 σ_3 作用下的三个单向应力状态（见图 9 – 5），然后根据单向应力状态下的胡克定律，分别计算三个主应力 σ_1、σ_2 和 σ_3 在 ε_1 方向的应变 ε_1'、ε_1'' 和 ε_1'''，再利用叠加原理进行叠加，求出 ε_1，即

$$\varepsilon_1' = \frac{\sigma_1}{E}, \varepsilon_1'' = -\mu\frac{\sigma_2}{E}, \varepsilon_1''' = -\mu\frac{\sigma_3}{E}$$

$$\varepsilon_1 = \varepsilon_1' + \varepsilon_1'' + \varepsilon_1''' = \frac{1}{E}\left[\sigma_1 - \mu(\sigma_2 + \sigma_3)\right]$$

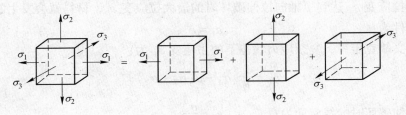

图 9 - 5

同理可求出 ε_2 和 ε_3，由此得到广义胡克定律为：

$$\left.\begin{array}{l} \varepsilon_1 = \dfrac{1}{E}\left[\sigma_1 - \mu(\sigma_2 + \sigma_3)\right] \\[2mm] \varepsilon_2 = \dfrac{1}{E}\left[\sigma_2 - \mu(\sigma_3 + \sigma_1)\right] \\[2mm] \varepsilon_3 = \dfrac{1}{E}\left[\sigma_3 - \mu(\sigma_1 + \sigma_2)\right] \end{array}\right\} \tag{9-18}$$

9.4 强度理论简介

9.4.1 强度理论的概念

在轴向拉（压）等简单应力状态下，通过试验，测出材料的极限应力 σ^0（σ_s 或 σ_b）。并将极限应力 σ^0 除以安全系数 n，得到许用应力 $[\sigma]$，从而建立了强度条件：

$$\sigma_{max} \leqslant [\sigma] = \frac{\sigma^0}{n}$$

在复杂应力状态下，很难通过试验确定极限应力。因为主单元体上有两个或者三个主应力，它们的组合方式多种多样。欲通过试验测出组合变形的极限应力，是难以实现的。

长期以来，人们提出了多种关于引起破坏的决定因素的假说。其中有一些假说经过实践的检验，在一定条件下较能符合实际情况，被工程界承认和采用。这些关于引起材料破坏的决定因素的假说，称为强度理论。依据相应的强度理论，即可以利用简单拉伸试验的结果，预测复杂应力状态下材料的破坏，建立复杂应力状态下的强度条件。

9.4.2 常用的强度理论

9.4.2.1 第一强度理论——最大拉应力理论

理论认为：最大拉应力是材料断裂破坏的决定性因素。在复杂应力状态下，只要危险点处的最大拉应力 σ_1 达到了轴向拉伸破坏时的极限应力 σ^0，材料就会发生断裂破坏。

破坏条件为： $\sigma_1 = \sigma^0$

强度条件为：$\qquad\qquad\qquad\qquad\sigma_1 \le [\sigma]$ $\qquad\qquad\qquad\qquad\qquad$ (9 – 19)

9.4.2.2　第二强度理论——最大拉应变理论

理论认为：最大拉应变是材料断裂破坏的决定性因素。在复杂应力状态下，只要危险点处的最大拉应变 ε_1 达到了轴向拉伸破坏时的最大拉应变 ε^0，材料就会发生断裂破坏。

破坏条件为：$\qquad\qquad\qquad\qquad\varepsilon_1 = \varepsilon^0$

按照广义胡克定律，复杂应力状态下的主应变 ε_1 为：

$$\varepsilon_1 = \frac{1}{E}[\sigma_1 - \mu(\sigma_2 + \sigma_3)]$$

轴向拉伸破坏时的线应变为：$\qquad\quad\varepsilon^0 = \dfrac{\sigma^0}{E}$

破坏条件用主应力表达为：$\quad\sigma_1 - \mu(\sigma_2 + \sigma_3) = \sigma^0$

强度条件为：$\qquad\qquad\quad\sigma_1 - \mu(\sigma_2 + \sigma_3) \le [\sigma]$ $\qquad\qquad$ (9 – 20)

9.4.2.3　第三强度理论——最大剪应力理论

理论认为：最大剪应力是材料破坏的决定性因素。在复杂应力状态下，只要危险点处的最大剪应力 τ_{max} 达到了轴向拉伸破坏时的最大剪应力 τ^0，材料就会发生塑性破坏。

破坏条件为：$\qquad\qquad\qquad\qquad\tau_{max} = \tau^0$

复杂应力状态下，危险点处的最大剪应力为：$\qquad\tau_{max} = \dfrac{\sigma_1 - \sigma_3}{2}$

轴向拉伸破坏时的最大剪应力为：$\quad\tau^0 = \dfrac{\sigma^0}{2}$

破坏条件用主应力表达为：$\qquad\sigma_1 - \sigma_3 = \sigma^0$

强度条件为：$\qquad\qquad\qquad\sigma_1 - \sigma_3 \le [\sigma]$ $\qquad\qquad\qquad$ (9 – 21)

9.4.2.4　第四强度理论——形状改变比能理论

理论认为：形状改变比能是材料破坏的决定因素。在复杂应力状态下，只要最大的形状改变比能 μ_x 达到了轴向拉伸破坏时的形状改变比能 μ_x^0，材料就会发生塑性破坏。

破坏条件为：$\qquad\qquad\qquad\qquad\mu_x = \mu_x^0$

比能是材料单位体积所储存的内能。它可看成是由两部分组成的，一部分为体积改变的比能，另一部分为形状改变的比能，这里指的是后一部分。复杂应力状态下，形状改变比能为：

$$\mu_x = \frac{1+\mu}{6E}[(\sigma_1 - \sigma_2)^2 + (\sigma_2 - \sigma_3)^2 + (\sigma_3 - \sigma_1)^2]$$

轴向拉伸破坏时的形状改变比能为：

$$\mu_x^0 = \frac{1+\mu}{3E}(\sigma^0)^2$$

用主应力表达的破坏条件为：

$$\sqrt{\frac{1}{2}[(\sigma_1 - \sigma_2)^2 + (\sigma_2 - \sigma_3)^2 + (\sigma_3 - \sigma_1)^2]} = \sigma^0$$

强度条件为:

$$\sqrt{\frac{1}{2}\left[(\sigma_1-\sigma_2)^2+(\sigma_2-\sigma_3)^2+(\sigma_3-\sigma_1)^2\right]}\leq[\sigma] \tag{9-22}$$

9.4.3 强度理论的通式及选用

上述四个常用强度理论的强度条件可以写成以下的统一形式:

$$\sigma_{xd}\leq[\sigma] \tag{9-23}$$

式中,σ_{xd} 称为相当应力。

按照从第一强度理论到第四强度理论的顺序,相当应力分别为:

$$\left.\begin{aligned}
\sigma_{xd}&=\sigma_1\\
\sigma_{xd}&=\sigma_1-\mu(\sigma_2+\sigma_3)\\
\sigma_{xd}&=\sigma_1-\sigma_3\\
\sigma_{xd}&=\sqrt{\frac{1}{2}\left[(\sigma_1-\sigma_2)^2+(\sigma_2-\sigma_3)^2+(\sigma_3-\sigma_1)^2\right]}
\end{aligned}\right\} \tag{9-24}$$

在四种常用强度理论中,第一、第二强度理论是说明断裂破坏的,适用于脆性材料。塑性材料通常以屈服形式破坏,宜采用第三或第四强度理论。一般第三强度偏向于安全,第四强度理论与试验资料更为吻合。

【例9-1】 当锅炉或其他圆筒形容器的壁厚 t 远小于它的内直径时,称之为薄壁圆筒。图9-6所示为一薄壁容器,承受内压力的压强为 p。圆筒部分的内直径为 d,壁厚为 t,且 $t\leq d$。设 $d=100\text{cm}$,$p=3.6\text{MPa}$,$[\sigma]=160\text{MPa}$。试按第三、第四强度设计锅炉的壁厚 t,并比较它们的差别。

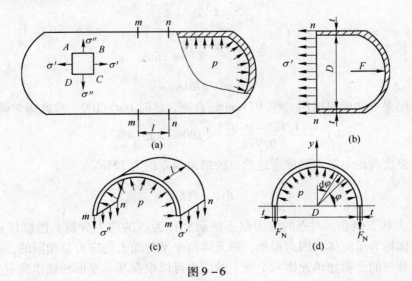

图9-6

解:计算圆筒部分的应力。如果不考虑所装流体的重量,则由于内压作用,筒壁的纵截面和横截面上都只有正应力,没有切应力。

横向截面上的应力:

$$\sigma' = \frac{F_N}{A} = \frac{\frac{\pi}{4}d^2 p}{\pi dt} = \frac{pd}{4t}$$

由平衡方程得：

$$\int_0^\pi pl \frac{d}{2}\sin\varphi \mathrm{d}\varphi = 2\sigma'' tl$$

纵向（环向）截面应力：

$$\sigma'' = \frac{pd}{2t}$$

由于 $p \ll \sigma_x$，σ_y 可略去，故对于薄壁圆筒可作为二向应力状态处理，如图 9 – 6（a）所示单元体 $ABCD$，则：

$$\sigma_1 = \sigma'' = \frac{pd}{2t},\ \sigma_2 = \sigma' = \frac{pd}{4t},\ \sigma_3 = 0$$

由第三强度理论得：

$$\sigma_{xd3} = \frac{pd}{2t} - 0 \leqslant [\sigma]$$

$$\frac{3.6 \times 100}{2t} \leqslant 160$$

所以　　　　　　　　　　　　　$t \geqslant 1.125\,\mathrm{cm}$

由第四强度理论得：

$$\sigma_{xd4} = \sqrt{\left(\frac{pd}{2t}\right)^2 + \left(\frac{pd}{4t}\right)^2 - \frac{pd}{2t} \times \frac{pd}{4t}} \leqslant [\sigma]$$

$$\frac{pd}{t} \times \frac{\sqrt{3}}{4} \leqslant [\sigma]$$

$$\frac{3.6 \times 100}{t} \times \frac{\sqrt{3}}{4} \leqslant 160$$

所以　　　　　　　　　　　　　$t \geqslant 0.975\,\mathrm{cm}$

由以上结果可知壁厚选用 $t \geqslant 0.975\,\mathrm{cm}$ 较合理，这时 $t/d \approx 100$，故此锅炉确属于薄壁。

$$\frac{1.125 - 0.975}{0.975} \times 100\% = 15.4\%$$

用第三强度理论与第四强度理论给出的结果误差约为 15%。

小　结

（1）应力状态概念：对点的应力状态的研究称为点的应力分析。围绕该点取一个微小的正六面体称为单元体。因为很小，单元体两个平行面上的应力是相同的，各个面上的应力是均匀分布的。初始单元体六个面上的应力可以根据基本变形的规律确定。应用截面法，可以求出单元体斜截面上应力，也就是单元体所代表的点斜方向的应力。

（2）主单元体概念：在它的三对相互垂直的平面上，没有剪应力，只有正应力。这三对平面称为主平面，主平面上的正应力称为主应力，在主单元体上有三个主应力，排序为 $\sigma_1 \geqslant \sigma_2 \geqslant \sigma_3$。

（3）只有一个主应力不等于零的应力状态，称为单向应力状态；有两个主应力不为零时，称为二向应力状态；当三个主应力都不为零时，称为三向应力状态。

（4）平面应力状态的简单情况为：x 方向平面上有 σ_x 和 τ_x；y 方向平面上有 $\tau_y = -\tau_x$，而 $\sigma_y = 0$；z 方向平面上 $\sigma = 0$，$\tau = 0$。这时

1）斜截面上的应力为：
$$\sigma_\alpha = \frac{\sigma_x}{2} + \frac{\sigma_x}{2}\cos2\alpha - \tau_x\sin2\alpha$$

$$\tau_\alpha = \frac{\sigma_x}{2}\sin2\alpha + \tau_x\cos2\alpha$$

2）主平面方位角 α_0：
$$\tan2\alpha_0 = -\frac{2\tau_x}{\sigma_x}$$

主应力：
$$\sigma_{1,3} = \frac{\sigma_x}{2} \pm \sqrt{\left(\frac{\sigma_x}{2}\right)^2 + \tau_x^2}$$

3）最大剪应力所在平面的方位角 α_1：$\tan2\alpha_1 = \dfrac{\sigma_x}{2\tau_x}$

α_1 与 α_0 相差 45°。

最大剪应力：
$$\tau_{\max} = \sqrt{\left(\frac{\sigma_x}{2}\right)^2 + \tau_x^2} = \frac{\sigma_1 - \sigma_3}{2}$$

（5）强度理论概念：常用的强度理论有四个，分别是最大拉应力理论、最大拉应变理论、最大剪应力理论和形状改变比能理论，它们的通式为：
$$\sigma_{xd} \leqslant [\sigma]$$
其中：
$$\sigma_{xd1} = \sigma_1 \leqslant [\sigma]$$
$$\sigma_{xd2} = \sigma_1 - \mu(\sigma_2 + \sigma_3) \leqslant [\sigma]$$
$$\sigma_{xd3} = \sigma_1 - \sigma_3 \leqslant [\sigma]$$
$$\sigma_{xd4} = \sqrt{\frac{1}{2}\left[(\sigma_1 - \sigma_2)^2 + (\sigma_2 - \sigma_3)^2 + (\sigma_3 - \sigma_1)^2\right]} \leqslant [\sigma]$$

思 考 题

9-1　何谓主应力和主平面？主应力与正应力有何区别？通过受力物体内某一点有几对主平面？

9-2　何谓一点处的应力状态？如何研究一点处的应力状态？

9-3　常用的四个强度理论的适用范围如何？

9-4　对于一个单元体，在最大正应力作用的平面上有无切压力？在最大切压力作用的平面上有无正应力？

9-5　最大剪应力平面上的正应力是否一定相等？

9-6　在前一章对梁已分别按正应力和剪应力进行强度计算，为什么本章又提出强度理论进行校核？对轴向拉压杆是否也需要用强度理论校核？

习 题

9-1　在拉杆的某一斜截面上，正应力为60MPa，切应力为60MPa，求其最大正应力和最大切应力。

9 - 2　已知钢制零件 $[\sigma] = 120MPa$，危险点的主应力为 $\sigma_1 = 140MPa$，$\sigma_2 = 100MPa$，$\sigma_3 = 40MPa$，试对此零件进行强度校核。

9 - 3　已知单元体的应力状态如图 9 - 7 所示，图中应力单位皆为 MPa，求：
　　（1）主应力的大小及主平面的位置；
　　（2）在图中绘出主单元体；
　　（3）最大切应力。

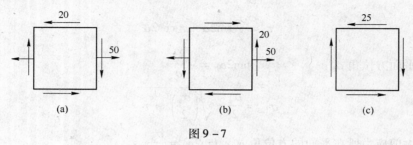

图 9 - 7

9 - 4　一矩形截面梁，尺寸及载荷如图 9 - 8 所示，尺寸单位为 mm，（1）画出梁上各指定点的单元体平面上的应力；（2）求各单元体的主应力及最大切应力。

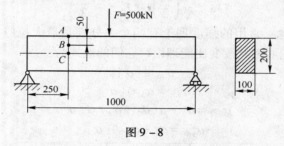

图 9 - 8

9 - 5　如图 9 - 9 所示简支梁为 36a 工字钢，$F = 140kN$，$l = 4m$，A 点位于集中力 F 作用面的左侧截面上。试求：（1）A 点在指定斜截面上的应力；（2）A 的主应力及主平面位置。

9 - 6　一薄壁容器如图 9 - 10 所示，平均直径 $D = 1250mm$，最大内压力 $p = 2.3MPa$，在工作温度下，钢板屈服极限 $\sigma_s = 182.5MPa$，安全系数 $n = 1.8$，试根据第三强度理论设计壁厚 t。

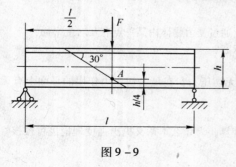

图 9 - 9

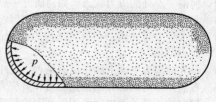

图 9 - 10

10 组合变形

10.1 组合变形概述

10.1.1 组合变形的概念

构件在外力作用下产生的变形较为复杂时，我们需要把它分解为两种或两种以上的基本变形进行计算，这种可以分解为几种基本变形的变形，或者说是由几种基本变形组合而成的较复杂的变形称为组合变形。

组合变形的形式很多，常见的有三种形式：

（1）两个相互垂直的平面弯曲的组合变形（称斜弯曲）。

（2）弯曲和拉伸（或压缩）的组合变形。

（3）弯曲和扭转的组合变形。

10.1.2 组合变形的计算原理

在小变形情况下，组合变形可按下述步骤进行强度计算。

（1）外力分析。将载荷分解或平移，判断所含基本变形的种类。

（2）内力分析。画各基本变形的内力图，确定危险截面的位置及内力的最大值。

（3）应力分析。根据危险截面上各种应力的分布规律，确定危险点的位置，以及各内力在该点相应的应力值。

（4）强度计算。组合变形一般可以分为两大类：一类危险点上只有正应力，没有剪应力，如斜弯曲和弯拉（或压）组合变形，确定最大应力值建立强度条件进行计算；另一类，危险点上既有正应力，又有剪应力，如弯扭组合变形。

10.2 斜弯曲

由互相垂直的两个平面内的平面弯曲，即双平面弯曲的组合称斜弯曲。

10.2.1 矩形截面梁

设有一矩形截面悬臂梁（见图 $10-1$），其 y 轴和 z 轴为横截面上的对称轴，形心为 O 点。在自由端 Oyz 平面内作用一过形心 O 的集中力 F，与 y 轴的夹角为 α。

在进行强度计算时，先将力 F 沿 y 轴和 z 轴分解为：

$$F_y = F\cos\alpha, \; F_z = F\sin\alpha$$

F_y 和 F_z 单独作用时，梁分别产生铅垂面和水平面内的平面弯曲。

根据内力图可以确定固定面为危险截面，其铅垂面

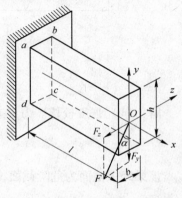

图 $10-1$

和水平面内的弯矩分别为：

$$M_z = F_y l = F l \cos\alpha$$
$$M_y = F_z l = F l \sin\alpha$$

由弯曲正应力的分布规律可以确定：由 M_z 引起的正应力，在截面的上边缘 ab 有拉伸应力的最大值，在截面的下边缘 dc 有压缩应力的最大值，分别为：

$$\sigma' = \pm \frac{M_z}{W_z} = \pm \frac{F l \cos\alpha}{W_z}$$

由 M_y 引起的正应力，在截面的右侧边缘 bc 有拉伸应力的最大值，在截面的左边缘 ad 有压缩应力的最大值，分别为：

$$\sigma'' = \pm \frac{M_y}{W_y} = \pm \frac{F l \sin\alpha}{W_y}$$

两种正应力叠加时，b 点将有最大的拉应力，d 点将有最大的压应力，其值分别为：

$$\left.\begin{array}{l} \sigma_b = \sigma_{\text{lmax}} \\ \sigma_d = \sigma_{\text{ymax}} \end{array}\right\} = \sigma' + \sigma'' = \pm \left(\frac{M_z}{W_z} + \frac{M_y}{W_y} \right) = \pm F l \left(\frac{\cos\alpha}{W_z} + \frac{\sin\alpha}{W_y} \right)$$

该梁的强度条件为：

$$\sigma_{\max} = F l \left(\frac{\cos\alpha}{W_z} + \frac{\sin\alpha}{W_y} \right) \leqslant [\sigma] \tag{10 - 1}$$

一般情况下矩形截面梁斜弯曲的强度条件为：

$$\sigma_{\max} = \left| \frac{M_z}{W_z} + \frac{M_y}{W_y} \right| \leqslant [\sigma] \tag{10 - 2}$$

【**例 10 - 1**】 如图 10 - 2 所示一简支梁，用 32a 工字钢制成。在梁跨中有一集中力 F 作用，已知 $l = 5\text{m}$，$F = 20\text{kN}$，$E = 200\text{GPa}$，力 F 的作用线与横截面铅垂对称轴间的夹角为 $\varphi = 20°$，且通过横截面的弯曲中心。钢的许用应力为 $[\sigma] = 170\text{MPa}$。试：（1）按正应力强度条件校核此梁的强度；（2）求最大挠度及其方向。

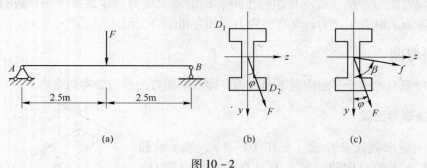

图 10 - 2

解：（1）强度校核。力 F 在 y 轴和 z 轴上的分量为：

$$F_y = F \cos\varphi = 18.79\text{kN}$$
$$F_z = F \sin\varphi = 6.84\text{kN}$$

该梁跨中截面为危险截面，其弯矩值为：

$$M_{z\max} = \frac{1}{4} F_y l = \frac{1}{4} \times 18.79 \times 5 = 23.49\text{kN} \cdot \text{m}$$

$$M_{y\max} = \frac{1}{4}F_z l = \frac{1}{4} \times 6.84 \times 5 = 8.55 \text{kN} \cdot \text{m}$$

根据梁的变形情况可知，最大应力发生在 D_1、D_2 两点（见图 10 - 2b），其中 D_1 为最大压应力点，D_2 为最大拉应力点，二者绝对值相等，因此：

$$\sigma_{\max} = \frac{M_{z\max}}{W_z} + \frac{M_{y\max}}{W_y}$$

由型钢表查得：

$$W_z = 692 \text{cm}^3 = 692 \times 10^{-6} \text{m}^3, \ W_y = 70.8 \text{cm}^3 = 70.8 \times 10^{-6} \text{m}^3$$

因此危险点处的正应力为：

$$\sigma_{\max} = \frac{23.49 \times 10^3}{692 \times 10^{-6}} + \frac{8.55 \times 10^3}{70.8 \times 10^{-6}} = 154.7 \times 10^6 \text{Pa} = 154.7 \text{MPa} < [\sigma]$$

可见，此梁满足正应力的强度条件。

（2）计算最大挠度和方向。梁沿 y 轴和 z 轴方向的挠度分量为：

$$f_y = \frac{F_y l^3}{48EI_z} = \frac{F\cos\varphi \cdot l^3}{48EI_z}$$

$$f_z = \frac{F_z l^3}{48EI_y} = \frac{F\sin\varphi \cdot l^3}{48EI_y}$$

总挠度 f 为：

$$f = \sqrt{f_y^2 + f_z^2} = \frac{Fl^3}{48E}\sqrt{\frac{\cos^2\varphi}{I_z^2} + \frac{\sin^2\varphi}{I_y^2}}$$

由型钢表查得：

$$I_z = 11100 \text{cm}^4, \ I_y = 460 \text{cm}^4$$

因此：

$$f = \frac{25 \times 10^3 \times 5^3}{48 \times 2 \times 10^5 \times 10^6}\sqrt{\frac{\sin^2 20°}{(460 \times 10^{-8})^2} + \frac{\cos^2 20°}{(11100 \times 10^{-8})^2}} = 0.024 \text{m} = 24 \text{mm}$$

设总挠度 f 与 y 轴的夹角为 β，则：

$$\tan\beta = \frac{I_z}{I_y}\tan\varphi = \frac{11100}{460}\tan 20° = 8.7828$$

$$\beta = 83.5°$$

在此例题中，若 F 作用线与 y 轴重合，即 $\varphi = 0$，则最大正应力为：

$$\sigma_{\max}^0 = \frac{Fl}{4W_z} = \frac{20 \times 10^3 \times 5}{4 \times 692 \times 10^{-6}} = 36 \times 10^6 \text{Pa} = 36 \text{MPa}$$

最大挠度为：

$$f_{\max}^0 = \frac{Fl^3}{48EI_z} = \frac{25 \times 10^3 \times 5^3}{48 \times 2 \times 10^5 \times 10^6 \times 11100 \times 10^{-8}} = 2.93 \times 10^{-3} \text{m} = 2.93 \text{mm}$$

与斜弯曲的结果比较，得：

$$\frac{\sigma_{\max}}{\sigma_{\max}^0} = \frac{154.7}{36} \approx 4.3$$

$$\frac{f_{\max}}{f_{\max}^0} = \frac{24}{2.93} \approx 8$$

10.2.2　圆形截面梁

圆形截面没有棱角，在斜弯曲中，不存在矩形截面那种危险点，也不能用矩形截面梁那种应力叠加的方法求截面的最大应力。圆形截面梁用先求危险截面合成弯矩的方法进行斜弯曲的强度计算。

$$\sigma_{max} = \frac{M}{W_z} = \frac{\sqrt{M_z^2 + M_y^2}}{W_z} \leqslant [\sigma] \tag{10-3}$$

【例 10-2】 圆轴 AB 的支座和尺寸情况如图 10-3（a）所示。已知 C 截面作用有水平方向集中力 $F_1 = 4.2kN$，D 截面作用一铅垂向下的集中力 $F_2 = 5.4kN$，试绘该轴在水平面内和铅垂面内的弯矩图，求其最大的合成弯矩。

解：（1）绘水平面的弯矩图。由前面所学公式有：

$$M_{Cy} = \frac{ab}{l}F_1 = \frac{0.4 \times 0.8 \times 4.2}{1.2} = 1.12kN \cdot m$$

弯矩图如图 10-3（b）所示，其中 $M_{Dy} = 0.56kN \cdot m$。

（2）绘铅垂面的弯矩图。由前面所学公式有：

$$M_{Dz} = \frac{0.4 \times 0.8 \times 5.4}{1.2} = 1.44kN \cdot m$$

弯矩图如图 10-3（c）所示，其中 $M_{Cz} = 0.72kN \cdot m$。

（3）求合成弯矩。

$$M_C = \sqrt{M_{Cz}^2 + M_{Cy}^2} = \sqrt{0.72^2 + 1.12^2} = 1.33kN \cdot m$$

$$M_D = \sqrt{M_{Dz}^2 + M_{Dy}^2} = \sqrt{1.44^2 + 0.56^2} = 1.55kN \cdot m$$

求得：

$$M_{max} = M_D = 1.55kN \cdot m$$

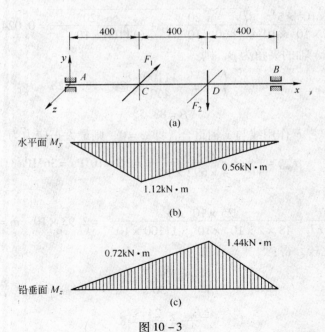

图 10-3

10.3 拉伸（压缩）与弯曲组合变形

10.3.1 概述

工程中常见的拉伸（压缩）与弯曲组合变形有下列三种形式。

（1）斜拉或斜压：在构件的纵向对称面内作用有与轴线相交成某一角度的外力，即构件同时受到轴向力和横向力的作用，如图 10 - 4（a）、（b）所示。

（2）偏心拉伸或压缩：构件所受的载荷与轴线平行，但不重合，如图 10 - 4（c）、（d）所示。

（3）一侧开槽的轴向拉（压）杆，在开槽的部位，轴向载荷与轴线不重合，如图 10 - 4（e）所示。

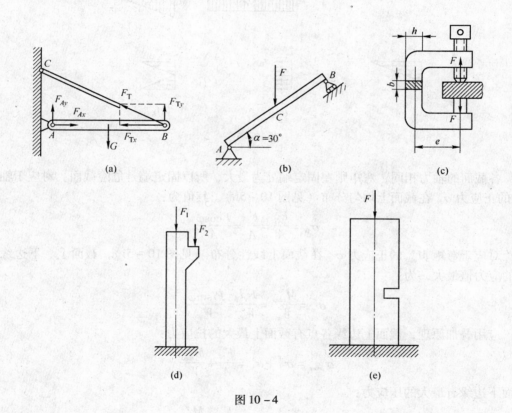

图 10 - 4

10.3.2 斜拉和斜压

下面以图 10 - 5（a）所示的矩形截面悬臂梁为例，说明斜拉、斜压杆件的强度计算方法。

梁的自由端受力 F，其作用线在梁的纵向对称面内，与梁轴线的夹角为 φ，其分力 F_x、F_y（见图 10 - 5b ~ d）分别使梁产生拉伸和弯曲变形，对应的轴力图和弯矩图如图 10 - 5（e）、（f）所示。

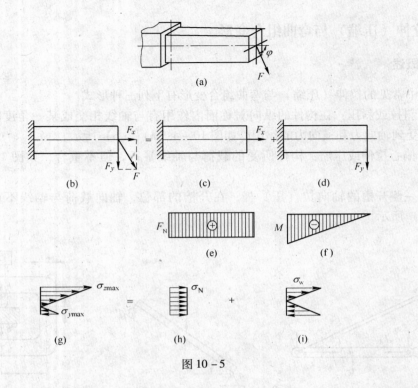

图 10−5

各截面的轴力相同，弯矩则在固定端处为最大，所以固定端是危险截面。对应于轴力 F_N 的正应力 σ_N 在截面上均匀分布（见图 10−5h），其值为：

$$\sigma_N = \frac{F_N}{A} = \frac{F_x}{A} = \frac{F\cos\varphi}{A}$$

对应于弯矩 M_{max} 的正应力 σ_w 在截面上线性分布（见图 10−5i），截面上、下边缘各点的应力值最大，为：

$$\sigma_w = \frac{M_{max}}{W_z} = \frac{F_y l}{W_z} = \frac{Fl\sin\varphi}{W_z}$$

应用叠加原理，截面上边缘各点有截面上最大的拉应力：

$$\sigma_{lmax} = \sigma_N + \sigma_w = \frac{F_N}{A} + \frac{M_{max}}{W_z}$$

截面下边缘有最大的压应力：

$$\sigma_{ymax} = \sigma_N - \sigma_w = \frac{F_N}{A} - \frac{M_{max}}{W_z}$$

如果是塑性材料，只需按截面上的最大正应力进行强度计算，强度条件为：

$$\sigma_{lmax} = \left| \frac{F_N}{W_z} \right| + \left| \frac{M_{max}}{W_z} \right| \leqslant [\sigma] \qquad (10-4)$$

对于脆性材料，因为其抗压强度大于抗拉强度，因此要分别按最大拉应力和最大压应力进行强度计算，强度条件为：

$$\sigma_{lmax} = \pm \frac{F_N}{A} + \frac{M_{max}}{W_z} \leqslant [\sigma_1] \qquad (10-5)$$

$$\sigma_{ymax} = \left| \pm \frac{F_N}{A} - \frac{M_{max}}{W_z} \right| \leqslant [\sigma_y]$$

式中，F_N/A 项前面的正负号定为：拉伸为正，压缩为负。

【例 10 - 3】 图 10 - 6 所示起重机的最大吊重 $F = 12\text{kN}$，若横梁 AB 为工字钢梁，材料的许用应力 $[\sigma] = 100\text{MPa}$，试校核梁 AB 的强度。

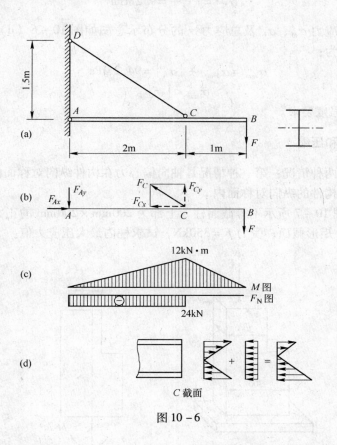

图 10 - 6

解：（1）受力分析。根据横梁 AB 的受力简图（见图 10 - 6b），由平衡方程 $\sum M_A = 0$，$\sum F_x = 0$，$\sum F_y = 0$ 求得：

$$F_C = 30\text{kN}, F_{Ax} = 24\text{kN}, F_{Ay} = 6\text{kN}$$

将力 F_C 分解为水平力 F_{Cx} 和垂直力 F_{Cy}（见图 10 - 6b），有：

$$F_{Cx} = 24\text{kN}, F_{Cy} = 18\text{kN}$$

轴向力 F_{Ax}、F_{Cx} 使横梁在 AC 段发生轴向压缩变形，横向力 F、F_{Ay}、F_{Cy} 使横梁发生平面弯曲变形，故横梁产生轴向压缩和平面弯曲的组合变形。

（2）内力分析。作梁 AB 的弯矩图和轴力图如图 10 - 6（c）所示。在点 C 左侧截面有最大弯矩值和最大轴力值：

$$|M|_{max} = 12\text{kN} \cdot \text{m}, |F_N|_{max} = 24\text{kN}$$

故该截面为危险截面。

（3）应力计算和强度校核。由型钢规格表查得，工字钢的 $W = 141 \times 10^{-6}\text{m}^3$，截面面

积 $A = 26.1 \times 10^{-4} \mathrm{m}^2$，故危险截面的最大弯曲正应力及均匀分布的轴向压缩正应力值分别为：

$$\sigma_{M\max} = \frac{|M|_{\max}}{W} = 85 \mathrm{MPa}$$

$$|\sigma_N| = \frac{|F_N|}{A} = 9.2 \mathrm{MPa}$$

危险截面上的应力 σ_M、σ_N 及总应力 σ 的分布示意图如图 10 - 6（d）所示。此处的压应力最大，其值为：

$$\sigma_{\max} = \sigma_{M\max} + |\sigma_N| = 94.2 \mathrm{MPa}$$

$$\sigma_{\max} < [\sigma]$$

所以横梁 AB 满足强度要求。

10.3.3　偏心拉伸和压缩

偏心拉、压有两种情况：第一种情况是轴向偏心力在构件纵向对称面内；第二种情况是轴向偏心力不在构件的纵向对称面内。

【例 10 - 4】图 10 - 7 所示不等截面柱，上部为 200mm × 200mm 的正方形截面，下部为 200mm × 300mm 矩形截面，受力 $F = 350 \mathrm{kN}$，试求柱内最大压应力值。

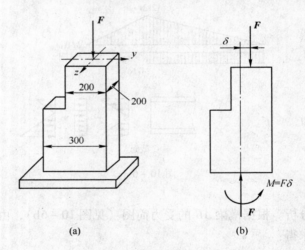

图 10 - 7

解： 柱子上部受轴向压缩变形：

$$(\sigma_{C\max})_1 = \frac{F}{A} = \frac{350 \times 10^3}{0.2 \times 0.2} = 8.75 \times 10^6 \mathrm{Pa}$$

柱子下部受偏心压缩变形（见图 10 - 7b）：

$$(\sigma_{C\max})_2 = \frac{F}{A} + \frac{F\delta}{W} = \frac{350 \times 10^3}{0.2 \times 0.2} + \frac{350 \times 10^3 \times 0.05 \times 6}{0.2 \times 0.3^2} = 11.7 \times 10^6 \mathrm{Pa}$$

因此，柱内最大压应力值为：

$$\sigma_{C\max} = 11.7 \times 10^6 \mathrm{Pa} = 11.7 \mathrm{MPa}$$

10.3.4 一侧开槽的轴向拉（压）杆

构件一侧开槽后，在开槽部位，轴向外力与轴线不再重合，成为偏心力。变形情况即为偏心拉伸或压缩，属于拉伸或压缩和弯曲的组合变形。

简单情况可归纳为：

（1）构件为矩形截面杆。

（2）槽口与截面的一对称轴平行。

（3）不考虑开槽处的应力集中问题。

【例 10 – 5】 图 10 – 8（a）所示矩形截面梁，截面尺寸 240mm × 180mm，中段下侧开一槽深度 $a = 40$mm，梁受拉力 $F = 18$kN，求梁内最大正应力及最小正应力。

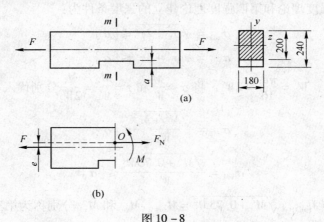

图 10 – 8

解：（1）外力分析。中段截面形心 O 距上侧边缘为 100mm，外力 F 的作用线距上侧边缘为 120mm，偏心距 e 为：

$$e = \frac{a}{2} = 20\text{mm}$$

（2）内力分析。用 $m—m$ 截面将梁在中部断开，取左侧部分为研究对象（见图 10 – 8b），其上轴力 F_N 和弯矩 M 分别为：

$$F_N = F = 18\text{kN}$$
$$M = Fe = 18 \times 20 = 360\text{kN} \cdot \text{mm} = 360\text{N} \cdot \text{m}$$

（3）应力分析。在 $m—m$ 截面上，弯矩 M 为逆时针转向，因此上边缘各点弯曲正应力为压应力，下边缘各点为拉应力，叠加后：

下边缘各点　　$\sigma = \dfrac{F_N}{A} + \dfrac{M}{W_z} = \dfrac{18 \times 10^3}{180 \times 200} + \dfrac{360 \times 10^3}{180 \times 200^2/6} = 0.5 + 0.3 = 0.8\text{MPa} = \sigma_{\max}$

上边缘各点　　$\sigma = \dfrac{F_N}{A} - \dfrac{M}{W_z} = \dfrac{18 \times 10^3}{180 \times 200} - \dfrac{360 \times 10^3}{180 \times 200^2/6} = 0.5 - 0.3 = 0.2\text{MPa} = \sigma_{\min}$

10.4 弯曲与扭转组合变形

构件在载荷作用下，同时产生弯曲变形和扭转变形的情况称为弯扭组合变形。

在图 9-1（a）中，AB 为圆形截面悬臂梁，在其自由端圆盘的外缘作用一铅垂向下的圆周力 F。将其向圆盘中心平移后，得到作用于梁自由端的外力 F' 和转矩 M_B（见图 9-1b）。力 F' 使梁产生弯曲变形，转矩 M_B 使梁产生扭转变形。危险截面为固定面 A，它的弯矩和扭矩分别为：

$$M_A = M_{max} = Fl, \quad M_n = M_B = FR$$

在 A 截面，既有由弯曲产生的正应力，又有由扭转产生的剪应力（见图 9-1c、d）。危险点为 A 截面上、下两点 K_1 和 K_2，两点的单元体图如图 9-1（e）、（f）所示，其中 K_1 点的正应力和剪应力分别为：

$$\sigma = \frac{M}{W_z}, \quad \tau = \frac{M_n}{W_n}$$

K_1 点按第三强度理论和第四强度理论建立的强度条件为：

$$\sigma_{xd3} = \sqrt{\sigma^2 + 2\tau^2} \leqslant [\sigma]$$

$$\sigma_{xd4} = \sqrt{\sigma^2 + 3\tau^2} \leqslant [\sigma]$$

对于圆形截面，$W_n = \dfrac{\pi d^3}{16} = 2W_z$，将 $\sigma = \dfrac{M}{W_z}$ 和 $\tau = \dfrac{M_n}{W_n} = \dfrac{M_n}{2W_z}$ 分别代入上两式得：

$$\sigma_{xd3} = \frac{\sqrt{M^2 + M_n^2}}{W_z} \leqslant [\sigma] \tag{10-6}$$

$$\sigma_{xd4} = \frac{\sqrt{M^2 + 0.75M_n^2}}{W_z} \leqslant [\sigma] \tag{10-7}$$

式中，$\sqrt{M^2 + M_n^2} = M_{xd3}$，$\sqrt{M^2 + 0.75M_n^2} = M_{xd4}$。$M_{xd3}$ 和 M_{xd4} 分别称为第三强度理论和第四强度理论的相当弯矩。

式（10-6）和式（10-7）为弯扭组合变形按第三强度理论和第四强度理论建立的强度条件，它们适用于由塑性材料制成的圆截面和空心圆截面杆件。计算时步骤如下：

（1）确定危险截面的位置及该截面上的弯矩 M 和扭矩 M_n 值。

（2）按式（10-6）和式（10-7）建立强度条件。根据强度条件，可以进行强度校核、设计截面和求许可载荷三个方面的强度计算。

【例 10-6】 手摇绞车如图 10-9（a）所示，$d = 3\text{cm}$，$D = 36\text{cm}$，$l = 80\text{cm}$，$[\sigma] = 80\text{MPa}$，按第三强度理论计算最大起重量 Q。

解：（1）外力分析。将载荷 Q 向轮心平移，得到作用于轮心的横向力 Q 和一个附加的力偶，其矩为 $T_c = QD/2$，如图 10-9（b）所示。

（2）作内力图。绞车轴的弯矩图和扭矩图如图 10-9（c）、（d）所示。由图可见危险截面在轴的中点 C 处，此截面的弯矩和扭矩分别为：

$$M_C = \frac{1}{4}Ql = \frac{1}{4}Q \times 0.8 = 0.2Q$$

$$T_C = \frac{1}{2}Ql = \frac{1}{2}Q \times 0.36 = 0.18Q$$

（3）求最大安全载荷。

$$\sigma_{xd3} = \frac{\sqrt{M_C^2 + T_C^2}}{W} \leqslant [\sigma]$$

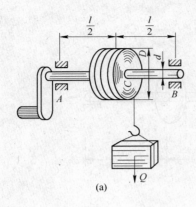

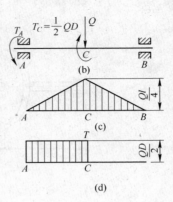

图 10 - 9

$$\sigma_{xd3} = \frac{\sqrt{(0.2Q)^2 + (0.18Q)^2}}{\pi \times 0.03^3 / 32} \leqslant 80 \times 10^6 \text{Pa}$$

$$Q \leqslant 790 \text{N}$$

即最大安全载荷为 790N。

【例 10 - 7】 图 10 - 10（a）所示传动轴传递的功率 $P = 7.5 \text{kW}$，轴的转速 $n = 100 \text{r/}$ min，轴的直径 $d = 60 \text{mm}$。轴上装有 C、D 两个带轮，C 轮上带的紧边和松边的张力分别为 F_1 和 $F_1'(F_1 > F_1')$，且 $F_1 + F_1' = 4.2 \text{kN}$，方向平行于水平坐标轴 z。D 轮带的紧边和松边的张力分别为 F_2 和 F_2'，且 $F_2 + F_2' = 5.4 \text{kN}$，竖直向下。轴材料的许用应力 $[\sigma] = 85 \text{MPa}$，轮轴自重不计，试用第四强度理论校核轴的强度。

解：（1）外力分析。带轮传递的转矩为：

$$M_O = 9550 \frac{P}{n} = 9550 \times \frac{7.5}{100} = 716 \text{N} \cdot \text{m} = 0.7 \text{kN} \cdot \text{m}$$

将作用在带轮上的力向轴线简化，得一水平集中力 $F_1 + F_1' = 4.2 \text{kN}$ 和一铅垂集中力 $F_2 + F_2' = 5.4 \text{kN}$，以及数值相等转向相反的外力偶 M_{eC} 和 M_{eD}，其值（见图 10 - 10b）为：

$$M_{eC} = M_{eD} = M_O = 0.7 \text{kN} \cdot \text{m}$$

（2）内力分析。CD 段产生扭矩变形（见图 10 - 10e）：

$$M_n = M_{eC} = 0.7 \text{kN} \cdot \text{m}$$

水平面内的弯矩图如图 10 - 10（c）所示，$M_{Cy} = 1.12 \text{kN} \cdot \text{m}$。

铅垂平面内的弯矩图如图 10 - 10（d）所示，$M_{Dz} = 1.44 \text{kN} \cdot \text{m}$。

最大的合成弯矩在 D 截面，其值为：

$$M_{max} = M_D = 1.55 \text{kN} \cdot \text{m}$$

危险截面在 D 稍偏左的截面。

（3）强度校核。将 M_D、M_n 代入式（10 - 7）得：

$$\sigma_{xd4} = \frac{\sqrt{M_D^2 + 0.75 M_n^2}}{W_z} = \frac{\sqrt{(1.55 \times 10^6)^2 + 0.75 \times (0.7 \times 10^6)^2}}{\pi \times 60^3 / 32} = 78.5 \text{MPa} < [\sigma]$$

此轴安全。

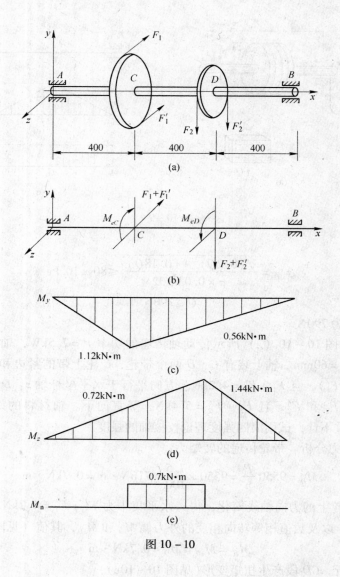

图 10 – 10

小 结

（1）由几种基本变形组合而成的较复杂的变形称组合变形。工程中常见的组合变形有斜弯曲（双平面弯曲）、弯曲与拉伸（或压缩）的组合变形、弯扭组合变形。强度计算时一般按下列步骤进行：

1）外力分析；

2）内力分析；

3）应力分析；

4）建立强度条件。

（2）矩形截面梁斜弯曲强度计算时的步骤：

1）根据内力图确定危险截面的位置，及该截面上铅直平面内的弯矩 M_z 和水平面内

的弯矩 M_y。

2）根据应力分布规律和叠加原理，确定危险点的位置及该点处与 M_z 相对应的正应力 σ' 和与 M_y 相对应的正应力 σ''。

3）建立强度条件：$\sigma_{max} = \sigma' + \sigma'' = \dfrac{M_z}{W_z} + \dfrac{M_y}{W_y} \leqslant [\sigma]$。

圆形截面梁斜弯曲强度计算时的步骤：

1）根据内力图确定危险截面的位置及该截面上的合成弯矩：$M = \sqrt{M_z^2 + M_y^2}$。

2）建立强度条件：$\sigma_{max} = \dfrac{M}{W_z} = \dfrac{\sqrt{M_z^2 + M_y^2}}{W_z} \leqslant [\sigma]$。

（3）弯曲与拉伸（压缩）组合变形常见的形式有斜拉（压）、偏心拉伸（压缩）及一侧开槽的轴向拉（压）杆。

计算时的步骤如下：

1）根据内力图确定危险截面的位置，及该截面上的轴力 F_N 和弯矩 M_{max} 值。

2）分别计算与 F_N 相对应的正应力 σ_N 和与弯矩相对应的正应力 σ_w：

$$\sigma_N = \frac{F_N}{A}; \ \sigma_w = \frac{M_{max}}{W_z}$$

3）根据正应力分布的规律，进行正应力叠加，确定危险点的位置，建立强度条件：

$$|\sigma_{max}| = \left|\frac{F_N}{A}\right| + \left|\frac{M_{max}}{W_z}\right| \leqslant [\sigma]$$

（4）圆轴弯扭组合变形的强度计算步骤：

1）根据内力图，确定危险截面的位置，及该截面上的最大弯矩 M 和扭矩 M_N 值。

2）建立强度条件：$\sigma_{xd3} = \dfrac{\sqrt{M^2 + M_n^2}}{W_z} \leqslant [\sigma]$；$\sigma_{xd4} = \dfrac{\sqrt{M^2 + 0.75M_n^2}}{W_z} \leqslant [\sigma]$。

思 考 题

10 – 1　何谓组合变形？当构件处于组合变形时，其应力计算的理论根据是什么？

10 – 2　"偏心压缩时中性轴通过形心"的论述正确吗？

10 – 3　"斜弯曲时中性轴通过形心，与弯矩矢量平行"的论述正确吗？

习 题

10 – 1　分析图 10 – 11 所示构件各段的受力情况，指出各段分别是哪几种基本变形的组合，并求指定截面 C 和 D 上的内力。

10 – 2　试求如图 10 – 12 所示的两拉杆横截面上的最大正应力及其比值。

10 – 3　试分别求出图 10 – 13 所示各杆的绝对值最大的正应力，并作比较。

10 – 4　如图 10 – 14 所示为操纵装置水平杆，截面为空心圆形，内径 $d = 24$mm，外径 $D = 30$mm。材料为

A3 钢，$[\sigma]=100\mathrm{MPa}$。控制片受力 $F_1=600\mathrm{N}$，试用第三强度理论校核杆的强度。

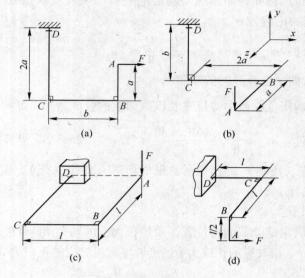

图 10 – 11

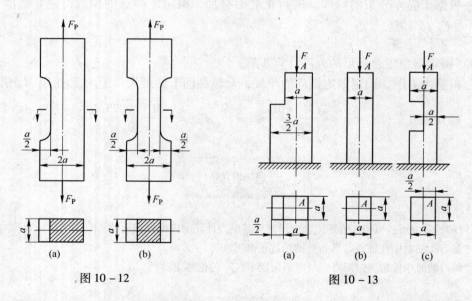

图 10 – 12　　　　　　　　　　　图 10 – 13

10 – 5　如图 10 – 15 所示绞车的最大载重量 $W=0.8\mathrm{kN}$，鼓轮的直径 $D=380\mathrm{mm}$，绞车轴材料的许用应力 $[\sigma]=80\mathrm{MPa}$，试用第三强度理论确定绞车轴直径 d。

10 – 6　如图 10 – 16 所示，斜梁 AB 的横截面为 $100\mathrm{mm}\times100\mathrm{mm}$ 的正方形，若 $F=3\mathrm{kN}$，试作斜梁的轴力图和弯矩图，并求最大拉应力和最大压应力。

10 – 7　由两根无缝钢管在 C 处焊接接成的人字架（见图 10 – 17），已知两钢管的外径均为 $140\mathrm{mm}$，壁厚均为 $10\mathrm{mm}$，试求人字架危险截面上的最大拉应力和最大压应力。

10 – 8　矩形截面悬臂梁左墙为固定端，受力如图 10 – 18 所示，图中尺寸单位为 mm。若已知 $F_1=60\mathrm{kN}$，$F_2=4\mathrm{kN}$，试求固定端处横截面上 A、B、C、D 四点的正应力。

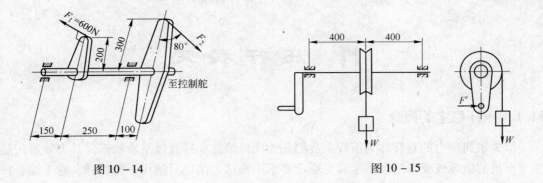

图 10 – 14

图 10 – 15

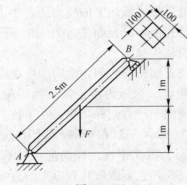

图 10 – 16

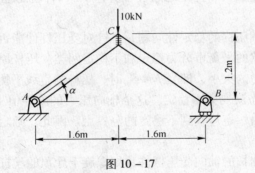

图 10 – 17

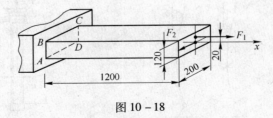

图 10 – 18

11　压　杆　稳　定

11.1　压杆稳定的概念

承受轴向压力的直杆称为压杆。我们认为压杆始终保持直线平衡状态，其失效形式是强度不足的破坏或变形过大不能满足刚度要求。而这个结论只适用于短粗杆，对于细长杆却并非如此。研究表明，轴向受压的细长杆，当压力达到一定值时，会突然发生侧向弯曲，从而丧失承载能力。但此时压杆横截面上的应力还远小于材料的极限应力，甚至小于比例极限。因此，这种失效不是强度不足，而是由于压杆不能保持其原有直线平衡状态所致。这种现象称为丧失稳定，简称失稳。

下面以图 11 – 1 所示两端铰支细长杆为例，说明压杆稳定问题的有关概念。设压杆为理想均质等直杆，压力与杆轴重合，当压力小于某一临界值，即 $F < F_{cr}$ 时，压杆能保持直线形状平衡，即使施加微小横向干扰力使杆弯曲，在干扰力去掉后，杆件仍能恢复到原来的直线形状，如图 11 – 1（a）所示。这时称压杆原有直线形状平衡是稳定的。当压力增大到某一临界值，即 $F = F_{cr}$ 时，若无干扰，杆尚能保持直线形状，一旦有干扰，杆便突然弯曲，且在干扰力消除后，杆件也不能恢复到原来的直线形状，即在微弯曲状态下保持平衡，如图 11 – 1（b）所示。这时称压杆原直线形状平衡是不稳定的，或称压杆处于失稳的临界状态。若继续加大压力使之超过临界值 F_{cr}，杆将迅速弯曲，甚至弯折，如图 11 – 1（c）所示。

通过以上分析可知，压杆的稳定性问题，是针对受压杆件能否保持其原有平衡形状而言的。压杆原有直线形状的平衡可分为稳定和不稳定两类。压杆原有直线平衡状态能否保持稳定，取决于轴向压力的大小，即当 $F < F_{cr}$ 时，压杆的直线平衡状态是稳定的；当 $F = F_{cr}$ 时，它的直线平衡状态就变为不稳定。这个轴向压力的临界值 F_{cr} 称为临界力，它是压杆原有直线形状的平衡由稳定过渡到不稳定的分界点。因此，确定临界力是研究压杆稳定问题的关键。

工程结构中有许多细长的轴向受压杆件，如螺旋千斤顶的丝杆（见图 11 – 2）、自卸

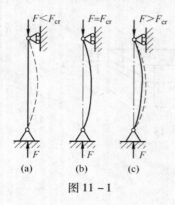

图 11 – 1

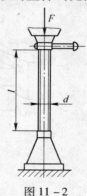

图 11 – 2

载重汽车液压装置的活塞杆、内燃机气门阀的挺杆和桁架、塔架中的细长压杆等。设计这类压杆时，除了考虑强度问题外，更应考虑稳定问题。

除压杆会有失稳问题外，其他形式的构件也存在失稳的情况。如狭长矩形截面悬臂梁（见图 11-3a），当 $F \geqslant F_{cr}$ 时，会发生侧向失稳；受外压力作用的薄壁球体（见图 11-3b），当 $q \geqslant q_{cr}$ 时，会失稳变成椭球；弧形薄壁拱（见图 11-3c）失稳后会变成图中虚线所示的形状。

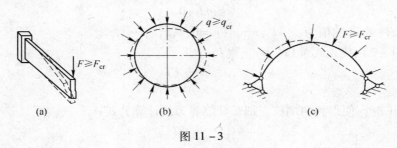

图 11-3

11.2　计算临界力的欧拉公式

本节讨论细长压杆临界力的计算问题。一个压杆的临界力，既与杆件本身的几何尺寸有关，又与杆端的约束条件有关。这里先推导两端铰支细长压杆临界力的计算公式，然后介绍细长压杆在杆端处于不同的约束条件下临界力公式的普遍形式。

11.2.1　两端铰支压杆的临界力

一两端铰支细长杆，受轴向压力 F 作用。根据上节讨论，当 $F = F_{cr}$ 时，往往稍加干扰后，压杆可在微弯状态下保持平衡，如图 11-4（a）所示。因此，在这种状态下求得的轴向压力就是临界力。

在图 11-4 所示的坐标系中，距原点 A 为 x 的任意截面上的弯矩力为：

$$M(x) = -F_{cr}y$$

压杆在小变形时挠曲线近似微分方程为：

$$EIy'' = -F_{cr}y \qquad (11-1)$$

即

$$EIy'' + F_{cr}y = 0$$

引入记号

$$k^2 = \frac{F_{cr}}{EI} \qquad (11-2)$$

则式（11-1）可写成：

$$y'' + k^2 y = 0$$

此微分方程的通解是：

$$y = C_1 \sin kx + C_2 \cos kx \qquad (11-3)$$

式中　C_1、C_2——积分常数；

　　　k——待定值。

C_1、C_2 和 k 可由杆端的两个边界条件，即在 $x = 0$ 处，$y = 0$；$x = l$ 处，$y = 0$ 来确定。

将下端边界条件代入式（11-3），得 $C_2 = 0$。

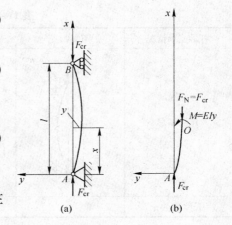

图 11-4

于是式（11 - 3）成为：

$$y = C_1 \sin kx$$

表明两端铰支压杆的挠曲线为半个正弦波形。将上端边界条件代入式（11 - 3）得：

$$C_1 \sin kl = 0$$

若取 $C_1 = 0$，则由式（11 - 3）得 $y = 0$，表明压杆为直线。这与压杆已失稳而处于微弯平衡状态相矛盾。故有：

$$\sin kl = 0$$

满足此条件的 kl 的值为：　$kl = n\pi$　（$n = 0, 1, 2, 3, \cdots$）　　　　　　　　（11 - 4）

将式（11 - 2）代入式（11 - 4），得：

$$F_{\mathrm{cr}} = \frac{n^2 \pi^2 EI}{l^2}$$

当取 $n = 1$ 时，便得到两端铰支细长杆临界力的计算公式：

$$F_{\mathrm{cr}} = \frac{\pi^2 EI}{l^2} \tag{11 - 5}$$

式（11 - 5）是由欧拉（L. Euler）首先导出的，故通常称为欧拉公式。

应用欧拉公式时应当注意两点：一是本公式只适用于弹性范围，即只适用于弹性稳定问题；二是公式中的 I 为压杆失稳弯曲时截面对其中性轴的惯性矩，且当截面对不同主轴的惯性矩不相等的，应取其中最小值。

11. 2. 2　杆端约束对临界力的影响

杆端支承对杆件的变形起约束作用，不同形式的支承对杆件的约束作用也不同。因此，同一压杆当两端约束条件不同时，其临界力值也必然不同。临界力计算公式可写成统一形式：

$$F_{\mathrm{cr}} = \frac{\pi^2 EI}{(\mu l)^2} \tag{11 - 6}$$

式中，μ 是随杆端约束条件不同而异的系数，称为长度系数，其值见表 11 - 1。

式（11 - 6）为欧拉公式的普遍形式。

表 11 - 1　压杆的长度系数 μ

杆端支承情况	两端铰支	一端固定一端自由	两端固定	一端固定一端铰支
压杆图形				
长度系数 μ	1	2	0.5	0.7

【例 11 - 1】如图 11 - 5 所示压杆由 14 号工字钢制成，其上端自由，下端固定。已知

钢材的弹性模量 $E = 210\text{GPa}$，屈服点 $\sigma_s = 240\text{MPa}$，杆长 $l = 3 \times 10^3 \text{mm}$，试求该杆的临界力 F_{cr} 和屈服载荷 F_s。

解：（1）计算临界力。对 14 号工字钢，查型钢表得：

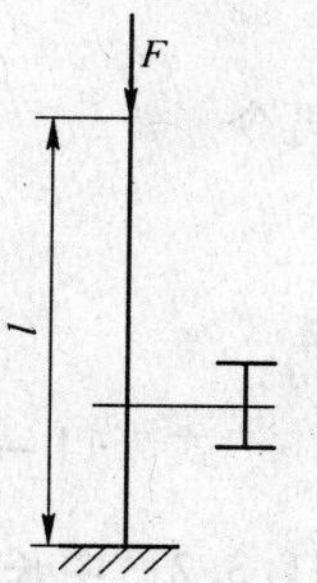

$$I_z = 712 \times 10^4 \text{mm}^4$$

$$I_y = 64.4 \times 10^4 \text{mm}^4$$

$$A = 21.5 \times 10^2 \text{mm}^2$$

压杆应在刚度较小的平面内失稳，故取 $I_{\min} = I_y = 64.4 \times 10^4 \text{mm}^4$。由表 11 - 1 查得 $\mu = 2$。将有关数据代入式（11 - 6），即得该杆的临界力：

$$F_{cr} = \frac{\pi^2 EI}{(\mu l)^2} = \frac{\pi^2 \times 210 \times 10^9 \times 64.4 \times 10^{-8}}{(2 \times 3)^2} \approx 37.1\text{kN}$$

（2）计算屈服载荷。

图 11 - 5

$$F_s = A\sigma_s = 21.5 \times 10^{-4} \times 240 \times 10^6 = 516\text{kN}$$

（3）讨论。$F_{cr} : F_s = 37.1 : 516 \approx 1 : 13.9$，即屈服载荷是临界力的近 14 倍。可见细长压杆的失效形式主要是稳定性不够，而不是强度不足。

11.3 压杆的临界应力

11.3.1 细长压杆的临界应力

当压杆处于临界状态时，杆件可能在直线状态下保持不稳定平衡。将式（11 - 6）除以杆件的横截面面积，得到的平均正应力称为临界应力，用 σ_{cr} 表示，即

$$\sigma_{cr} = \frac{F_{cr}}{A} = \frac{\pi^2 EI}{(\mu l)^2 A}$$

由截面图形的几何性质可知，$i^2 = \dfrac{I}{A}$，将其代入上式得：

$$\sigma_{cr} = \frac{\pi^2 E}{\left(\dfrac{\mu l}{i}\right)^2}$$

令

$$\lambda = \frac{\mu l}{i} \qquad\qquad (11 - 7)$$

得细长压杆临界应力计算公式：

$$\sigma_{cr} = \frac{\pi^2 E}{\lambda^2} \qquad\qquad (11 - 8)$$

式中，λ 称为压杆的柔度，是一个无量纲的量。它集中反映了压杆的长度（l）、横截面形状尺寸（i）和杆端约束情况（μ）等因素对临界应力的综合影响，因而是稳定计算中的一个重要参数。

由式（11 - 8）可见，λ 愈大，即杆愈细长，则临界应力愈小，压杆愈容易失稳；反之，λ 愈小，压杆就愈不易失稳。

应当指出，式（11 - 8）实质上是欧拉公式的另一种表达形式。前已述及欧拉公式只适用于弹性范围，即当 $\sigma_{cr} \leqslant \sigma_p$ 时才成立，由此可得欧拉公式的适用条件为：

$$\sigma_{cr} = \frac{\pi^2 E}{\lambda^2} \leqslant \sigma_p$$

将上式改写成：

$$\lambda^2 \geqslant \frac{\pi^2 E}{\sigma_{\mathrm{p}}^2} \quad \text{或} \quad \lambda \geqslant \pi \sqrt{\frac{\pi}{\sigma_{\mathrm{p}}}}$$

再令

$$\lambda_{\mathrm{p}} = \pi \sqrt{\frac{\pi}{\sigma_{\mathrm{p}}}}$$

得：

$$\lambda \geqslant \lambda_{\mathrm{p}} \tag{11-9}$$

式（11-9）是欧拉公式适用范围的柔度表达形式。

11.3.2　中长压杆的临界应力经验公式

工程上把 $\lambda \geqslant \lambda_{\mathrm{p}}$ 的压杆称为细长压杆，或大柔度杆；当压杆的 $\lambda < \lambda_{\mathrm{p}}$，但大于某一界限值 λ_0 时，称其为中长杆或中柔度杆。在实际中，中长杆用得最多，且其主要失效形式是失稳问题。对于中长杆，其临界应力已超出比例极限，欧拉公式不再适用。这类压杆的临界力需根据弹塑性稳定理论确定，但目前各国多采用以试验资料为依据的经验公式。经验公式分直线型和抛物型两类。本书仅介绍直线公式，其表达式为：

$$\sigma_{\mathrm{cr}} = a - b\lambda \tag{11-10}$$

式中，a、b 为与材料性质有关的常数。一般常用材料的 a、b 值见表 11-2，表中 λ 是压杆的实际柔度。

表 11-2　直线公式的系数 a 和 b

材料	a/MPa	b/MPa	材料	a/MPa	b/MPa
Q235 钢（$\sigma_{\mathrm{b}} \geqslant 372\mathrm{MPa}, \sigma_{\mathrm{s}} = 235\mathrm{MPa}$）	304	1.12	铸铁	332.2	1.454
优质碳素钢（$\sigma_{\mathrm{b}} \geqslant 471\mathrm{MPa}, \sigma_{\mathrm{s}} = 306\mathrm{MPa}$）	461	2.568	强铝	373	2.15
硅钢（$\sigma_{\mathrm{b}} \geqslant 510\mathrm{MPa}, \sigma_{\mathrm{s}} = 353\mathrm{MPa}$）	578	3.744	松木	28.7	0.19
铬钼	9807	5.296			

直线公式（11-10）也有其适用范围，即压杆的临界应力不能超过材料的极限应力 σ^0（σ_{s} 或 σ_{b}），即

$$\sigma_{\mathrm{cr}} = a - b\lambda \leqslant \sigma^0$$

对于塑性材料，式（11-10）中令 $\sigma_{\mathrm{cr}} = \sigma_{\mathrm{s}}$，得：

$$\lambda_{\mathrm{s}} = \frac{a - \sigma_{\mathrm{s}}}{b} \tag{11-11}$$

式中，λ_{s} 是塑性材料压杆使用直线公式时柔度 λ 的最小值。

对于脆性材料，将式（11-11）中的 σ_{s} 换成 σ_{b}，就可以确定相应的 λ_{b}。将 λ_{s} 和 λ_{b} 统一记为 λ_0，则直线公式适用范围的柔度表达式为：

$$\lambda_0 \leqslant \lambda < \lambda_{\mathrm{p}}$$

如 Q235 钢，其 $\sigma_{\mathrm{s}} = 235\mathrm{MPa}$，$a = 304\mathrm{MPa}$，$b = 1.12\mathrm{MPa}$，代入式（11-11）得：

$$\lambda_{\mathrm{s}} = \frac{304 - 235}{1.12} \approx 62$$

即由 Q235 钢制成的压杆，当其柔度 $62 \leqslant \lambda < 100$ 时，才可以使用直线公式。

当压杆的柔度 $\lambda < \lambda_0$ 时，称其为短粗杆或小柔度杆。这类压杆的失效形式是强度不足的破坏，故其临界应力就是屈服点或抗拉强度，即 $\sigma_{cr} = \sigma_s$（或 σ_b）。

【例 11-2】 Q235 钢制成的矩形截面压杆，受力及两端约束情况如图 11-6 所示，在 A、B 两处为销钉连接。若已知 $l = 2300\text{mm}$，$b = 40\text{mm}$，$h = 60\text{mm}$，材料的弹性模量 $E = 206\text{GPa}$，$\lambda_p = 101$，试求此杆的临界力。

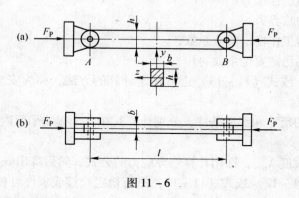

图 11-6

解： 若该压杆在正视图（见图 11-6a）平面内弯曲，各截面将绕 z 轴转动，且 A、B 两处可以自由转动，相当于铰链约束，$\mu = 1.0$；若在俯视图（见图 11-6b）平面内弯曲，对该矩形截面有 $I_z > I_y$。为了计算临界力，应分别计算压杆在两个平面内的柔度，以确定它将在哪个平面内弯曲。

在正视图平面内：
$$\mu = 1.0, I_z = \frac{bh^3}{12}, i_z = \sqrt{\frac{I_z}{A}} = \frac{h}{2\sqrt{3}}$$

$$\lambda_z = \frac{\mu l}{i_z} = \frac{1.0 \times 2300 \times 10^{-3} \times 2\sqrt{3}}{60 \times 10^{-3}} = 132.6$$

在俯视图平面内：
$$\mu = 0.5, I_y = \frac{hb^3}{12}, i_y = \sqrt{\frac{I_y}{A}} = \frac{b}{2\sqrt{3}}$$

$$\lambda_y = \frac{\mu l}{i_y} = \frac{0.5 \times 2300 \times 10^{-3} \times 2\sqrt{3}}{40 \times 10^{-3}} = 99.48$$

可见，$\lambda_z > \lambda_y$，压杆在正视图平面内弯曲。

由于 $\lambda_z = 132.6 > \lambda_p$，可用欧拉公式计算其临界力：

$$F_{Pcr} = \sigma_{cr} A = \frac{\pi^2 E}{\lambda^2}(bh)$$

$$= \frac{3.14^2 \times 206 \times 10^9 \times 0.04 \times 0.06}{132.6^2}$$

$$= 277 \times 10^3 \text{N} = 277\text{kN}$$

11.4 压杆的稳定计算

压杆的稳定计算包括三方面：校核稳定性、按稳定性要求确定许可载荷和选择截面。

为了保证压杆的稳定性，必须使压杆的工作压力不大于临界力除以大于 1 的安全系数后的数值。因此，压杆的稳定性条件为：

$$F_{\text{P}} \leqslant \frac{F_{\text{cr}}}{[n_{\text{w}}]} \qquad\qquad (11-12)$$

或

$$n_{\text{w}} = \frac{F_{\text{cr}}}{F_{\text{P}}} \geqslant [n_{\text{w}}] \qquad\qquad (11-13)$$

式中　F_{P}——压杆的工作压力；

　　　F_{cr}——压杆的临界力；

　　　n_{w}——压杆的工作稳定安全系数；

　　　$[n_{\text{w}}]$——规定的稳定安全系数。

按式（11-12）或式（11-13）进行稳定计算的方法，称为安全系数法。其解题步骤为：

（1）根据压杆的尺寸和约束条件，分别计算其在各个弯曲平面内弯曲时的柔度 λ，从而得到最大柔度 λ_{max}。

（2）根据最大柔度 λ_{max}，选用计算临界应力的公式，然后算出 σ_{cr} 和 F_{cr}。

（3）利用式（11-12）或式（11-13）进行稳定校核或求许可载荷。

【例 11-3】 图 11-7 所示结构中，梁 AB 为 No.14 普通热轧工字钢，CD 为圆截面直杆，其直径 $d = 20\text{mm}$，材料为 Q235 钢。A、C、D 三处均为球铰约束。已知 $F = 25\text{kN}$，$l_1 = 1.25\text{m}$，$l_2 = 0.55\text{m}$，$\sigma_{\text{s}} = 235\text{MPa}$，$E = 206\text{GPa}$，强度安全系数 $n_{\text{s}} = 1.45$，稳定安全系数 $n_{\text{w}} = 1.8$，$\lambda_{\text{p}} = 101$。试校核此结构是否安全。

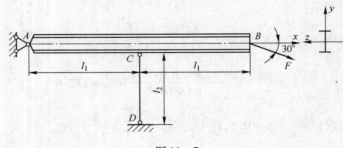

图 11-7

解：所给定的结构中共有两个构件：梁 AB 承受拉伸与弯曲的组合作用，属于强度问题；杆 CD 承受轴向压力作用，属于稳定性问题。现分别校核如下：

（1）梁 AB 的强度校核。梁 AB 的 C 处截面为危险截面，其上的弯矩 M 和轴力 F_{N} 分别为：

$$M = (F\sin 30°)l_1 = 25 \times 10^3 \times 0.5 \times 1.25 = 15.63 \times 10^3 \text{N} \cdot \text{m}$$

$$F_{\text{N}} = F\cos 30° = 25 \times 10^3 \times 0.866 = 21.65 \times 10^3 \text{N}$$

由型钢规格表查得 No.14 普通热轧工字钢的弯曲截面系数 $W_z = 102 \times 10^{-6} \text{m}^3$，横截面面积 $A = 21.5 \times 10^{-4} \text{m}^2$，由此得到最大工作正应力为：

$$\sigma_{\text{max}} = \frac{M}{W_z} + \frac{F_{\text{N}}}{A} = \frac{15.63 \times 10^3}{102 \times 10^{-6}} + \frac{21.65 \times 10^3}{21.5 \times 10^{-4}} = 163.3 \times 10^6 \text{Pa}$$

而 Q235 钢的许用应力为：

$$[\sigma] = \frac{\sigma_s}{n_s} = \frac{235 \times 10^6}{1.45} = 162 \times 10^6 \text{Pa}$$

可见，σ_{max} 略大于 $[\sigma]$，但由于

$$\frac{\sigma_{max} - [\sigma]}{[\sigma]} \times 100\% = 0.8\% < 5\%$$

工程上仍视为符合强度要求。

（2）杆 *CD* 的稳定性校核。由平衡条件求得杆 *CD* 的轴力为：

$$F_{NCD} = 2F\sin30° = 25\text{kN}(\text{压力})$$

杆 *CD* 截面的惯性半径和杆的柔度分别为：

$$i = \frac{d}{4} = \frac{20 \times 10^{-3}}{4} = 5 \times 10^{-3}\text{m}$$

$$\lambda = \frac{\mu l_2}{i} = \frac{1 \times 0.55}{5 \times 10^{-3}} = 110$$

由于 $\lambda > \lambda_p$，故采用欧拉公式计算临界应力有：

$$F_{cr} = \sigma_{cr}A = \frac{\pi^2 E}{\lambda_2} \times \frac{\pi d^2}{4}$$

$$= \frac{\pi^2 \times 206 \times 10^9}{110^2} \times \frac{\pi^2 \times (20 \times 10^{-3})^2}{4}$$

$$= 52.8 \times 10^3 \text{N} = 52.8\text{kN}$$

于是，杆 *CD* 的工作安全系数：

$$n = \frac{F_{cr}}{F_{NCD}} = \frac{52.8}{25} = 2.11 > n_w = 1.8$$

即杆 *CD* 符合稳定性要求。

以上两项计算表明，该结构是安全的。

11.5　提高压杆稳定性的措施

要提高压杆的稳定性，关键在于提高压杆的临界应力或临界力。不同的材料其压杆的临界应力有区别；同一材料，由临界应力总图可知，临界应力随着压杆柔度 λ 的增加而减小，故减小压杆柔度，可以提高其临界应力。

因此，提高压杆的临界应力应考虑合理选择材料和减小压杆柔度。

（1）合理选择材料。由欧拉公式可知，大柔度杆的临界应力与材料的弹性模量成正比，因而选择弹性模量较高的材料，可以提高大柔度杆的稳定性。就钢而言，各种钢的弹性模量大致相同，选用高强度钢并不能提高大柔度压杆的稳定性。中、小柔度杆的临界应力与材料的强度有关，采用高强度钢材，能提高这类压杆抗失稳的能力。

（2）减小压杆柔度。从公式 $\lambda = \frac{\mu l}{i}$ 知，柔度与惯性半径（截面形状及大小）、压杆长度 *l* 及杆端约束有关，故可从这三方面着手。

1）选择合理的截面形状。增大截面的惯性矩 *I*，可降低压杆的柔度 λ，从而提高压杆的稳定性。因此，空心截面要比实心截面合理（见图 11-8）。在实际工程中，例如，对两根槽钢组成的压杆，应采用如图 11-9 所示的放置方式，以增大 *I*。

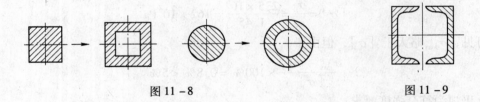

图 11 - 8　　　　　　　　　　　　　　　　　图 11 - 9

2）加固端部约束。从表 11 - 1 可知，对大柔度杆一端固定而另一端自由，其长度系数 $\mu = 2$；若把其中的自由端改为铰链约束，则长度系数变为 $\mu = 0.7$；若再进一步加固约束，将铰支改为固定约束，成为两端固定，则长度系数变为 $\mu = 0.5$。假定改变约束后，压杆仍为大柔度杆，按欧拉公式计算，其临界力分别为原来的一端固定一端自由时的 8.16 倍和 16 倍。

3）减小压杆长度。减小压杆的长度可以降低柔度，提高压杆的稳定性。如果工作条件不允许减小压杆的长度，可以采用增加中间支承的方法提高压杆的稳定性。

小　结

（1）压杆在轴向压力作用下，不能保持原有直线平衡状态，而突然变弯的现象，称为失稳。压杆要保持稳定，其轴向载荷必须小于临界压力 F_{cr}。

（2）大柔度杆的临界应力用欧拉公式计算：$\sigma_{cr} = \dfrac{\pi^2 E}{\lambda^2}$；中、小柔度杆的临界应力，用经验公式计算：$\sigma_{cr} = a - b\lambda$。

（3）柔度 λ 是一个反映截面形状、尺寸、杆长和约束形式的综合量，即 $\lambda = \dfrac{\mu l}{i}$。其中，$\mu$ 是考虑约束情况的长度系数，l 是杆长，i 是截面的惯性半径。

（4）压杆的稳定条件是工作安全系数不得小于规定的稳定安全系数，即 $n_w = \dfrac{F_{cr}}{F_P} \geqslant [n_w]$。

（5）提高压杆稳定性措施有：减小压杆的长度，改善约束条件，合理选择截面和合理选择材料等。

思 考 题

11 - 1　欧拉公式的使用范围是什么？
11 - 2　压杆临界力的欧拉公式是如何推导出来的？压杆两端的约束条件对临界力有何影响？
11 - 3　增强细长压杆的支承的刚性，在其余条件不变的情况下，压杆的临界荷载是提高了还是降低了？
11 - 4　对于钢制的大柔度压杆，采用高强度钢可以提高其承载能力吗？

习 题

11 - 1　图 11 - 10 所示的四根压杆，材料截面形状及尺寸均相同，试判断哪根杆的稳定性最好。

11 - 2 图 11 - 11 所示压杆材料为 Q235 钢，截面有四种形状，但面积均为 3200mm²，已知 $E = 200$GPa，$\sigma = 240$MPa，$\lambda_p = 100$，$\lambda_s = 60$，试计算它们的临界力。

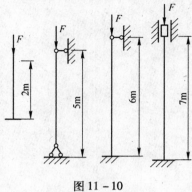

图 11 - 10

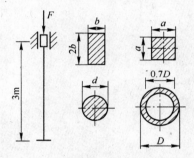

图 11 - 11

11 - 3 某钢材的比例极限 $\sigma_p = 230$MPa，屈服极限 $\sigma_s = 274$MPa，弹性模量 $E = 200$GPa，中柔度杆的临界应力公式为 $\sigma_{cr} = 338 - 1.22\lambda$（MPa）。试计算 λ_p 和 λ_0 值，并画出临界应力总图（$0 \leq \lambda \leq 150$）。

11 - 4 起重螺杆的最大起重量为 $P = 100$kN，螺杆内径 $d = 69$mm，顶升高度 $l = 800$mm，材料为 45 钢，取稳定安全因数为 3.5，试校核其稳定性。

结 构 力 学

本篇对于建筑力学来讲，是难度最大、章节最复杂的部分。结构力学利用理论力学、材料力学相结合解决实际的工程问题。首先实际结构是很复杂的，完全按照结构的实际情况进行力学分析是不可能的，也是不必要的。因此，在对实际结构进行力学分析以前，必须加以简化。应掌握结构计算简图的定义、简化原则、平面杆件结构的分类、平面体系的自由度、几何不变体系的组成规则等重要内容。

单跨静定梁在工程结构中应用较广，是组成各种结构的基本构件之一，是各种结构受力分析的基础。多跨静定梁是由几根梁用铰相连，并与基础相连而组成的静定结构。刚架是由直杆组成的具有刚节点的结构。刚架整体性好，内力较均匀，杆件较少，内部空间较大，在工程中得到广泛应用。拱是杆轴为曲线且在竖向载荷下会产生水平推力的结构。常见的拱有三铰拱、二铰拱和无铰拱等几种。桁架结构各杆主要承受轴力，每根杆上应力分布均匀，材料可充分发挥作用，可节省材料、减轻自重等。

根据虚功原理导出的结构位移计算的一般公式，讨论桁架、梁和刚架在荷载作用下的位移计算及梁的刚度条件，可利用图乘法进行计算。

超静定结构是工程实践中常见的结构形式。一般情况下，房屋结构通常是超静定结构形式，甚至大型楼（屋）盖的模板设计也是按超静定结构来分析。因此，超静定结构的内力分析能力是实际工程计算能力中重要的组成部分。应掌握求解超静定结构的两种基本方法——力法和位移法，以及在工程实际计算中广泛采用的实用计算方法——力矩分配法等。

 平面体系的计算与几何组成

12.1 结构的计算简图与平面杆件结构的分类

12.1.1 结构的计算简图

完全按照结构的实际情况进行力学分析是非常复杂的，也是不必要的。所以在对实际结构进行力学分析以前应加以简化，略去不重要的细节，显示其基本特点等。用一个简化的图形来代替实际结构，简化的图形被称为结构的计算简图。

选取计算简图的原则是尽可能反映实际结构的主要受力特征及略去次要因素，尽量使分析计算过程简单。

（1）杆件的简化。由于杆件的截面尺寸通常比杆件长度小得多，在计算简图中，杆件用其轴线来表示，杆件的长度用结点间的距离来计算。

（2）结点的简化。在杆件结构中杆件与杆件相连接处称为结点。结点通常简化如下：

1）铰结点。其特征是被连接的杆件在连接处不能相对移动，但可相对转动。铰结点能承受和传递力，但不能承受和传递力矩。如图 12 - 1 所示木屋架的结点比较接近于铰结点。

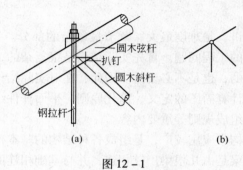

图 12 - 1

2）刚结点。其特征是被连接的杆件在连接处既不能相对移动，又不能相对转动，如图 12 - 2 所示。刚结点能传递力，也能传递力矩。

有时还会遇到铰结点和刚结点在一起形成的组合结点。例如，图 12 - 3 中的结点 A，其中 BA 杆与 CA 杆以刚结点相连，DA 杆与其他两杆以铰结点相连。组合结点处的铰，又称为不完全铰。

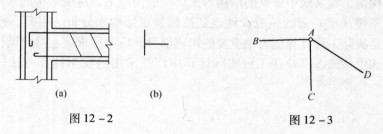

图 12 - 2　　　　　　　　　　图 12 - 3

（3）支座的简化。支座可根据实际构造和约束情况进行简化。

（4）荷载的简化。实际结构所承受的荷载一般是作用在结构内各处的体荷载（如构件的自重）及作用在某一表面积上的面荷载（如风压力）。在计算简图中，通常将这些荷载简化到作用在杆件轴线上的线分布荷载、集中荷载和力偶。

（5）结构体系的简化。实际的工程结构，一般都是若干构件或杆件按照某种方式组成的空间结构。首先要把这种空间形式的结构，根据实际受力情况简化为平面形式。

图 12 - 4（a）为多跨多层房屋的框架结构体系，梁与柱组成一个空间刚架体系。从抵抗侧移来看，结构的横向刚度较小，纵向刚度较大。为了保证结构的承载能力，通常取横向刚架（见图 12 - 4b）进行计算，这时要考虑竖向荷载和横向水平荷载（风荷载和地震作用）的作用。对于纵向刚架（见图 12 - 4c），一般只验算地震作用的影响。

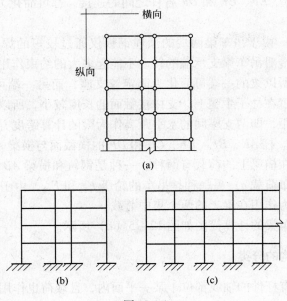

图 12-4

【例 12-1】 图 12-5（a）、（b）所示为工业建筑厂房内的组合式吊车梁，上弦为钢筋混凝土 T 形截面梁，下面的杆件由角钢和钢板组成，结点处为焊接。梁上铺设钢轨，吊车在钢轨上可左右移动，最大吊车轮压 $F_{P1} = F_{P2}$，吊车梁两端由柱子上的牛腿支撑。试考虑选取其计算简图。

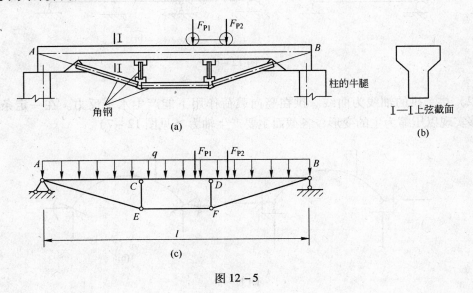

图 12-5

解：（1）体系、杆件及结点的简化。假设组成结构的各杆轴线都是直线，并且位于同一平面内，将各杆都用其轴线来表示。因 AB 是一根整体的钢筋混凝土梁，横截面较大，故在计算简图中，AB 取为连续梁。而其他杆与 AB 梁相比横截面小很多，基本上只受到轴力，故 *AE*、*BF*、*EF*、*CE* 和 *DF* 各杆之间的连接，都可简化为铰接，其中 *C*、*D* 铰链在 *AB* 梁的下方。

（2）支座的简化。由于吊车梁两端的预埋钢板仅通过较短的焊缝与柱子牛腿上的预埋钢板相连，这种构造对吊车梁支承端的转动不能起多大的约束作用，又考虑到梁的受力情况和计算的简便，所以梁的一端可简化为固定铰支座，而另一端可简化为可动铰支座。由于吊车梁的两端搁置在柱子牛腿上，支撑接触面的长度较小，所以，可取梁两端与柱子牛腿接触面中心的间距，即两支座间的水平距离作为梁的计算跨度 *l*。

（3）荷载的简化。杆 *AE*、*BF*、*EF*、*CE* 和 *DF* 的横截面与横梁 *AB* 相比小很多，可不计它们的自重。作用在横梁上的荷载有两种：一种是钢轨和横梁 *AB* 自重，可简化为作用在沿梁纵向轴上的均布荷载 q；另一种是吊车的轮压 F_{P1} 和 F_{P2}，由于车轮与钢轨的接触面积很小，所以可简化为作用在梁上的两个集中荷载。

结论，组合式吊车梁的计算简图如图 12-5（c）所示。

12.1.2　平面杆件结构的分类

凡组成结构的所有杆件的轴线都位于某一平面内，且载荷也作用于该平面内的结构称为平面杆件结构。

常见平面杆件结构有以下几种类型：

（1）梁。梁是一种最常见的结构，其轴线一般为直线，梁可以是单跨的（见图 12-6a），也可以是多跨的（见图 12-6b）。

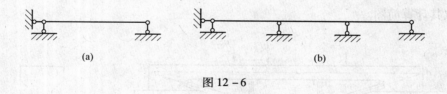

（a）　　　　　　　　　　　　（b）

图 12-6

（2）拱。拱的轴线为曲线。拱在竖向载荷作用下能产生水平反力。在一定条件下，拱能够实现以压缩为主的变形，各截面主要产生轴力（见图 12-7）。

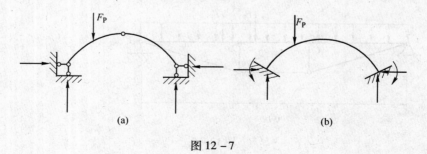

（a）　　　　　　　　　　　　（b）

图 12-7

（3）刚架。刚架是由直杆组成，结点大多数为刚结点，各杆主要受弯（见图 12-8）。

（4）桁架。桁架也是由直杆组成，所有结点都为铰结点（见图 12-9）。当荷载只作用在结点上时，各杆只产生轴力。

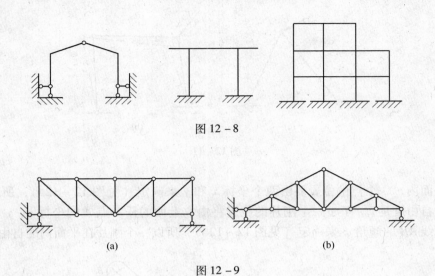

图 12 - 8

图 12 - 9

（5）组合结构。组合结构是桁架和梁或刚架组合在一起形成的结构，其中含有组合结点（见图 12 - 10）。

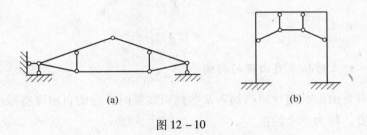

图 12 - 10

12.2　平面杆件体系的几何组成分析

平面上若干杆件通过一定的方式互相连接而成的体系，称为平面杆件体系。当体系受到任意载荷作用后，若不考虑杆件变形，能保持其几何形状和位置不变的，称为几何不变体系，如图 12 - 11（a）所示。另有一类体系（见图 12 - 11b），尽管受到很小的载荷作用，也将引起几何形状的改变，这类体系称为几何可变体系。

分析体系的几何组成，以确定它们属于哪一类体系的过程，称为体系的几何组成分析。在几何组成分析中，由于不考虑杆件的变形，因此可把体系中的每一杆件或几何不变的某一部分看作一个刚体。平面内的刚体称为刚片。

12.2.1　平面体系的自由度

12.2.1.1　自由度

所谓平面体系的自由度，是指该体系运动时可以独立变化的几何参数的数目，即确定体系的位置所需的独立坐标的数目。

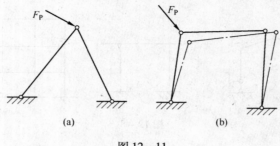

图 12－11

在平面内，一个点的位置要由两个坐标 x 和 y 来确定（见图 12－12a），所以，平面内一点的自由度是 2。至于一个刚片的位置将由它上面的任一点 A 的坐标 x、y 和过 A 点的任一直线 AB 的倾角 φ 来确定（见图 12－12b），所以一个刚片在平面内的自由度是 3。

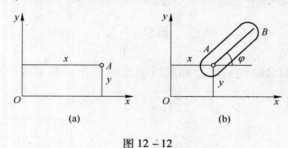

图 12－12

12.2.1.2　约束对体系自由度的影响

对一个具有自由度的刚片，当加入某些约束装置时，它的自由度将减少。凡能减少一个自由度的装置，称为一个约束。

（1）链杆约束。如图 12－13 所示，用一链杆将一刚片与基础相连，刚片将不能沿链杆方向移动，因而减少了一个自由度，所以一根链杆相当于一个约束。

（2）单铰。连接两个刚片的圆柱铰称为单铰。如图 12－14 所示，用一单铰将刚片 Ⅰ、Ⅱ 在 A 点连接起来，对于刚片 Ⅰ，其位置可由两个坐标加一个角度来确定，对于刚片 Ⅱ，因为它与刚片 Ⅰ 连接，所以除了能保存独立的转角外，只能随着刚片 Ⅰ 移动，一个单铰相当于两个约束。

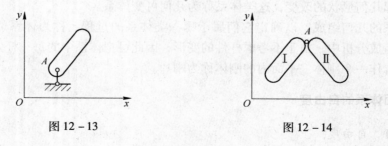

图 12－13　　　　　　　　　　　　　图 12－14

（3）复铰。连接三个或三个以上刚片的圆柱铰，称为复铰。如图 12－15 所示的复铰连接三个刚片，先有刚片 Ⅰ，然后用单铰将刚片 Ⅱ 连接于刚片 Ⅰ，再以单铰将刚片 Ⅲ 连接于刚片 I。这样，连接三个刚片的复铰相当于两个单铰。同理，连接 n 个刚片的复铰相当于 n−1 个单铰，也相当于 2(n−1) 个约束。

（4）虚铰。若两个刚片用两根链杆连接（见图 12−16a），则这两根链杆的作用就和一个位于两杆交点的铰的作用完全相同。常称连接两个刚片的两根链杆的交点为虚铰。如果连接两个刚片的两根链杆并没有相交，则虚铰在这两根链杆延长线的交点上，如图 12−16（b）所示；若这两根链杆是平行的，则认为虚铰的位置在沿链杆方向的无穷远处，如图 12−16（c）所示。

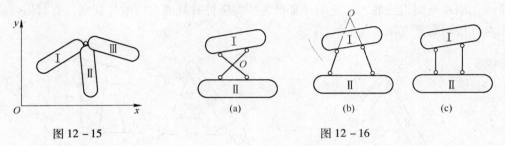

图 12−15　　　　　　　　　　　　　图 12−16

（5）刚性连接。如图 12−17 所示，刚片 I、II 在 A 处刚性连接成一个整体，原来两个刚片在平面内具有 6 个自由度，现刚性连接成整体后减少了 3 个自由度，所以，一个刚性连接相当于三个约束。

12.2.1.3　多余约束

如果在一个体系中增加一个约束，而体系的自由度并不因此而减少，则此约束称为多余约束。例如，平面内一个自由点 A 原来有两个自由度，如果用两根不共线的链杆 1 和 2 把 A 点与基础相连（见图 12−18a），则 A 点即被固定，因此减少了两个自由度。如果用三根不共线的链杆把 A 点与基础相连（见图 12−18b），实际上仍只是减少了两个自由度，则有一根是多余约束（可把三根链杆中的任何一根视为多余约束）。

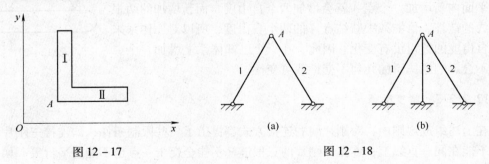

图 12−17　　　　　　　　　　　　　图 12−18

12.2.2　几何不变体系的组成规则与瞬变体系

12.2.2.1　几何不变体系的组成规则

（1）三刚片规则。三个刚片用不在同一直线上的三个铰两两相连，则所组成的体系是没有多余约束的几何不变体系。如图 12−19 所示，刚片 I、II、III 用不在同一直线上

的 A、B、C 三个单铰两两相连。若将刚片 Ⅰ 固定，则刚片 Ⅱ 将只能绕点 B 转动，其上点 A 必在半径为 BA 的圆弧上运动；而刚片 Ⅲ 只能绕点 C 转动，其上点 A 又必在半径为 CA 的圆弧上运动。现因在点 A 用铰将刚片 Ⅱ、Ⅲ 连接，点 A 不可能同时在两个不同的圆弧上运动，故知各刚片之间不可能发生相对运动，这样组成的体系是无多余约束的几何不变体系。

　　（2）两刚片规则。两个刚片用一个铰和一根不通过该铰的链杆相连，则所组成的体系是没有多余约束的几何不变体系。与图 12 - 19 相比较，图 12 - 20（a）所示体系显然也是按三刚片规则构成的，当把刚片 Ⅲ 视为一根链杆时就成为两刚片规则，有时用两刚片规则来分析问题更方便。

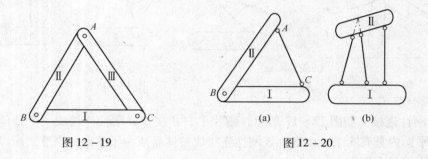

图 12 - 19　　　　　　　　　　　　　图 12 - 20

前面已指出，两根链杆的约束作用相当于一个铰的约束作用。因此，若将图 12 - 20（a）所示体系中的铰 B 用两根链杆来代替（见图 12 - 20b），则两刚片规则可叙述为：两个刚片用三根不全平行也不全交于一点的链杆相连，则所组成的体系是没有多余约束的几何不变体系。

　　（3）二元体规则。在体系中增加一个或拆除一个二元体，不改变体系的几何不变性或可变性。二元体是指由两根不在同一直线上的链杆连接一个新结点的装置，如图 12 - 21 所示 BAC 部分。由于在平面内新增加一个点 A 就会增加两个自由度，而新增加的两根不共线的链杆，恰能减去新结点 A 的两个自由度，所以对原体系来说，自由度的数目没有变化。因此，在一个已知体系上增加一个二元体不会影响原体系的几何不变性或可变性。

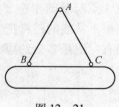

图 12 - 21

12.2.2.2　瞬变体系

　　在上述组成规则中，对刚片间的连接方式都提出了一些限制条件，如连接三刚片的三个铰不能在同一直线上；连接两刚片的三根链杆不能全交于一点也不能全平行等。如果不满足这些条件，将会出现下面所述的情况。

　　如图 12 - 22 所示的三个刚片，它们之间用位于同一直线上的三个铰两两相连。此时，点 A 位于以 BA 和 CA 为半径的两个圆弧的公切线上，故点 A 可沿此公切线作微小运动，体系是几何可变的。但在发生一微小移动后，三个铰就不再位于同一直线上，因而体系又成为几何不变的。这种本来是几何可变的，经微小位移后又成为几何不变的体系，称为瞬变体系。

又如图 12-23（a）所示的两个刚片用全交于一点 O 的三根链杆相连，图 12-23（b）所示的两个刚片用三根互相平行但不等长的链杆相连，形成的体系也是瞬变体系。

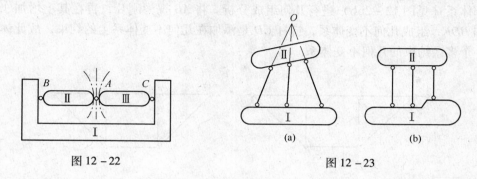

图 12-22   图 12-23

瞬变体系是由于约束布置不合理而能发生瞬时运动的体系。特别指出，瞬变体系是不能作为结构使用的。

【例 12-2】试对图 12-24 所示体系进行几何组成分析。

解： 在此体系中，将基础视为刚片，AB 杆视为刚片，两个刚片用三根不全交于一点也不全平行链杆 1、2、3 相连。根据两刚片规则，此部分组成几何不变体系，且没有多余约束。然后，将此部分视为一个大刚片，它与 BC 杆再用铰 B 和不通过该铰的链杆 4 相连，又组成几何不变体系，且没有多余约束。所以，整个体系为几何不变体系，且没有多余约束。

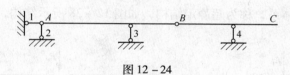

图 12-24

【例 12-3】试对图 12-25（a）所示体系进行几何组成分析。

解： 首先，依次拆除二元体 IJK、HIL、HKL、DHE 和 FLG，得到如图 12-25（b）所示体系。剩下的部分 $ADEC$ 和 $BGFC$ 可分别看作刚片 Ⅰ、Ⅱ，基础为刚片Ⅲ，则三刚片用不在同一直线上的三个铰 A、B、C 两两相连。所以，整个体系为几何不变体系，且没有多余约束。

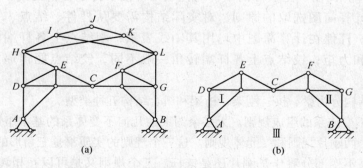

(a)   (b)

图 12-25

【例 12 - 4】 试对图 12 - 26（a）所示体系进行几何组成分析。

解： 因为该体系只用三根不全交于一点也不全平行的支座链杆与基础相连，故可直接取内部体系（见图 12 - 26b）进行几何组成分析。将 *AB* 视为刚片，再在其上增加二元体 *ACE* 和 *BDF*，组成几何不变体系，链杆 *CD* 是添加在几何不变体系上的约束，故此体系为具有一个多余约束的几何不变体系。

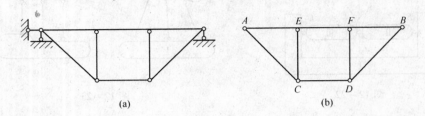

图 12 - 26

12. 2. 3　静定结构与超静定结构

前面已经提到，结构必须是几何不变体系。而对于几何不变体系，按照约束的数目又可分无多余约束和有多余约束。因此，实际工程中的结构也分为无多余约束和有多余约束两类。

对于无多余约束的几何不变体系，称为静定结构，如图 12 - 27 所示结构。对于具有多余约束的几何不变体系，称为超静定结构，如图 12 - 28 所示结构。

图 12 - 27　　　　　　　　　　　　　　　　图 12 - 28

小　　结

（1）结构计算简图：把实际的结构简化成一个便于力学分析的图形，称为结构计算简图。按照计算简图选取的原则，对实际结构需要从杆件、结点、支座及体系等方面进行简化。杆件在计算简图中均用其轴线表示；刚结点上各杆端转角相同，刚结点能传递力和力矩；铰结点上各杆端转角一般不同，铰结点能传递力，但不能传递力矩。

平面杆件结构分为梁、拱、刚架、桁架和组合结构五种类型。

（2）几何不变体系的组成规则。无多余约束的几何不变体系的基本组成规则有三个，即三刚片规则、两刚片规则和二元体规则。这三个规则的实质都是三角形的稳定性，所不同的是将其中某不变部分看作是刚片还是链杆。三个规则又是可以互相转化的。同一体系，按三个规则分析所得的结论一定是相同的。

思 考 题

12-1 什么是结构计算简图？为什么要将实际结构简化为计算简图？

12-2 结构计算简图选取的原则是什么？简化内容有哪些？

12-3 刚结点和铰结点有什么特征？

习 题

12-1 图 12-29 所示为房屋建筑中楼面的梁板结构，梁的两端支承在砖墙上，梁上的板用以支承楼面上的人群、设备重量等，试画出梁的计算简图。

12-2 图 12-30 所示为钢筋混凝土预制阳台挑梁，试画出梁的计算简图。

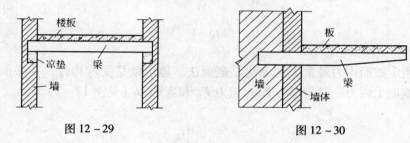

图 12-29   图 12-30

12-3 图 12-31 所示楼梯沿长度作用有竖向均布荷载（自重），试画出该楼梯的计算简图。

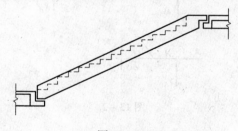

图 12-31

13　静定结构的内力计算

13.1　单跨静定梁

13.1.1　单跨静定梁的形式及支座反力

　　常见的单跨静定梁有简支梁（见图 13 − 1a）、外伸梁（见图 13 − 1b）和悬臂梁（见图 13 − 1c）三种。

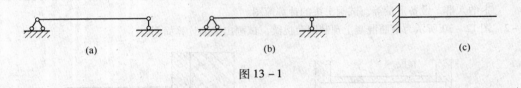

(a)　　　　　　　　　　(b)　　　　　　　　　　(c)

图 13 − 1

　　计算梁指定截面内力最常见的方法是截面法。静定梁是受弯构件，在平面荷载作用下，杆件横截面上内力一般为轴力 F_N、剪力 F_Q 和弯矩 M（见图 13 − 2）。

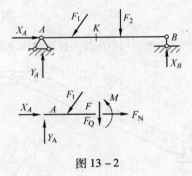

图 13 − 2

　　内力正负号有如下规定：轴力 F_N 是以使脱离体受拉（指向背离截面）为正，反之为负；剪力 F_Q 是以使脱离体产生顺时针转动趋势为正，反之为负；弯矩 M 是以使梁的下侧纤维受拉者为正，反之为负。在以后刚架内力计算中，一般不规定弯矩的正、负号，只规定将弯矩图画在杆件受拉的一侧。计算杆件指定截面内力的方法是截面法，详见第 6 章。

　　【例 13 − 1】分别绘出图 13 − 3 所示三种梁的弯矩图与剪力图。

　　解：对图 13 − 3（a）所示梁，由整体平衡条件列出方程：

$$\begin{cases} \sum X = 0, X_A = 0 \\ \sum M_A = 0, ql\dfrac{1}{2} - Y_B l = 0 \\ \sum Y = 0, Y_A + Y_B = ql \end{cases}$$

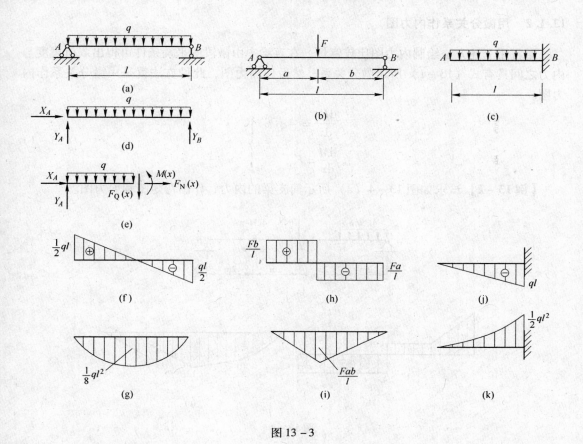

图 13－3

求解，得：

$$X_A = 0, Y_A = Y_B = \frac{1}{2}ql$$

在距 A 支座 x 处将梁切开，取左侧为脱离体（见图 13－3e），由平衡条件可得：

$$\left.\begin{array}{l} \sum X = 0, F_N(x) = 0 \\[2mm] \sum M_x = 0, Y_A x - qx\dfrac{x}{2} - M(x) = 0 \\[2mm] \sum Y = 0, Y_A x - qx - F_Q(x) = 0 \end{array}\right\}$$

整理，得：

$$M(x) = \frac{1}{2}qlx - \frac{1}{2}qx^2 \quad (0 \leqslant x \leqslant l)$$

$$F_Q(x) = \frac{1}{2}ql - qx \quad (0 \leqslant x \leqslant l)$$

$M(x)$ 为二次抛物线方程，$F_Q(x)$ 为直线方程，作出图 13－3（a）所示简支梁的剪力图和弯矩图见图 13－3（f）、（g）。

按上述方法依次求出图 13－3（b）、（c）所示梁的内力方程，并绘出如图 13－3（h）、（i）和图 13－3（j）、（k）所示的内力图。

13. 1. 2　用微分关系作内力图

通常用上述方法绘制内力图比较麻烦，在直梁中由微段的平衡条件可得出载荷集度与内力之间具有式（13－1）所示微分关系，然后作内力图，此种方法就是用微分关系作内力图。

$$\left.\begin{array}{l} \dfrac{\mathrm{d}F_Q}{\mathrm{d}x} = -q(x) \\[3mm] \dfrac{\mathrm{d}M}{\mathrm{d}x} = F_Q \end{array}\right\} \qquad (13-1)$$

【例 13－2】试求如图 13－4（a）所示简支梁的内力，作出弯矩图和剪力图。

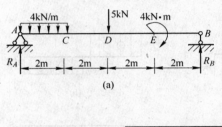

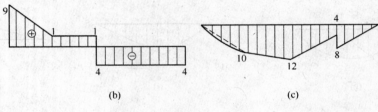

图 13－4

解： 计算支座反力。取全梁为脱离体，由 $\sum M_A = 0$ 得出：

$$4 \times 2 \times 1 + 5 \times 4 + 4 - R_B \times 8 = 0$$

得：

$$R_B = 4\text{kN}(\uparrow)$$

再由 $\sum Y = 0$ 得出：

$$R_A = 4 \times 2 + 5 - R_B = 9\text{kN}(\uparrow)$$

选取 A、C、D、E、B 为控制截面，用截面法算出各控制截面的内力：

$$\left.\begin{array}{l} F_{QA右} = R_A = 9\text{kN} \\ M_A = 0 \end{array}\right\}$$

$$\left.\begin{array}{l} F_{QC} = R_A - 4 \times 2 = 1\text{kN} \\ M_C = R_A \times 2 - 4 \times 2 \times 1 = 10\text{kN} \cdot \text{m} \end{array}\right\}$$

$$\left.\begin{array}{l} F_{QD左} = R_A - 4 \times 2 = 1\text{kN} \\ F_{QD右} = R_A - 4 \times 2 - 5 = -4\text{kN} \\ M_D = R_A \times 2 - 4 \times 2 \times 3 = 12\text{kN} \cdot \text{m} \end{array}\right\}$$

$$\left.\begin{array}{l} F_{QB右} = -R_B = -4\text{kN} \\ M_B = 0 \end{array}\right\}$$

绘制出剪力图与弯矩图如图 13－4（b）、（c）所示。

13.1.3 用叠加法作弯矩图

当梁上作用几个（或几种）载荷时，先求出各种单一荷载作用下的弯矩，然后将各种情况对应的弯矩图相叠加得到弯矩图，此方法称作用叠加法作弯矩图。

【例 13 – 3】 试作图 13 – 5 （a）、（b）所示梁的弯矩图。

解： 作出梁在单种荷载作用下的弯矩图如图 13 – 5(c) ~ (f) 所示。将图 13 – 5(c)、图 13 – 5(e) 叠加，即得图 13 – 5(a) 所示梁的最后弯矩图，如图 13 – 5(g) 所示。将图 13 – 5(d) 与图 13 – 5(f) 叠加，即得图 13 – 5(b) 所示梁的弯矩图，如图 13 – 5(h) 所示。

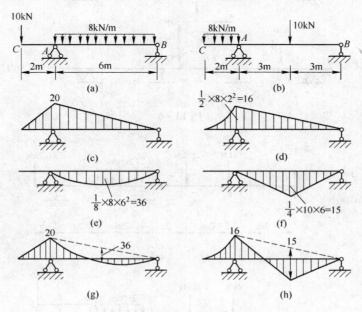

图 13 – 5

13.2 多跨静定梁

由几根梁用铰相连，并与基础相连而组成的静定结构称为多跨静定梁，如图 13 – 6 （a）所示为一用于公路桥的多跨静定梁，图 13 – 6 （b）为其计算简图。

在计算多跨静定梁时，应先求解附属部分的反力和内力，然后求解基本部分的反力和内力。其每一部分的反力、内力计算与相应的单跨梁计算完全相同。

【例 13 – 4】 作图 13 – 7 （a）所示多跨梁的内力图，求出 C 支座反力。

解： 由几何组成分析（见图 13 – 7b）可知，AB 为基本部分，BCD、DEF 均为附属部分，求解顺序是先 DEF，之后 BCD，再 AB。

按顺序先求出各区段支承反力，如图 13 – 7 （c）所示，按前述方法逐段作出梁的剪力图和弯矩图，如图 13 – 7 （d）、（e）所示。

由图 13 – 7 （c）中直接得到 C 支座反力；也可取节点 C 为脱离体，如图 13 – 7 （f）所示，由 $\sum Y = 0$，可得：

$$Y_c = 5.5 + 3 = 8.5 \text{kN}$$

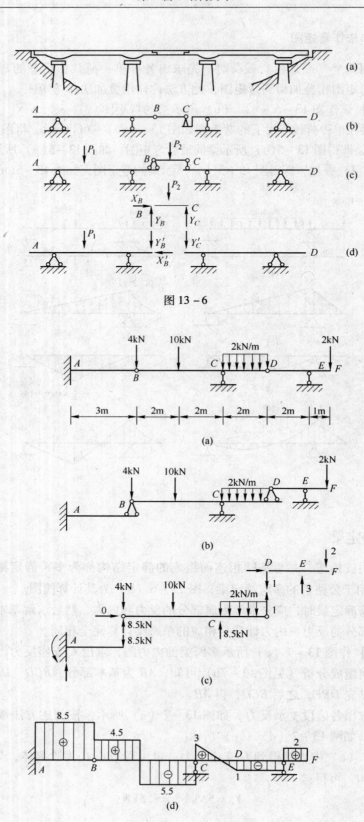

图 13 - 6

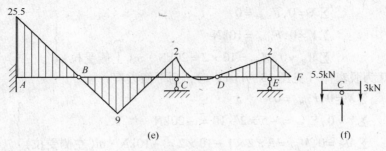

图 13 - 7

13.3 静定平面刚架

由直杆组成的具有刚节点的结构称为刚架。各杆轴线和外力作用线在同一平面内的刚架称平面刚架。刚架优点多,在工程中得到广泛应用。静定平面刚架常见的形式有悬臂刚架(见图 13 - 8)、简支刚架(见图 13 - 9)及三铰刚架(见图 13 - 10)等。

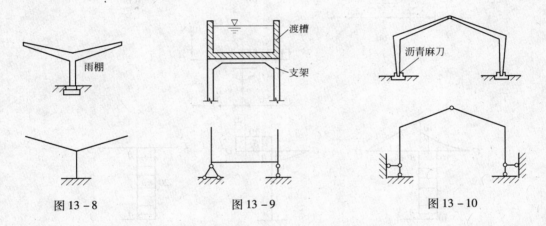

图 13 - 8   图 13 - 9   图 13 - 10

静定刚架计算时,步骤是先求出支座反力,然后求各控制截面的内力,再将各杆内力画竖标、连线即得最后内力图。悬臂式刚架可先不求支座反力,从悬臂端开始依次截取至控制截面的杆段为脱离体,求控制截面内力。简支式刚架可由整体平衡条件求出支座反力,从支座开始依次截取至控制截面的杆段为脱离体,求控制截面内力。三铰刚架有四个未知支座反力,由整体平衡条件可求出两个竖向反力,再取半跨刚架,对中间铰节点处列出弯矩平衡方程,即可求出水平支座反力,然后求解各控制截面的内力。

【例 13 - 5】 求图 13 - 11 (a) 所示悬臂刚架的内力图。

解:根据悬臂刚架内力计算方法,支座反力可不必先求。

取 BC 为脱离体(见图 13 - 11b),列平衡方程:

$$\sum X = 0, F_{NBC} = 0$$

$$\sum Y = 0, F_{QBC} = -5 \times 2 = 10 \text{kN}$$

$$\sum M_B = 0, M_{BC} = 5 \times 2 \times 1 = 10 \text{kN} \cdot \text{m}(\text{上侧受拉})$$

当取 BD 为脱离体(见图 13 - 11c)时,列平衡方程:

$$\sum X = 0, F_{NBD} = 0$$

$$\sum Y = 0, F_{QBD} = 10\text{kN}$$

$$\sum M_B = 0, M_{BD} = 10 \times 2 = 20\text{kN} \cdot \text{m}(\text{上侧受拉})$$

当取 CBD 为脱离体（见图 13 − 11d）时，列平衡方程：

$$\sum X = 0, F_{QBA} = 0$$

$$\sum Y = 0, F_{NBA} = -5 \times 2 - 10 = -20\text{kN}$$

$$\sum M_B = 0, M_{BA} = 5 \times 2 \times 1 - 10 \times 2 = -10\text{kN} \cdot \text{m}(\text{左侧受拉})$$

绘制弯矩图、剪力图、轴力图如图 13 − 11 （e）、（f）、（g）所示。

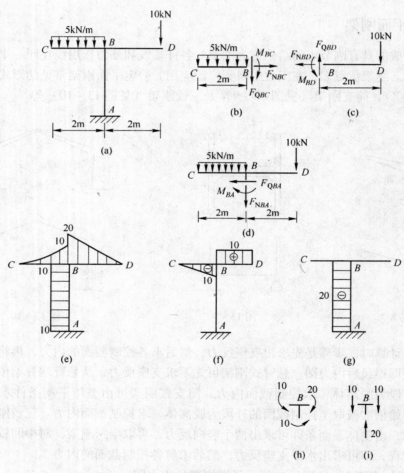

图 13 − 11

13.4　静定拱

杆轴为曲线且在竖向荷载下会产生水平推力的结构称为拱。常见的拱有三铰拱（见图 13 − 12a）、二铰拱（见图 13 − 12b）和无铰拱（见图 13 − 12c）等。

区别梁与拱的主要标志是判断在竖向载荷下是否产生推力。如图 13 − 13（a）所示的

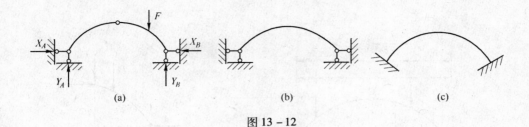

图 13 – 12

结构，虽然其杆轴是曲线形的，可是在竖向载荷作用下，支座并不产生水平反力，所以它不是拱式结构而是曲梁。图 13 – 13（b）所示的结构，在拱的两支座间设置了拉杆，在竖向载荷作用下，拉杆将产生拉力，代替支座承受的水平推力，这种形式称为带拉杆的拱。

拱的各部分名称如图 13 – 13（c）所示。

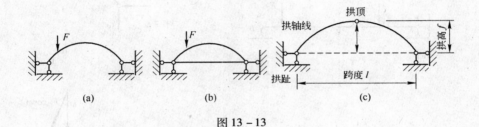

图 13 – 13

三铰拱的内力计算步骤如下：

（1）计算支反力。图 13 – 14（a）所示三铰拱有 4 个支座反力 X_A、Y_A、Y_B、X_B。由整体平衡方程可求出 Y_A、Y_B 以及 X_A 和 X_B 的关系。另需取半跨结构对 C 铰取矩，即可解出 X_A 和 X_B。

由 $\sum M_A = 0$ 和 $\sum M_B = 0$，可推导出：

$$Y_A = \frac{1}{l}(F_1 b_1 + F_2 b_2)$$

$$Y_B = \frac{1}{l}(F_1 a_1 + F_2 a_2)$$

与图 13 – 14（b）比较，可推导简支梁的竖向支座反力：

由 $\sum X = 0$，得 $X_A = X_B = X$；

由 $\sum M_C = 0$，得 $Y_A l_1 - F_1 d_1 - X_A f = 0$。

前两项是 C 点以左所有竖向外力对 C 点的力矩代数和，等于简支梁相应截面 C 的弯矩，以 M_C^0 表示之，则上式可转化为：

$$M_C^0 - X_A f = 0$$

所以，三铰拱支座反力的计算公式可归纳为：

$$\left.\begin{array}{l} Y_A = Y_A^0 \\ Y_B = Y_B^0 \\ X = \dfrac{M_C^0}{f} = X_A = X_B \end{array}\right\} \qquad (13-2)$$

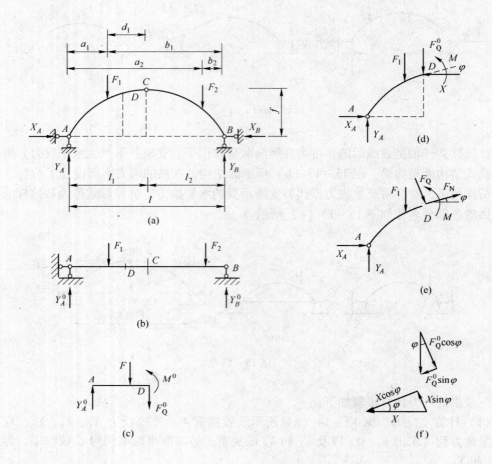

图 13 – 14

（2）计算内力。求图 13 – 15（a）所示三铰拱截面 K 的内力时可取图 13 – 15（b）所示的脱离体，由 $\sum M_K = 0$ 可推导出：

$$M_K = [Y_A x - F_1(x - a_1)] - Xy$$

由于 $Y_A = Y_A^0$，可见式中方括号内之值即为相应简支梁（见图 13 – 15c）截面 K 的弯矩 M_K^0，故上式可写为：

$$M_K = M_K^0 - Xy$$

任一截面 K 的剪力 F_Q 等于该截面一侧所有外力在该截面方向上的投影代数和，由图 13 – 15（b）可得

$$
\begin{aligned}
F_Q &= Y_A \cos\varphi - F_1 \cos\varphi - X\sin\varphi \\
&= (Y_A - F_1)\cos\varphi - X\sin\varphi \\
&= F_Q^0 \cos\varphi - X\sin\varphi
\end{aligned}
$$

任一截面 K 的轴力等于该截面一侧所有外力在该截面法线方向上的投影代数和，由图 13 – 15（b）推出：

$$F_N = (Y_A - F_1)\sin\varphi + X\cos\varphi$$
$$= F_Q^0 \sin\varphi + X\cos\varphi$$

得出计算内力公式为：

$$\left.\begin{array}{l} M = M^0 - Xy \\ F_Q = F_Q^0 \cos\varphi - X\sin\varphi \\ F_N = F_Q^0 \sin\varphi + X\cos\varphi \end{array}\right\} \quad (13-3)$$

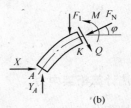

(a)

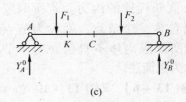

(b)

13.5　静定平面桁架

13.5.1　桁架结构概述

图 13 – 16（a）所示为梁式杆件，图 13 – 16（b）所示为桁架结构。桁架结构各杆主要承受轴力，每根杆上应力分布均匀，材料可充分发挥作用，桁架比梁能节省材料，减轻自重，在大跨度的屋盖、桥梁等结构中得到广泛应用。

依其所在位置不同，桁架的杆件可分为弦杆和腹杆两类。弦杆又分为上弦和下弦杆，腹杆又分为斜杆和竖杆。弦杆上相邻两节点间的区间称为节间，其间距称为节间长度。两支座间的水平距离 l 称为跨度，支座连线至桁架最高点的距离 h 称为桁高，如图 13 – 17 所示。

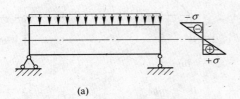

(c)

图 13 – 15

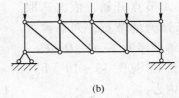

(a)　　　　　　　　　(b)

图 13 – 16

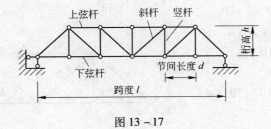

图 13 – 17

桁架按其外形可分为平行弦桁架（见图 13 – 17）、折线形桁架（见图 13 – 18a）和三角形桁架（见图 13 – 18b、c）。

桁架按其几何组成方式可分为简单桁架和联合桁架。简单桁架是由一个基本铰接三角形依次增加二元体而组成的（见图 13 – 18a、b）；联合桁架是由几个简单桁架按几何不变体系的组成规则联合而成的（见图 13 – 18c）。

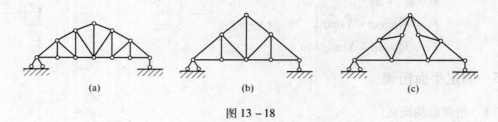

(a)　　　　　　　　(b)　　　　　　　　(c)

图 13 – 18

13.5.2　节点法计算桁架内力

为了求得桁架各杆的内力，可以截取桁架的一部分为脱离体，由脱离体的平衡条件来计算所截断杆件的内力。若所取脱离体只包含一个节点，就称为节点法；若所取隔离体不只包含一个节点就称为截面法。

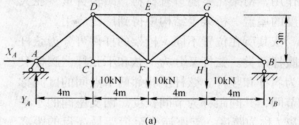

(a)

【例 13 – 6】求图 13 – 19（a）所示桁架各杆的内力。

解：（1）求支座反力。

$$Y_A = Y_B = 15\text{kN}; X_A = 0$$

（2）以 A 节点开始，依次选取只有两个未知力的节点，列平衡方程求解，求解顺序为 $A—C—D—E$。

1）节点 A。见图 13 – 19（b），列方程求解内力：

$$F_{NAD} = -25\text{kN}; F_{NAC} = 20\text{kN}$$

2）节点 C。见图 13 – 19（c），可得：

$$\sum X = 0, -F_{NCA} + F_{NCF} = 0$$

$$F_{NCF} = F_{NCA} = F_{NAC} = 20\text{kN}$$

$$\sum Y = 0, F_{NCD} - 10 = 0$$

$$F_{NCD} = 10\text{kN}$$

3）节点 D。见图 13 – 19（d），可得：

$$\sum Y = 0, -F_{NDA} \times \frac{3}{5} + 10 + F_{NDF} \times \frac{3}{5} = 0$$

$$\sum X = 0, F_{NDE} + F_{NDF} \times \frac{4}{5} - F_{NDF} \times \frac{4}{5} = 0$$

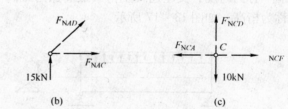

(b)　　　　　　　　　　　　(c)

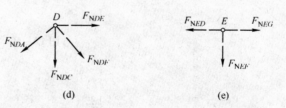

(d)　　　　　　　　　　　　(e)

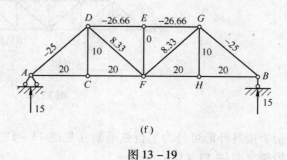

(f)

图 13 – 19

$$F_{NDE} = -26.66kN(压)$$

4）节点 E。见图 13-19（e），可得：

$$\sum X = 0, -F_{NDE} + F_{NEG} = 0$$

$$F_{NEG} = F_{NED} = F_{NDE} = -26.66kN(压)$$

$$\sum Y = 0, F_{NEF} = 0$$

根据对称性即可绘出各杆内力，如图 13-19（f）所示。

13.5.3　截面法计算桁架内力

当假想一个截面把桁架切分为两部分，若所选取的脱离体包含两个或以上的节点时，此种求桁架内力的方法便称为截面法。

【例13-7】求图 13-20（a）所示三角形桁架 1、2、3 杆的内力。

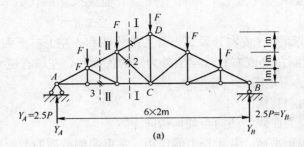

(a)

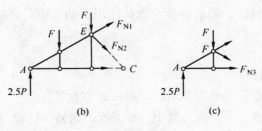

(b)　　　　　　(c)

图 13-20

解：（1）求支座反力。

$$Y_A = Y_B = 2.5F(↑)$$

（2）取 I—I 截面以左为脱离体，如图 13-20（b）所示，依据 $\sum M_C = 0$ 推出：

$$F_{N1}\frac{2}{\sqrt{5}} \times 2 + F_{N1}\frac{1}{\sqrt{5}} \times 2 - F \times 2 - F \times 4 + 2.5F \times 6 = 0$$

$$F_{N1} = -1.5\sqrt{5}F$$

由 $\sum Y = 0$ 推出：

$$2.9F - F - F + F_{N1}\frac{1}{\sqrt{5}} - F_{N2}\frac{1}{\sqrt{2}} = 0$$

$$\frac{1}{\sqrt{2}}F_{N2} = F_{N1}\frac{1}{\sqrt{5}} + 0.5F = -1.5\sqrt{5}\frac{1}{\sqrt{5}} + 0.5F$$

$$F_{N2} = -\sqrt{2}F$$

（3）取 Ⅱ—Ⅱ 截面以左为脱离体（见图 13-20c），由 $\sum M_F = 0$，得

$$2.5F \times 2 + F_{N3} \times 1 = 0$$

$$F_{N3} = 5F$$

故所求三杆的内力为：

$$F_{N1} = -1.5\sqrt{5}F(压)，F_{N2} = -\sqrt{2}F(压)，F_{N3} = 5F(拉)$$

小　　结

（1）静定梁和静定平面刚架。梁和刚架由受弯直杆组成，计算单跨静定梁是基础，多跨静定梁可拆成单跨静定梁进行计算，静定平面刚架的各杆也可当做梁计算。

1）计算内力。求内力的基本方法是截面法，可以使用用外力求内力的简便方法。

$F_N(x)$ 等于 x 截面左（或右）段杆上外力沿轴线投影的代数和，左向左、右向右为正。

$F_Q(x)$ 等于 x 截面左（或右）段梁上外力的代数和，左上右下为正。

$M(x)$ 等于 x 截面左（或右）段梁上外力矩的代数和，左顺右逆为正。

2）绘制内力图。弯矩图的一般规律：

① 无载荷区段为斜直线。

② 均布载荷区段为曲线，凸向与载荷指向一致。

③ 刚结点处力偶矩平衡。若无外力偶作用，结点两侧截面的弯矩相同。

④ 铰结点处无外力偶矩作用，弯矩为零。

⑤ 当梁上作用几个载荷，先求各单一载荷作用下的弯矩，再将各弯矩图相叠加（叠加法）。

（2）静定平面桁架。

1）判断零力杆规则。

① 不共线的两杆结点，无外力作用时，两杆轴力为零。

② 不共线的两杆结点，若外力与其中一杆共线，则另一杆轴力为零。

③ 三杆结点，且两杆共线，无外力作用时，则另一杆轴力为零。

2）计算内力。

① 结点法。结点法是取结点列平衡方程求杆轴力的方法。

② 截面法。截面法是用一个假想截面把桁架分成两部分，取其任一部分为研究对象，列平衡方程求解所截杆件内力的方法。注意，所截杆件个数一般不超过三个。

（3）三铰拱。

1）计算内力。三铰拱截面的内力有弯矩、剪力和轴力。在竖向载荷作用下三铰拱任一截面的内力可借用相应简支梁的内力表示为：

$$\left.\begin{array}{l} M_K = M_K^0 - F_B y_K \\ F_{QK} = F_{QK}^0 \cos\varphi_K - F_B \sin\varphi_K \\ F_{NK} = F_{QK}^0 \sin\varphi_K + F_B \cos\varphi_K \end{array}\right\}$$

2）绘制内力图。先将跨度分成若干等份，再求出各等分点处截面的内力，然后用描

点法连载荷对应的曲线即得拱的内力图。

思 考 题

13－1　用叠加法作弯矩图时，为什么竖标叠加，而不是图形的拼合？

13－2　怎样根据弯矩图来作剪力图？

13－3　桁架的计算简图作了哪些假设？

习　　题

13－1　作图13－21中各单跨梁的弯矩图和剪力图。

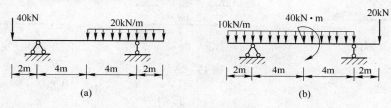

(a)　　　　　　　　　　　　(b)

图13－21

13－2　作图13－22中各单跨梁的弯矩图。

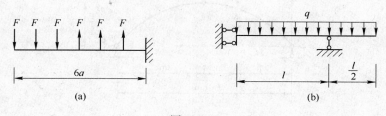

(a)　　　　　　　　　　　　(b)

图13－22

13－3　作图13－23所示多跨静定梁的弯矩图和剪力图。

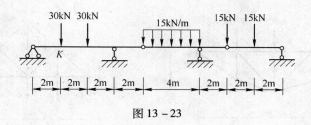

图13－23

13－4　不计算反力而绘出图13－24所示梁的弯矩图。

13－5　作图13－25所示刚架的弯矩图、剪力图和轴力图。

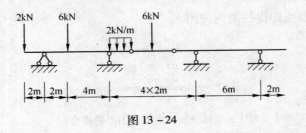

图 13-24

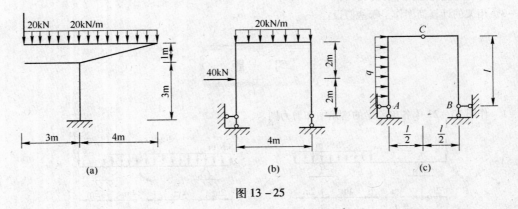

(a)　　　　　　(b)　　　　　　(c)

图 13-25

13-6　图 13-26 所示抛物线三铰拱的轴线方程为 $y = \dfrac{4f}{l^2}x(l-x)$，试求截面 K 的内力。

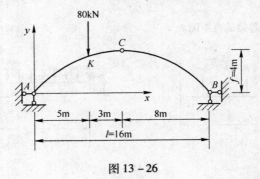

图 13-26

13-7　用节点法求图 13-27 所示桁架各杆的轴力。

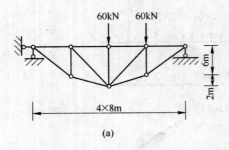

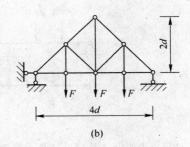

(a)　　　　　　　　(b)

图 13-27

静定结构的位移计算和刚度条件

14.1　结构位移的相关概念

结构在载荷或其他外界因素作用下形状一般会发生变化，结构上各点的位置发生相对移动，杆件横截面也发生相对转动，这称为结构的位移，如图 14 - 1 所示。

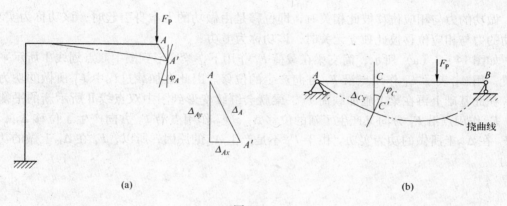

图 14 - 1

简支梁在载荷作用下发生平面弯曲，梁的轴线弯曲成一条连续而光滑的曲线（称为梁的挠曲线），如图 14 - 1（b）所示。截面 C 的形心沿垂直于梁轴线方向移动到了 C' 点，则线段 CC' 即为 C 点的线位移。工程中把梁任一横截面的形心在垂直于轴线方向的线位移称为挠度。截面 A 还转动了一个角度，称为截面 A 的角位移或转角，用 φ_A 表示。挠度和转角是度量梁弯曲变形的基本量。

14.2　结构位移的计算

14.2.1　虚功原理

如图 14 - 2（a）所示，在力 F 的作用下物体从 A 移到 A'（即虚线位置），在力的方向上产生线位移 Δ。由物理学知，F 与 Δ 的乘积称为力 F 在位移 Δ 上做的功，即 $W = F\Delta$。

如图 14 - 2（b）所示，有一对力偶作用在圆盘上，当圆盘转动一角度 θ 时，两个力所做的功为 $W = 2FR\theta$。该力偶的力偶矩为 $M = 2FR$，则有 $W = M\theta$，这表明力偶所做的功等于力偶矩与角位移的乘积。

力或力偶所做的功统一表示为：

$$W = F\Delta$$

式中　　F——广义力；

　　　　Δ——广义位移。

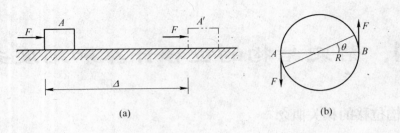

图 14 - 2

14.2.2 虚功概念

做功的力与相应位移彼此相关时，即位移是由做功的力本身引起时，该功称为实功。做功的力与相应位移彼此独立无关时，该功称为虚功。

如图 14 - 3 (a) 所示，简支梁在载荷 F_1 作用下，梁变形到图中双点划线 Ⅰ 所示平衡位置，用 Δ_{11} 表示 F_1 作用点沿 F_1 方向产生的位移。因此在加载过程中 F_1 所做的功为实功。在此基础上再在梁上施加载荷 F_2，梁就会继续变形到图中双点线 Ⅱ 所示新的平衡位置，F_1 作用点沿 F_1 方向又产生了新的位移 Δ_{12}，F_2 作用点沿 F_2 方向产生了位移 Δ_{22}，所以 F_2 在 Δ_{22} 上所做的功为实功。由于 F_1 不是产生 Δ_{12} 的原因，所以，F_1 在 Δ_{12} 上做的功为虚功。

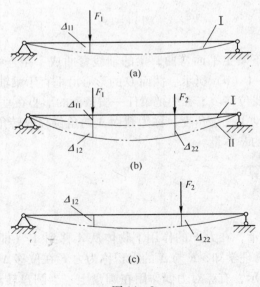

图 14 - 3

14.2.3 结构位移计算公式

设图 14 - 4 (a) 所示结构由于载荷、温度变化及支座移动等多种因素引起了如图中虚线所示的变形。设任一指定点 K 沿任一指定方向 $k—k$ 上的位移为 Δ_K。利用变形体的虚功原理，即第一状态的外力 (包括载荷和反力) 在第二状态所引起的位移上所做的外力

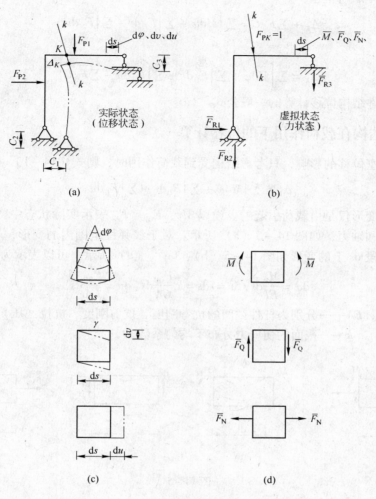

图 14 - 4

虚功，等于第一状态内力在第二状态内力所引起的变形上所做的内力虚功。表达式为：

$$W_{12} = W'_{12}$$

式中　W_{12}——外力虚功；

　　　W'_{12}——内力虚功。

外力虚功包括载荷和支座反力所做的虚功。设在虚拟状态中由单位载荷 $F_{PK} = 1$ 引起的支座反力为 $\overline{F}_{R1}$、$\overline{F}_{R2}$、$\overline{F}_{R3}$，在实际状态中相应的支座位移为 C_1、C_2、C_3，则外力虚功为：

$$W = F_{PK}\Delta_K + \overline{F}_{R1}C_1 + \overline{F}_{R2}C_2 + \overline{F}_{R3}C_3 = \Delta_K + \sum \overline{F}_R C$$

计算内力虚功时，设虚拟状态中由单位载荷 $F_{PK} = 1$ 作用而引起的 ds 微段上的内力为 $\overline{M}$、$\overline{F}_Q$、$\overline{F}_N$，如图 14 - 4（d）所示，实际状态中 ds 微段相应的变形为 dφ、dv、du，如图 14 - 4（c）所示，内力虚功为：

$$W' = \sum \int \overline{M} d\varphi + \sum \int \overline{F}_Q dv + \sum \int \overline{F}_N du$$

由虚功原理 $W = W'$ 可推出：

$$\Delta_K + \sum \overline{F}_R C = \sum \int \overline{M} \mathrm{d}\varphi + \sum \int \overline{F}_Q \mathrm{d}v + \sum \int \overline{F}_N \mathrm{d}u$$

得：

$$\Delta_K = \sum \int \overline{M} \mathrm{d}\varphi + \sum \int \overline{F}_Q \mathrm{d}v + \sum \int \overline{F}_N \mathrm{d}u - \sum \overline{F}_R C \tag{14 - 1}$$

这就是平面杆件结构位移计算的一般公式。

14.3　静定结构在载荷作用下的位移计算

不考虑支座位移的影响，只考虑结构受到载荷作用时，则式（14 - 1）可简化为：

$$\Delta_K = \sum \int \overline{M} \mathrm{d}\varphi + \sum \int \overline{F}_Q \mathrm{d}v + \sum \int \overline{F}_N \mathrm{d}u \tag{14 - 2}$$

式中，微段的变形仅是由载荷引起的。设以 M_P、F_{QP}、F_{NP} 表示实际状态中微段 $\mathrm{d}s$ 上所受的弯矩、剪力和轴力，如图 14 - 5（a）所示。对于线弹性范围内的变形，M_P、F_{QP}、F_{NP}分别引起的微段 $\mathrm{d}s$ 上的变形如图 14 - 5（b）、（c）、（d）所示，可以表示为：

$$\mathrm{d}\varphi = \frac{M_P}{EI}\mathrm{d}s \,,\ \mathrm{d}v = r\mathrm{d}s = k\frac{F_{QP}}{GA}\mathrm{d}s \,,\ \mathrm{d}u = \frac{F_{NP}}{EA}\mathrm{d}s \tag{14 - 3}$$

式中　EI，GA，EA——分别为杆件截面的抗弯刚度、抗剪刚度、抗拉（压）刚度；

　　　　k——截面的切应力分布不均匀系数。

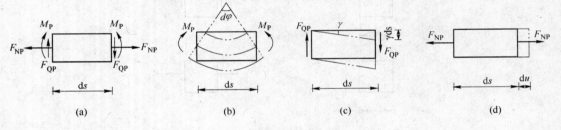

图 14 - 5

由载荷引起的 K 截面的位移用 Δ_{KP} 表示，把式（14 - 3）代入式（14 - 2）得：

$$\Delta_{KP} = \sum \int \frac{\overline{M}M_P}{EI}\mathrm{d}s + \sum \int k\frac{\overline{F}_Q F_{QP}}{GA}\mathrm{d}s + \sum \int \frac{\overline{F}_N F_{NP}}{EA}\mathrm{d}s \tag{14 - 4}$$

式（14 - 4）为平面杆系结构在载荷作用下的位移计算公式。其右侧三项分别代表结构的弯曲变形、剪切变形和轴向变形对所求位移的影响。

在实际计算中常可以只考虑其中的一项（或两项），例如对于梁和刚架，位移主要是弯矩引起的，轴力和剪力的影响很小，可省略，故式（14 - 4）可简化为：

$$\Delta_{KP} = \sum \int \frac{\overline{M}M_P}{EI}\mathrm{d}s \tag{14 - 5}$$

在桁架中，因只有轴力作用，且同一杆件的轴力 $\overline{F}_N$、F_{NP} 及 EA 沿杆长 l 均为常数，式（14 - 4）可简化为：

$$\Delta_{KP} = \sum \int \frac{\overline{F}_N F_{NP}}{EA}\mathrm{d}s = \sum \frac{\overline{F}_N F_{NP} l}{EA} \tag{14 - 6}$$

对于组合结构，对链杆则只有轴力影响，故其位移计算公式可写为：

$$\Delta_{KP} = \sum \int \frac{\overline{M}M_P}{EI}ds + \sum \frac{\overline{F}_N F_{NP}l}{EA} \tag{14-7}$$

【例14-1】求图14-6（a）所示简支梁中点 C 的竖向位移 Δ_{Cy}。EI = 常数。

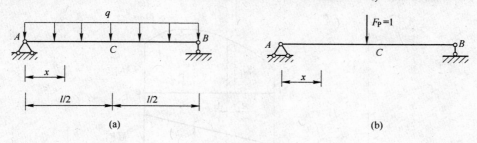

图 14-6

解：在 C 点加一竖向单位力，得虚拟状态如图14-6（b）所示。对 AC 段，以 A 为原点，$\overline{M}$ 及 M_P 方程如下：

$$\overline{M} = \frac{x}{2}, M_P = \frac{ql}{2}x - \frac{1}{2}qx^2$$

因为对称，所以由式（14-5）得：

$$\Delta_{Cy} = \sum \int \frac{\overline{M}M_P}{EI}ds = \frac{2}{EI}\int_0^{\frac{l}{2}} \frac{x}{2}\left(\frac{ql}{2}x - \frac{1}{2}qx^2\right)dx = \frac{5ql^4}{384EI}(\downarrow)$$

计算结果为正，说明 C 点竖向位移的方向与虚拟单位力的方向相同，即方向向下。

14.4　图乘法计算梁和平面刚架的位移

当结构的各杆段符合下列条件时，则可用下述图乘法来代替积分运算，使计算工作得以简化：

（1）杆轴为直线；

（2）EI = 常数；

（3）$\overline{M}$ 和 M_P 两个弯矩图中至少有一个是直线图形。

若结构上 AB 段为等截面直杆，EI 为常数，$\overline{M}$ 图为一段直线，而 M_P 图为任意形状，如图14-7所示，符合上述三个条件。以杆轴为 x 轴，以 $\overline{M}$ 图的延长线与 x 轴的交点 O 为原点，建立 Oxy 坐标系，则积分式 $\int \frac{\overline{M}M_P}{EI}ds$ 中的 ds 可用 dx 代替，故积分式可演变为：

$$\int \frac{\overline{M}M_P}{EI}ds = \frac{\tan\alpha}{EI}\int xM_P dx = \frac{\tan\alpha}{EI}\int xd\omega \tag{14-8}$$

式中，$d\omega = M_P dx$ 是 M_P 图中有阴影线的微面积；$xd\omega$ 是该微面积对 y 轴的静矩；$\int xd\omega$ 即为整个 M_P 图的面积对 y 轴的静矩，根据合力矩定理，它应等于 M_P 图的面积 ω 乘以其形心 C 到 y 轴的距离 x_c，即：

$$\int xd\omega = \omega x_c$$

代入式（14－8）则有：

$$\int \frac{\overline{M}M_P}{EI}ds = \frac{\tan\alpha}{EI}\omega x_C = \frac{\omega y_C}{EI} \tag{14-9}$$

式中，y_C 是 M_P 图的形心 C 处所对应的 $\overline{M}$ 图的竖标。

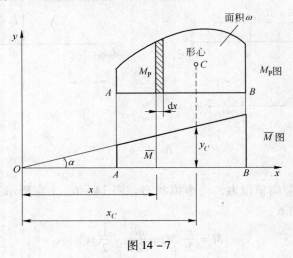

图 14－7

上述积分式等于一个弯矩图的面积 ω 乘以其形心处所对应的另一个直线弯矩图上的竖标 y_c，再除以 EI，此方法称为图乘法。

结构上所有各杆段均可图乘，则位移计算公式（14－5）可写为：

$$\Delta_{KP} = \sum \int \frac{\overline{M}M_P}{EI}ds = \sum \frac{\omega y_c}{EI} \tag{14-10}$$

【**例 14－2**】求图 14－8（a）所示简支梁中点 C 的竖向位移 Δ_{Cy} 及 A 截面转角 φ_A。$EI = $ 常数。

解：（1）求 Δ_{Cy}。

1）画实际载荷作用下的弯矩图 M_P，如图 14－8（b）所示。

2）在 C 点加一竖向单位力，单位弯矩图 $\overline{M}$，如图 14－8（c）所示。

3）由于 $\overline{M}$ 图是折线图形，应分段图乘，再相加。由于图形对称，只需在左半部分图乘，再乘以 2 即可。左半部的 M_P 图为标准抛物线：

$$\omega = \frac{2}{3} \times \frac{1}{8}ql^2 \times \frac{1}{2} = \frac{ql^3}{24}$$

$$y_c = \frac{5}{8} \times \frac{l}{4} = \frac{5l}{32}$$

4）计算 Δ_{Cy}。

$$\Delta_{Cy} = \frac{1}{EI}\left(\frac{ql^3}{24} \times \frac{5l}{32}\right) \times 2 = \frac{5ql^4}{384EI}(\downarrow)$$

结果为正，表明实际位移的方向与所设单位力指向一致。

（2）求 φ_A。在 A 端加一单位力偶，其单位弯矩图 $\overline{M}$ 如图 14－8（d）所示。M_P 图与其图乘得：

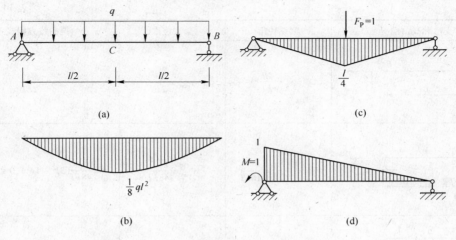

图 14 – 8

$$\varphi_A = -\frac{1}{EI}\left(\frac{2}{3} \times l \times \frac{ql^2}{8}\right) \times \frac{1}{2} = -\frac{ql^3}{24EI}(\curvearrowright)$$

结果为负，表明实际转角方向与所设单位载荷方向相反，即 A 截面产生顺时针转角。

14.5 叠加法计算梁的位移

14.5.1 梁在常见简单载荷作用下的位移

各种常见的简单载荷作用下梁的挠度和转角计算公式以及梁的挠曲线方程均有表可查。列举情况见表 14 – 1。

表 14 – 1　梁在简单载荷作用下的挠度和转角

支承和载荷情况	梁端转角	最大挠度	挠曲线方程式
	$\varphi_B = \dfrac{F_P l^2}{2EI_x}$	$y_{max} = \dfrac{F_P l^3}{3EI_x}$	$y = \dfrac{F_P x^2}{6EI_x}(3l - x)$
	$\varphi_B = \dfrac{F_P a^2}{2EI_x}$	$y_{max} = \dfrac{F_P a^3}{6EI_x}(3l - a)$	$y = \dfrac{F_P x^2}{6EI_x}(3a - x)，0 \leqslant x \leqslant a$ $y = \dfrac{F_P a^2}{6EI_x}(3x - a)，a \leqslant x \leqslant l$
	$\varphi_B = \dfrac{ql^3}{6EI}$	$y_{max} = \dfrac{ql^4}{8EI}$	$y = \dfrac{qx^2}{24EI}(x^2 + 6l^2 - 4lx)$

支承和载荷情况	梁端转角	最大挠度	挠曲线方程式
	$\varphi_B = \dfrac{Ml}{EI}$	$y_{\max} = \dfrac{Mx^2}{2EI}$	$y = \dfrac{Mx^2}{2EI}$
	$\varphi_A = -\varphi_B = \dfrac{F_P l^2}{16EI}$	$y_{\max} = \dfrac{F_P l^3}{48EI}$	$y = \dfrac{F_P x}{48EI}(3l^2 - 4x^2),\ 0 \le x \le \dfrac{l}{2}$
	$\varphi_A = -\varphi_B = \dfrac{ql^2}{24EI}$	$y_{\max} = \dfrac{5ql^4}{384EI}$	$y = \dfrac{qx}{24EI}(l^2 - 2lx + x^3)$
	$\varphi_A = \dfrac{F_P ab(l+b)}{6lEI}$ $\varphi_B = \dfrac{-F_P ab(l+a)}{6lEI}$	$y_{\max} =$ $\dfrac{F_P b}{9\sqrt{3}lEI}(l^2 - b^2)^{3/2}$ 在 $x = \dfrac{\sqrt{l^2 - b^2}}{3}$ 处	$y = \dfrac{F_P bx}{6lEI}(l^2 - b^2 - x^2)x,\ 0 \le x \le a$ $y = \dfrac{F_P}{EI}\left[\dfrac{b}{6l}(l^2 - b^2 - x^2)x + \dfrac{1}{6}(x-a)^3\right],\ a \le x \le l$
	$\varphi_A = \dfrac{Ml}{6EI}$ $\varphi_B = -\dfrac{Ml}{3EI}$	$y_{\max} = \dfrac{Ml^2}{9\sqrt{3}EI},$ 在 $x = \dfrac{1}{\sqrt{3}}$ 处	$y = \dfrac{Mx}{6lEI}(l^2 - x^2)$

14.5.2　叠加法求挠度和转角

　　表 14 - 1 表明梁的变形与载荷成线性关系，可用叠加法计算梁的变形。即先分别计算每一种载荷单独作用时所引起梁的挠度或转角，然后再将它们代数相加，就得到梁在几种载荷共同作用下的挠度或转角。

　　叠加法求挠度和转角的步骤如下：

　　（1）将作用在梁上的复杂载荷分解成几个简单载荷。

　　（2）查表求梁在简单载荷作用下的挠度和转角。

　　（3）叠加简单载荷作用下的挠度和转角，得到梁在复杂载荷作用下的挠度和转角。

　　【例 14 - 3】一抗弯刚度为 EI 的简支梁受载荷如图 14 - 9（a）所示。试按叠加法求梁跨中点的挠度与 A 截面的转角。

　　解：（1）将作用在梁上的复杂载荷分解成几个简单载荷（见图 14 - 9b、c）

　　（2）查表求梁在图示简单载荷作用下的挠度。图 14 - 9（b）中，C 截面的挠度和 A

截面的转角为：

$$y_{C1} = \frac{5ql^4}{384EI}, \ \varphi_{A1} = \frac{ql^3}{24EI}$$

图 14-9（c）中，C 截面的挠度和 A 截面的转角为：

$$y_{C2} = \frac{F_{\mathrm{P}}l^3}{48EI}, \ \varphi_{A2} = \frac{F_{\mathrm{P}}l^2}{16EI}$$

（3）求 C 截面的挠度。

$$y_C = y_{C1} + y_{C2} = \frac{5ql^4}{384EI} + \frac{F_{\mathrm{P}}l^3}{48EI}$$

A 截面的转角为：

$$\varphi_A = \varphi_{A1} + \varphi_{A2} = \frac{ql^3}{24EI} + \frac{F_{\mathrm{P}}l^2}{16EI}$$

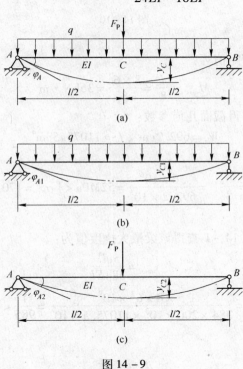

(a)

(b)

(c)

图 14-9

14.6　梁的刚度条件

　　梁抵抗变形的能力称为梁的刚度。在工程上需要对梁进行刚度校核。对梁进行刚度校核的目的是为了保证梁的正常使用。若梁的变形超过了规定的范围，梁应重新设计。

　　梁的挠度许用值通常用许可挠度与梁跨长的比值 $\left[\dfrac{f}{l}\right]$ 作为标准，即梁在载荷作用下产生的最大挠度 $y_{\max}$ 与梁跨长的比值不能超过 $\left[\dfrac{f}{l}\right]$，即：

$$\frac{y_{\max}}{l} \leqslant \left[\frac{f}{l}\right]$$

梁必须满足强度条件和刚度条件要求。在土建工程中，一般情况下强度条件常起控制作用，由强度条件选择的梁，大多能满足刚度要求。因此，通常在设计梁时一般是先由强度条件选择截面，选好后按刚度条件进行校核。

【例 14 - 4】 如图 14 - 10 所示简支梁，用工字钢制成。已知 $q = 8\text{kN/m}$，$l = 6\text{m}$，$E = 200\text{MPa}$，$[\sigma] = 170\text{MPa}$，$\left[\dfrac{f}{l}\right] = \dfrac{1}{400}$，试校核梁的强度和刚度。

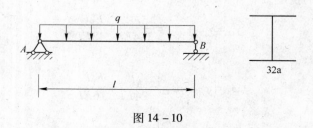

图 14 - 10

解：（1）梁的最大弯矩值为：

$$M_{\max} = \frac{ql^2}{8} = \frac{8 \times 6^2}{8} = 36\text{kN} \cdot \text{m}$$

（2）查型钢规格表，得截面几何参数：

$$W_z = 692.2\text{cm}^3, \quad I_z = 11075.5\text{cm}^4$$

（3）校核强度。

$$\sigma_{\max} = \frac{M_{\max}}{W_z} = \frac{36 \times 10^6}{692.2 \times 10^3} = 52\text{MPa} < [\sigma] = 170\text{MPa}$$

说明满足强度要求。

（4）校核刚度。由表 14 - 1 查得该梁最大挠度值为：

$$y_{\max} = \frac{5ql^4}{384EI}$$

$$\frac{y_{\max}}{l} = \frac{5ql^3}{384EI} = \frac{5 \times 8 \times 6^3 \times 10^9}{384 \times 200 \times 10^3 \times 11075.5 \times 10^4} = \frac{1}{985} < \left[\frac{f}{l}\right] = \frac{1}{400}$$

说明满足刚度要求。

小　结

（1）虚功和虚功原理。虚功的概念强调了做功的广义力和其相应的广义位移没有因果关系。虚功原理是讨论外力虚功与内力虚功的关系，即外力虚功等于内力虚功。

（2）桁架在载荷作用下的位移计算公式。

桁架的位移计算公式为：$\Delta_K = \sum \dfrac{\overline{F_N} F_{NP} l}{EA}$

梁和刚架在载荷作用下位移计算的公式为：$\Delta_K = \sum \displaystyle\int \dfrac{\overline{M} M_P}{EI} \mathrm{d}s$

应用图乘法时，要特别注意满足图乘的三个条件：1）杆轴为直线；2）$EI = $ 常数；3）$\overline{M}$ 和 M_P 两个弯矩图中至少有一个是直线图形。

（3）用叠加法求梁挠度、转角。

（4）梁的刚度条件：$\dfrac{y_{\max}}{l} \leqslant \left[\dfrac{f}{l}\right]$。

思 考 题

14－1　什么是位移？什么是角位移？

14－2　何谓虚功？变形体的虚功原理是怎样叙述的？

14－3　图乘法的应用条件是什么？怎样确定图乘结果的正负号？

14－4　梁的挠度和转角的正、负号是如何确定的？

习　　题

14－1　用单位载荷法计算图 14－11 所示梁的位移（EI = 常数）。

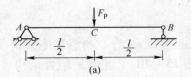 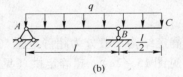

图 14－11

14－2　用图乘法计算图 14－12 所示等截面梁 C 点的竖向位移 Δ_{Cy}（EI = 常数）。

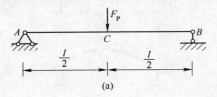 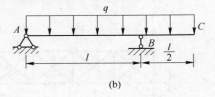

图 14－12

14－3　用叠加法求图 14－13 所示简支梁跨中截面的挠度，已知梁的抗弯刚度为 EI。

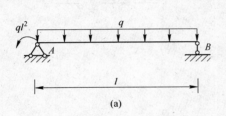 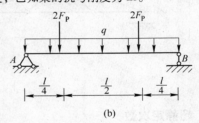

图 14－13

15　超静定结构的计算方法

15.1　超静定结构概述

15.1.1　超静定结构的相关概念

我们把具有多余约束的几何不变体，反力和内力仅用静力平衡条件不能全部求出的结构称为超静定结构。如图 15 – 1 所示，连续梁在载荷 F_P 作用下，它的水平反力虽可由静力平衡条件求出，但其竖向反力只凭静力平衡条件无法确定，内力无法求解。因此我们必须考虑结构的位移条件。

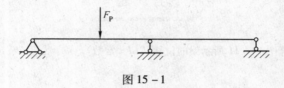

图 15 – 1

常见的超静定结构一般分为超静定梁（见图 15 – 2a）、超静定刚架（见图 15 – 2b）、超静定桁架（见图 15 – 2c）、超静定拱（见图 15 – 2d）、超静定组合结构（见图 15 – 2e）和铰接排架（图 15 – 2f）等。

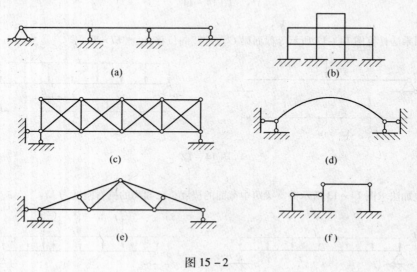

(a)　　　　　　　　　　　　(b)

(c)　　　　　　　　　　　　(d)

(e)　　　　　　　　　　　　(f)

图 15 – 2

15.1.2　超静定次数

超静定结构中多余约束的个数称为超静定次数。一般可以用去掉多余约束使原结构变成静定结构的方法来确定超静定次数。在超静定结构中去掉多余约束的方式有：

（1）去掉一根支座链杆或切断一根链杆，相当于去掉一个约束。

（2）拆除一个单铰或去掉一个铰支座，相当于去掉两个约束。

（3）切断一根梁式杆或去掉一个固定端支座，相当于去掉三个约束。

（4）在刚性杆上或固定端支座上加一个单铰，相当于去掉一个约束。

超静定结构如图 15-3 所示，其去掉或切断多余约束后变为静定结构，如图 15-4 所示。

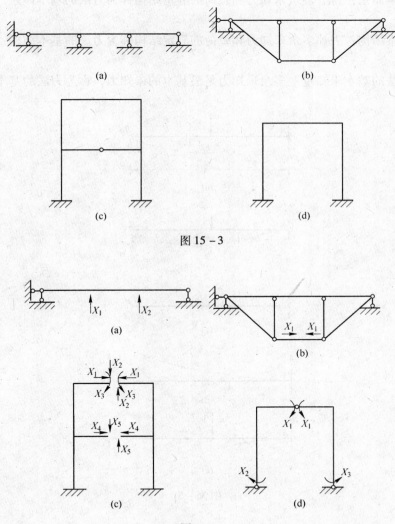

图 15-3

图 15-4

超静定结构最基本的计算方法有两种：

（1）取某些力作基本未知量的方法，称之为力法；

（2）取某些位移作基本未知量的位移法，称之为位移法。

此处还有力矩分配法等。

15.2　力法

15.2.1　力法的基本原理

15.2.1.1　力法的相关概念

图15-5（a）所示超静定梁，因具有一个多余约束称为一次超静定结构。若将支座 B 作为多余约束去掉，代之以多余未知力 X_1，得到图15-5（b）所示的静定结构。

（1）基本体系：含有多余未知力和载荷的静定结构称为力法的基本体系，如图15-5（b）所示。

（2）基本结构：去掉多余未知力和载荷的静定结构称为力法的基本结构，如图15-5（c）所示。

（3）力法的基本未知量：多余未知力是最基本的未知力，称为力法的基本未知量。

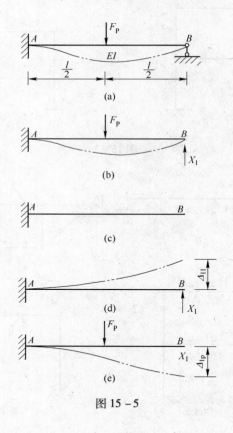

图15-5

15.2.1.2　力法的基本计算方程

相对于图15-5（b）所示的基本体系，只考虑平衡条件，无法确定 X_1 值。所以必须考虑基本体系的位移条件。

对比原结构与基本体系的变形情况，原结构在支座 B 处是没有竖向位移的，而基本

体系在 B 处的竖向位移是随 X_1 而变化的。只有当 X_1 的数值与原结构在支座 B 处产生的反力相等时，才能使基本结构在原有载荷 F_P 和多余未知力 X_1 共同作用下产生的 B 点的竖向位移等于零。所以用来确定多余未知力 X_1 的位移条件为：基本结构在原有载荷和多余未知力共同作用下，去掉多余约束处的位移 Δ_1（即沿 X_1 方向上的位移）应与原结构中相应的位移相等：

$$\Delta_1 = 0$$

设 Δ_{11} 和 Δ_{1p} 分别表示多余未知力 X_1 和载荷 F_P 单独作用于基本结构时点 B 沿 X_1 方向上的位移（见图 15–5d、e），并规定与所设 X_1 方向相同者为正。根据叠加原理：

$$\Delta_1 = \Delta_{11} + \Delta_{1p}$$

再令 δ_{11} 表示 X_1 为单位力（即 $X_1 = 1$）时，点 B 沿 X_1 方向上的位移，则有 $\Delta_{11} = \delta_{11} X_1$，上式可写成：

$$\delta_{11} X_1 + \Delta_{1p} = 0$$

这就是一次超静定结构的力法基本方程。

由图乘法计算位移时，$\overline{M}_1$ 图和 M_P 图分别是基本结构在 $X_1 = 1$ 及载荷 F_P 作用下的实际状态弯矩图，计算 δ_{11} 时可用 $\overline{M}_1$ 图图乘 $\overline{M}_1$ 图，简称 $\overline{M}_1$ 图的"自乘"，即

$$\delta_{11} = \sum \int \frac{\overline{M}_1 \, \overline{M}_1}{EI} \mathrm{d}x = \frac{1}{EI} \times \frac{l^2}{2} \times \frac{2l}{3} = \frac{l^3}{3EI}$$

同理可用 $\overline{M}_1$ 图图乘 M_P 图，计算 Δ_{1p}：

$$\Delta_{1p} = \sum \int \frac{\overline{M}_1 M_P}{EI} \mathrm{d}x = -\frac{1}{EI} \times \frac{1}{2} \times \frac{F_P l}{2} \times \frac{l}{2} \times \frac{5l}{6} = -\frac{5 F_P l^3}{48 EI}$$

由此求出：

$$X_1 = \frac{5}{16} F_P (\uparrow)$$

求得的 X_1 为正，表明 X_1 的实际方向与原设方向相同。

15.2.2　力法典型方程

根据位移条件建立力法基本方程是用力法计算超静定结构的关键，以求解多余未知力。下面以图 15–6（a）所示三次超静定刚架为例，说明建立多次超静定结构的力法基本方程的方法。

首先去掉支座 B 的三个多余约束，以相应的多余未知力 X_1、X_2 和 X_3 代替，则基本体系如图 15–6（b）所示。原结构在固定支座 B 处不可能有任何位移，在承受原载荷和全部多余未知力的基本体系上，也必须保证这样的位移条件，即在点 B 沿 X_1、X_2 和 X_3 方向上的相应位移 Δ_1、Δ_2 和 Δ_3 都应为零。

设当各单位力 $X_1 = 1$、$X_2 = 1$、$X_3 = 1$ 和载荷 F_P 分别作用于基本结构上时，点 B 沿 X_1 方向上的位移分别为 δ_{11}、δ_{12}、δ_{13} 和 Δ_{1p}；沿 X_2 方向上的位移分别为 δ_{21}、δ_{22}、δ_{23} 和 Δ_{2p}；沿 X_3 方向上的位移分别为 δ_{31}、δ_{32}、δ_{33} 和 Δ_{3p}（见图 15–6c～f）。根据叠加原理，基本体系应满足的位移条件可表示为：

$$\left. \begin{aligned} \Delta_1 &= \delta_{11} X_1 + \delta_{12} X_2 + \delta_{13} X_3 + \Delta_{1p} = 0 \\ \Delta_2 &= \delta_{21} X_1 + \delta_{22} X_2 + \delta_{23} X_3 + \Delta_{2p} = 0 \\ \Delta_3 &= \delta_{31} X_1 + \delta_{32} X_2 + \delta_{33} X_3 + \Delta_{3p} = 0 \end{aligned} \right\} \tag{15–1}$$

这就是求解多余未知力 X_1、X_2 和 X_3 所要建立的力法基本方程。

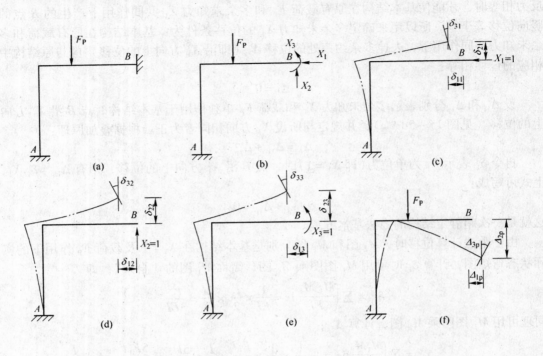

图 15 – 6

对于 n 次超静定结构，力法的基本结构是从原结构中去掉 n 个多余约束得到的静定结构，力法的基本未知量是与 n 个多余约束对应的多余未知力 X_1、X_2、$\cdots$、X_n，当原结构在去掉多余约束处的位移为零时，相应地也就有 n 个已知位移条件。据此建立 n 个力法方程：

$$
\left.
\begin{aligned}
\Delta_1 &= \delta_{11}X_1 + \delta_{12}X_2 + \cdots + \delta_{1n}X_n + \Delta_{1p} = 0 \\
\Delta_2 &= \delta_{21}X_1 + \delta_{22}X_2 + \cdots + \delta_{2n}X_n + \Delta_{2p} = 0 \\
&\vdots \\
\Delta_n &= \delta_{n1}X_1 + \delta_{n2}X_2 + \cdots + \delta_{nn}X_n + \Delta_{np} = 0
\end{aligned}
\right\}
\tag{15-2}
$$

15.2.3　力法的计算步骤

力法的计算步骤归纳如下：

（1）去掉原结构的多余约束，并代之以多余未知力，选取基本体系。

（2）根据"基本结构在多余未知力和原载荷的共同作用下，去掉多余约束处的位移应与原结构中相应的位移相同"的位移条件，建立力法典型方程。

（3）作出基本结构的单位内力图和载荷内力图，或写出内力表达式，按求静定结构位移的方法，计算系数和自由项。

（4）解方程，求解多余未知力。

（5）作内力图。

【例15-1】 用力法计算图15-7（a）所示的超静定梁，$EI = $ 常数。

解：（1）选取基本体系。此梁为一次超静定结构，图15-7（b）、（c）、（d）所示都可作为基本体系。现选取图15-7（d）所示基本体系进行计算。

（2）建立力法典型方程。根据 C 处左右两侧截面的相对转角应等于零的条件建立力法典型方程如下：

$$\delta_{11}X_1 + \Delta_{1p} = 0$$

（3）求系数和自由项。绘出单位弯矩图 $\overline{M}_1$ 和载荷弯矩图 $\overline{M}_P$ 如图15-7（e）、（f）所示。利用图乘法可求各系数和自由项，计算如下：

$$\delta_{11} = \sum \int \frac{\overline{M}_1^{\,2}}{EI}dx = \frac{1}{EI}\left(\frac{1}{2} \times 1 \times l \times \frac{2}{3}\right) \times 2 = \frac{2l}{3EI}$$

$$\Delta_{1p} = \sum \int \frac{\overline{M}_1 M_P}{EI}ds = -\frac{1}{EI}\left(\frac{2}{3} \times l \times \frac{ql^2}{8} \times \frac{1}{2}\right) \times 2 = -\frac{ql^3}{12EI}$$

（4）求多余未知力。将系数和自由项代入力法典型方程，得出：

$$\frac{2l}{3EI}X_1 - \frac{ql^3}{12EI} = 0$$

解方程得：

$$X_1 = \frac{ql^2}{8}$$

（5）作内力图。梁端弯矩可按 $M = \overline{M}_1 X_1 + M_P$ 计算。$\overline{M}_1$ 图如图15-7（e）所示，M_P 图如图15-7（f）所示，M 图如图15-7（g）所示。由静力平衡条件作 F_Q 图，如图15-7（h）所示。

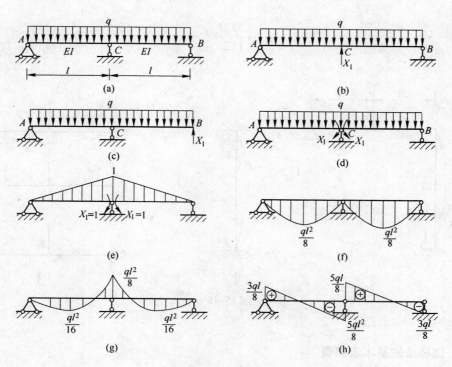

图15-7

15.3　位移法

15.3.1　位移法的基本概念

如图 15 – 8（a）所示，该结构为刚架。此刚架在载荷 F_P 作用下，发生如图 15 – 8（a）中双点划线所示的变形。忽略杆轴向变形和剪切变形的条件，结点 B 只发生角位移 φ_B。由于结点 B 是一刚结点，故汇交于结点 B 的两杆的杆端在变形后将发生与结点相同的角位移。位移法计算时就是以这样的结点角位移作为基本未知量。

BC 杆件的内力可由图 15 – 8（d）和图 15 – 8（e）叠加求得。

BA、BC 两根单跨梁的杆端弯矩可由力法算得：

$$\left.\begin{aligned} M_{BA} &= 4i\varphi_B \\ M_{AB} &= 2i\varphi_B \\ M_{BC} &= 3i\varphi_B - \frac{3F_\mathrm{P}l}{16} \end{aligned}\right\} \tag{15-3}$$

如果能将结点 B 处的角位移 φ_B 求出，则各杆杆端弯矩便可按式（15 – 3）确定。为了求得未知角位移 φ_B，应考虑平衡条件，结点 B 满足平衡条件 $\sum M_B = 0$，即：

$$M_{BA} + M_{BC} = 0 \tag{15-4}$$

把式（15 – 3）中的 M_{BA}、M_{BC} 代入式（15 – 4），可得：

$$4i\varphi_B + 3i\varphi_B - \frac{3F_\mathrm{P}l}{16} = 0$$

解得：

$$\varphi_B = \frac{3F_\mathrm{P}l}{112i}(\circlearrowleft)$$

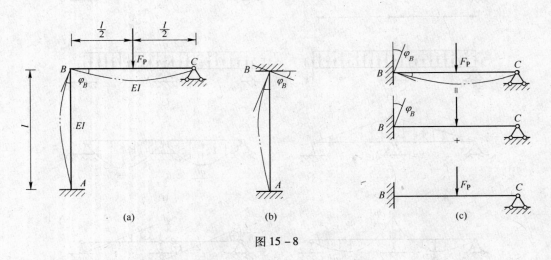

图 15 – 8

15.3.2　位移法的基本未知量

位移法的基本未知量为结点角位移和独立结点线位移。

（1）结点角位移。在结构中相交于同一刚结点处各杆端的角位移是相等的，所以每一个刚结点处只有一个独立的角位移。如图 15 – 9 所示，连续梁结点 B、C 为刚结点，所以结点 B、C 的角位移应为基本未知量。分析可知刚结点的数目即为结点角位移的数目。

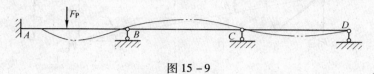

图 15 – 9

图 15 – 10 所示刚架，有 D、F 两个刚结点，所以该刚架有两个结点角位移。

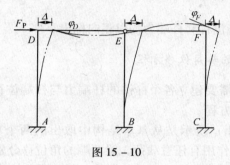

图 15 – 10

（2）结点线位移。为使计算得到简化，作如下假设：

1）忽略各杆轴向变形；

2）弯曲变形后的曲线长度与弦线长度相等。

图 15 – 10 所示刚架，杆长保持不变，由于 AD、BE 和 CF 两端距离假设不变，因此，在微小位移的情况下，结点 D、E 和 F 都没有竖向线位移；结点 D、E 和 F 虽然有水平线位移，但由于杆 DE 和 EF 长度不变，因此结点 D、E 和 F 的水平线位移均相等，可用符号 Δ 表示。

所以图 15 – 10 所示刚架的全部基本未知量有三个，其中两个为结点角位移，一个为结点线位移。

15.3.3 杆件的杆端位移、杆端力及转角位移方程

15.3.3.1 单跨超静定梁的杆端位移和杆端力

单跨超静定梁在载荷作用下以及杆端产生位移时的杆端内力，称为杆端力。

图 15 – 11 所示为一等截面直杆 AB 的隔离体。杆件的 EI 为常数，杆端 A 和 B 的角位移分别为 φ_A 和 φ_B，杆端 A 和 B 在垂直于杆轴 AB 方向的相对线位移为 Δ。杆端 A 和 B 的弯矩及剪力分别为 M_{AB}、M_{BA}、F_{QAB} 和 F_{QBA}。在位移法中，正负号规定如下：

（1）杆端位移。杆端角位移 φ_A、φ_B 以顺时针方向为正；杆两端相对线位移 Δ（或弦转角 $\beta = \Delta / l$）以使杆产生顺时针方向为正，相反为负。

（2）杆端力。杆端弯矩 M_{AB}、M_{BA} 对杆端以顺时针方向为正；杆端剪力 F_{QAB}、F_{QBA} 的正向同前。

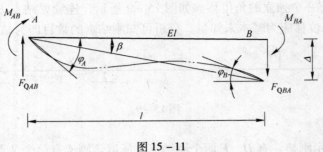

图 15 – 11

在图 15 – 11 中，杆端位移和杆端力均以正向标出。

15. 3. 3. 2　等截面杆的转角位移方程

用位移法计算刚架时需要建立各个杆件的杆端力与杆端位移、杆件上载荷的关系式。这种关系式称为转角位移方程。

如图 15 – 12（a）、（b）所示是从基本结构中取出的两个单跨超静定梁。图 15 – 12（a）是两端固定梁，其上作用有任意载荷，梁两端的角位移分别为 φ_A、φ_B，线位移为 Δ，它们都是顺时针方向。为了建立杆件的转角位移方程，用叠加法比较方便，即此梁是如图 15 – 13(a) ~ (d)所示四种情况的叠加。叠加得到的杆端弯矩的转角位移方程和杆端剪力的转角位移方程分别为：

$$M_{AB} = 4i\varphi_A + 2i\varphi_B - \frac{6i}{l}\Delta + M_{AB}^F$$

$$M_{BA} = 2i\varphi_A + 4i\varphi_B - \frac{6i}{l}\Delta + M_{BA}^F$$

$$F_{QAB} = -\frac{6i}{l}\varphi_A - \frac{6i}{l}\varphi_B + \frac{12i}{l^2}\Delta + F_{QAB}^F$$

$$F_{QBA} = -\frac{6i}{l}\varphi_A - \frac{6i}{l}\varphi_B + \frac{12i}{l^2}\Delta + F_{QBA}^F$$

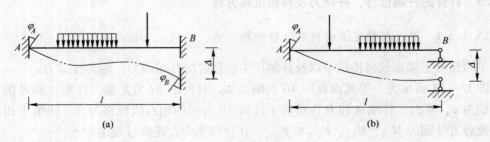

图 15 – 12

图 15 – 12（b）所示的情况可由图 15 – 14（a）、（b）、（c）三种情况叠加。由叠加得到的杆端弯矩的转角位移方程和杆端剪力的转角位移方程分别为：

$$M_{AB} = 3i\varphi_A - \frac{3i}{l}\Delta + M_{AB}^F$$

$$M_{BA} = 0$$

$$F_{QAB} = -\frac{3i}{l}\varphi_A + \frac{3i}{l^2}\Delta + F_{QAB}^F$$

$$F_{QBA} = -\frac{3i}{l}\varphi_A + \frac{3i}{l^2}\Delta + F_{QBA}^F$$

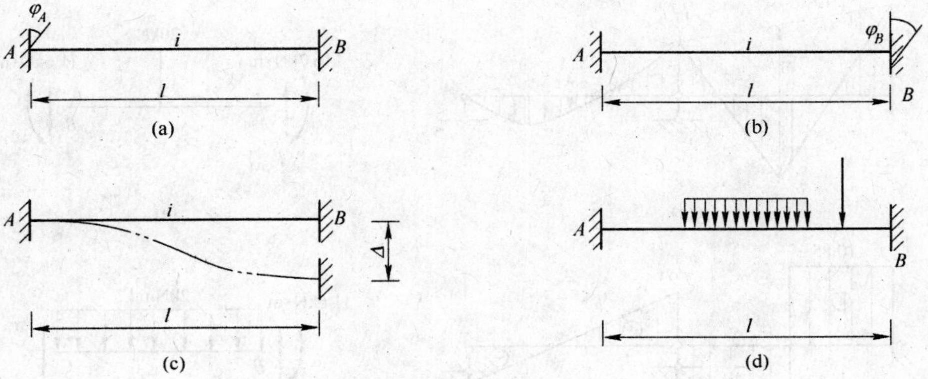

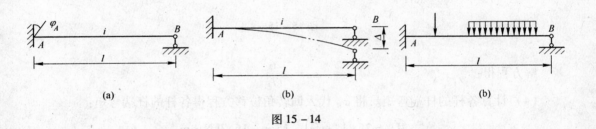

图 15 – 13

图 15 – 14

【例 15 –2】用位移法计算图 15 – 15（a）所示连续梁的杆端弯矩，并作内力图。

解：（1）确定基本未知量。此连续梁只有一个刚结点，推出基本未知量为刚结点 B 处的角位移 φ_B。

（2）列出转角位移方程。

$$M_{AB} = 2i\varphi_B - \frac{F_p l}{8} = 2i\varphi_B - \frac{20 \times 6}{8} = 2i\varphi_B - 15$$

$$M_{BA} = 4i\varphi_B + \frac{F_p l}{8} = 4i\varphi_B + \frac{20 \times 6}{8} = 4i\varphi_B + 15$$

$$M_{BC} = 3i\varphi_B - \frac{ql^2}{8} = 3i\varphi_B - \frac{2 \times 6^2}{8} = 3i\varphi_B - 9$$

$$M_{CB} = 0$$

（3）对刚结点 B 取力矩平衡方程。如图 15 – 15（b）所示，由 $\sum M_B = 0$ 得：

$$M_{BA} + M_{BC} = 0$$

$$4i\varphi_B + 15 + 3i\varphi_B - 9 = 0$$

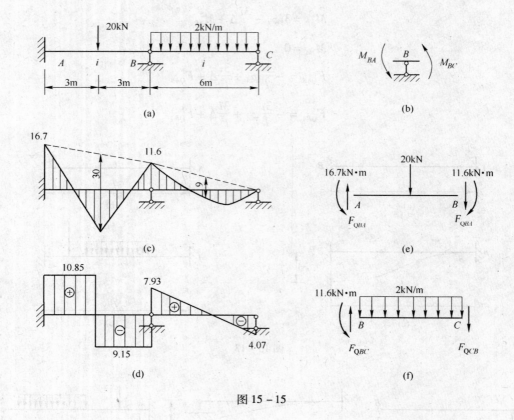

图 15 - 15

解方程得：
$$\varphi_B = -\frac{6}{7i}$$

（4）计算各杆的杆端弯矩。将 φ_B 代入回转角位移方程得各杆的杆端弯矩：

$$M_{AB} = 2i \times \left(-\frac{6}{7i} \right) - 15 = -16.7 \text{kN} \cdot \text{m}$$

$$M_{BA} = 4i \times \left(-\frac{6}{7i} \right) + 15 = 11.6 \text{kN} \cdot \text{m}$$

$$M_{BC} = 3i \times \left(-\frac{6}{7i} \right) - 9 = -11.6 \text{kN} \cdot \text{m}$$

（5）作内力图。弯矩图如图 15 - 15（c）所示。

根据弯矩图作剪力图的具体作法如下：

取杆件 AB 为隔离体，其受力图如图 15 - 15（e）所示，现利用杆件平衡条件求出杆端剪力。

由 $\sum M_B = 0$，得：$F_{QAB} = \dfrac{16.7 - 11.6 + 20 \times 3}{6} = 10.85 \text{kN}$

由 $\sum M_A = 0$，得：$F_{QBA} = \dfrac{16.7 - 11.6 - 20 \times 3}{6} = -9.15 \text{kN}$

同理，取杆件 BC，其受力图如图 15 - 15（f）所示。

由 $\sum M_B = 0$，得：$F_{QCB} = \dfrac{11.6 - 2 \times 6 \times 3}{6} = -4.07 \text{kN}$

由 $\sum M_C = 0$，得：$F_{QBC} = \dfrac{11.6 + 2 \times 6 \times 3}{6} = 7.93 \text{kN}$

最后作剪力图如图 15 – 15（d）所示。

15.4 力矩分配法

如图 15 – 16（a）所示，对于单跨超静定梁 AB，为使某一端（设为 A 端）产生角位移 φ_A，需在该端施加一力矩 M_{AB}。当 $\varphi_A = 1$ 时所须施加的力矩，称为 AB 杆在 A 端的转动刚度，并用 S_{AB} 表示，其中施力端 A 端称为近端，而 B 端则称为远端。同理，使 AB 杆 B 端产生单位转角位移 $\varphi_B = 1$ 时，须施加的力矩应为 AB 杆 B 端的转动刚度，并用 S_{BA} 表示，如图 15 – 16（b）所示。

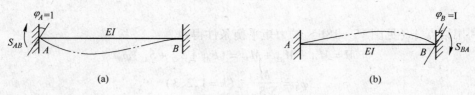

图 15 – 16

对于单跨超静定梁，当一端发生转角而具有弯矩时（称为近端弯矩），其另一端即远端一般也将产生弯矩（称为远端弯矩）。通常将远端弯矩同近端弯矩的比值，称为杆件由近端向远端的传递系数，并用 C 表示，得出：

$$C_{AB} = \frac{M_{BA}}{M_{AB}}$$

传递系数由远端支承情况决定（见图 15 – 17）。

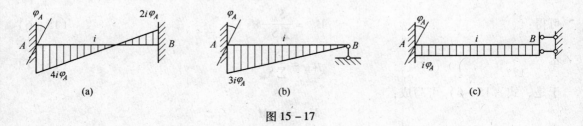

图 15 – 17

远端固定：$C = 1/2$
远端铰接：$C = 0$
远端滑动：$C = -1$

图 15 – 18（a）所示各杆均为等截面直杆，刚结点 A 为各杆的汇交点。设各杆的线刚度分别为 i_{A1}、i_{A2} 和 i_{A3}。在结点力矩 M 作用下，各杆在汇交点 A 处将产生相同的转角 φ_A。由转动刚度的定义可知：

$$\left. \begin{aligned} M_{A1} &= S_{A1}\varphi_A = 3i_{A1}\varphi_A \\ M_{A2} &= S_{A2}\varphi_A = 4i_{A2}\varphi_A \\ M_{A3} &= S_{A3}\varphi_A = i_{A3}\varphi_A \end{aligned} \right\} \tag{15 – 5}$$

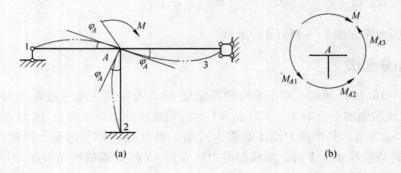

图 15 – 18

利用结点 A（见图 15 – 18b）的力矩平衡条件得：

$$M = M_{A1} + M_{A2} + M_{A3} = (S_{A1} + S_{A2} + S_{A3})\varphi_A$$

所以

$$\varphi_A = \frac{M}{\sum S_{Ak}} \quad (k = 1,2,3)$$

式中，$\sum S_{Ak}$ 为汇交于结点 A 的各杆件在 A 端的转动刚度之和。

将所求得的 φ_A 代入式（15 – 5），得：

$$\left. \begin{aligned} M_{A1} &= \frac{S_{A1}}{\sum S_{Ak}} M \\[2mm] M_{A2} &= \frac{S_{A2}}{\sum S_{Ak}} M \\[2mm] M_{A3} &= \frac{S_{A3}}{\sum S_{Ak}} M \end{aligned} \right\}$$

可得：

$$M_{Ak} = \frac{S_{Ak}}{\sum S_{Ak}} M \tag{15 – 6}$$

令

$$\mu_{Ak} = \frac{S_{Ak}}{\sum S_{Ak}} \tag{15 – 7}$$

于是，式（15 – 6）可写成：

$$M_{Ak} = \mu_{Ak} M$$

式中，μ_{Ak} 称为各杆在 A 端的分配系数。

汇交于同一结点的各杆杆端的分配系数之和应等于 1，即：

$$\sum \mu_{Ak} = \mu_{A1} + \mu_{A2} + \mu_{A3} = 1$$

由上述可见，加于结点 A 的外力矩 M，按各杆杆端的分配系数分配给各杆的近端，称为分配弯矩，用 M_{Ak}^{μ} 表示。各杆的远端弯矩 M_{Ak} 可由各杆的近端弯矩乘以传递系数 C_{Ak} 得到，称为传递弯矩，并用 M_{Ak}^{C} 表示。即

$$M_{Ak}^{\mu} = \mu_{Ak} M \tag{15 – 8}$$

$$M_{Ak}^{C} = C_{Ak} M_{Ak}^{\mu} \tag{15 – 9}$$

此求解杆端弯矩的方法称为力矩分配法。

【例 15 – 3】试用力矩分配法计算图 15 – 19 所示的连续梁，并绘 M 图。

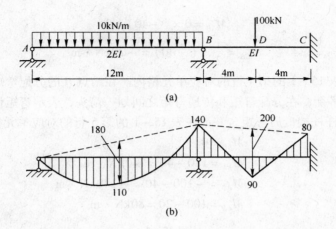

图 15 - 19

解:（1）计算固端弯矩。

$$M_{AB}^F = 0$$

$$M_{BA}^F = \frac{ql^2}{8} = \frac{10 \times 12^2}{8} = 180 \text{kN} \cdot \text{m}$$

$$M_{BC}^F = -\frac{F_P l}{8} = -\frac{100 \times 8}{8} = -100 \text{kN} \cdot \text{m}$$

$$M_{CB}^F = \frac{F_P l}{8} = \frac{100 \times 8}{8} = 100 \text{kN} \cdot \text{m}$$

将固端弯矩记在表 15 – 1 的第 3 行的对应单元格内。

结点的不平衡力矩为：

$$M_B^F = M_{BA}^F + M_{BC}^F = 180 - 100 = 80 \text{kN} \cdot \text{m}$$

（2）计算分配系数、分配弯矩和传递弯矩。为简化，设 $EI = 24$，则：

$$i_{BA} = \frac{2EI}{l_{BA}} = \frac{2 \times 24}{12} = 4$$

$$i_{BC} = \frac{EI}{l_{BC}} = \frac{24}{8} = 3$$

分配系数为：

$$\mu_{BA} = \frac{S_{BA}}{\sum S_B} = \frac{3i_{BA}}{3i_{BA} + 4i_{BC}} = \frac{3 \times 4}{3 \times 4 + 4 \times 3} = 0.5$$

$$\mu_{BC} = \frac{4 \times 3}{3 \times 4 + 4 \times 3} = 0.5$$

校核：$\mu_{BA} + \mu_{BC} = 0.5 + 0.5 = 1$，无误。

分配弯矩为：

$$M_{BA}^\mu = 0.5 \times (-80) = -40 \text{kN} \cdot \text{m}$$

$$M_{BC}^\mu = 0.5 \times (-80) = -40 \text{kN} \cdot \text{m}$$

传递弯矩为：

$$M_{AB}^C = 0 \times (-40) = 0$$

$$M_{CB}^C = \frac{1}{2} \times (-40) = -20\text{kN} \cdot \text{m}$$

将它们记在表 15 – 1 的第 4 行的对应单元格内。在结点 B 的分配弯矩下划横线，表明该结点已经达到平衡；在分配弯矩和传递弯矩之间划一箭头，表示弯矩传递的方向。

（3）计算各杆杆端最后弯矩，并记在表 15 – 1 的第 5 行的对应单元格内。

$$M_{AB} = 0$$
$$M_{BA} = 180 - 40 = 140\text{kN} \cdot \text{m}$$
$$M_{BC} = -100 - 40 = -140\text{kN} \cdot \text{m}$$
$$M_{CB} = 100 - 20 = 80\text{kN} \cdot \text{m}$$

表 15 – 1

项　目	AB 杆		BC 杆	
分配系数		0. 5	0. 5	
固端弯矩/kN · m	0	180	– 100	100
分配与传递/kN · m	0	←　　 – 40	– 40　　→	– 20
杆端弯矩/kN · m	0	140	– 140	80

（4）作 M 图如图 15 – 19（b）所示。

小　　结

（1）力法。掌握力法的基本原理，主要是了解力法的基本未知量、力法的基本结构和力法典型方程。用力法计算时首先是去掉多余约束，以多余未知力来代替，多余未知力就是力法的基本未知量，得到的静定结构便是力法的基本结构。

力法典型方程是根据原结构的位移条件来建立的。方程的左边项是基本结构在各种因素作用下沿某一多余未知力方向产生位移的总和，右边项是原结构在相同方向的位移。力法典型方程的个数等于结构的超静定次数。

力法典型方程中全部系数和自由项都是基本结构的位移，所以，求系数和自由项的实质就是求静定结构的位移。

（2）位移法。位移法是计算超静定结构的基本方法之一，适用于计算超静定次数较高的连续梁和刚架，又是力矩分配法的基础。

位移法的基本未知量是结构的结点位移，即刚结点的角位移和独立的结点线位移。位移法的基本结构是在未知量处增加相应的约束，使结构成为若干个单跨超静定梁。

位移法求解未知量的方程是平衡方程。对每一个刚结点，可以写一个结点力矩平衡方程；对每一个独立的结点线位移，写一个沿线位移方位的投影平衡方程。平衡方程数目与基本未知量的数目相等。

（3）力矩分配法。力矩分配法是建立在位移法基础上的一种渐近计算法，适用于求解连续梁和无侧移刚架。其优点有不需要建立和解算联立方程，收敛速度快，力学概念明确，直接以杆端弯矩进行计算等。

多结点的力矩分配法是先固定全部刚结点，然后逐个放松结点，轮流进行单结点的力矩分配。

各杆最后的杆端弯矩等于其固端弯矩与历次分配弯矩和历次传递弯矩的代数和。

思 考 题

15-1 用力法解超静定结构的思路是什么？什么是力法的基本体系、基本结构和基本未知量？为什么首先要计算基本未知量？基本体系与原结构有何异同？基本体系与基本结构有何不同？

15-2 力法典型方程的物理意义是什么？为什么在力法典型方程中主系数恒大于零，而副系数则可能为正值、负值或为零？

15-3 为什么对称结构在对称和反对称载荷作用时可以取半结构计算？载荷不对称时还能不能取半结构计算？

15-4 结构上没有载荷就没有内力，这个结论在什么情况下适用，在什么情况下不适用？

15-5 位移法中对杆端角位移、杆端相对线位移、杆端弯矩和杆端剪力的正负号是怎样规定的？

15-6 位移法的基本未知量有哪些？位移法求解基本未知量的方程是如何建立的？

15-7 分配系数如何确定？为什么汇交于同一结点的各杆端分配系数之和等于1？

习 题

15-1 试确定图15-20所示结构的超静定次数。

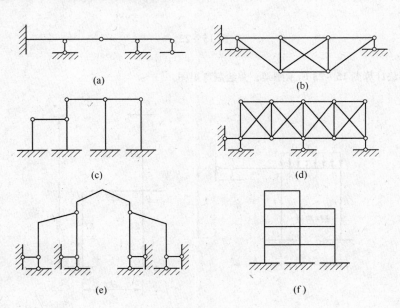

(a) (b) (c) (d) (e) (f)

图 15-20

15-2 试用力法计算图15-21所示超静定梁的未知力，并绘制其内力图。

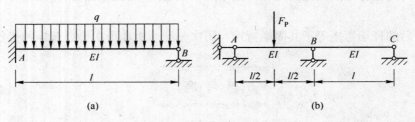

图 15 - 21

15 - 3　试确定图 15 - 22 所示结构位移法的基本未知量数目。

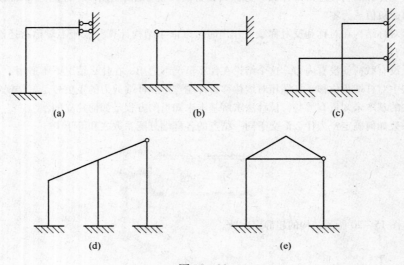

图 15 - 22

15 - 4　用位移法计算图 15 - 23 所示刚架，并绘制弯矩图。

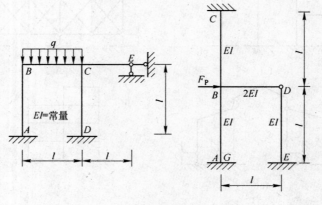

图 15 - 23

15 - 5　用力矩分配法计算图 15 - 24 所示结构，并绘制弯矩图。

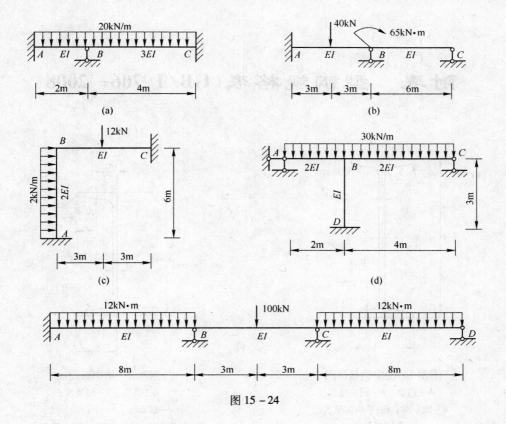

图 15－24

附表　型钢规格表（GB/T 706—2008）

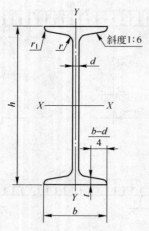

附图1　工字钢截面图

h—高度；b—腿宽度；

d—腰厚度；t—平均腿厚度；

r—内圆弧半径；

r₁—腿端圆弧半径

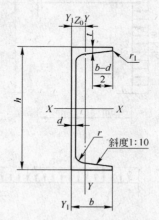

附图2　槽钢截面图

h—高度；b—腿宽度；

d—腰厚度；t—平均腿厚度；

r—内圆弧半径；r₁—腿端圆弧半径；

Z₀—YY轴与Y₁Y₁轴间距

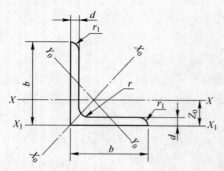

附图3　等边角钢截面图

b—边宽度；

d—边厚度；r—内圆弧半径；

r₁—边端圆弧半径；

Z₀—重心距离

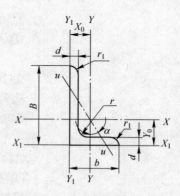

附图4　不等边角钢截面图

B—长边宽度；b—短边宽度；

d—边厚度；r—内圆弧半径；

r₁—边端圆弧半径；X₀，

Y₀—重心距离

附表 1　工字钢截面尺寸、截面面积、理论重量及截面特性

型号	截面尺寸/mm						截面面积/cm²	理论重量/kg·m⁻¹	惯性矩/cm⁴		惯性半径/cm		截面模数/cm³	
	h	b	d	t	r	r_1			I_x	I_y	i_x	i_y	W_x	W_y
10	100	68	4.5	7.6	6.5	3.3	14.345	11.261	245	33.0	4.14	1.52	49.0	9.72
12	120	74	5.0	8.4	7.0	3.5	17.818	13.987	436	46.9	4.95	1.62	72.7	12.7
12.6	126	74	5.0	8.4	7.0	3.5	18.118	14.223	488	46.9	5.20	1.61	77.5	12.7
14	140	80	5.5	9.1	7.5	3.8	21.516	16.890	712	64.4	5.76	1.73	102	16.1
16	160	88	6.0	9.9	8.0	4.0	26.131	20.513	1130	93.1	6.58	1.89	141	21.2
18	180	94	6.5	10.7	8.5	4.3	30.756	24.143	1660	122	7.36	2.00	185	26.0
20a	200	100	7.0	11.4	9.0	4.5	35.578	27.929	2370	158	8.15	2.12	237	31.5
20b	200	102	9.0	11.4	9.0	4.5	39.578	31.069	2500	169	7.96	2.06	250	33.1
22a	220	110	7.5	12.3	9.5	4.8	42.128	33.070	3400	225	8.99	2.31	309	40.9
22b	220	112	9.5	12.3	9.5	4.8	46.528	36.524	3570	239	8.78	2.27	325	42.7
24a	240	116	8.0	13.0	10.0	5.0	47.741	37.477	4570	280	9.77	2.42	381	48.4
24b	240	118	10.0	13.0	10.0	5.0	52.541	41.245	4800	297	9.57	2.38	400	50.4
25a	250	116	8.0	13.0	10.0	5.0	48.541	38.105	5020	280	10.2	2.40	402	48.3
25b	250	118	10.0	13.0	10.0	5.0	53.541	42.030	5280	309	9.94	2.40	423	52.4
27a	270	122	8.5	13.7	10.5	5.3	54.554	42.825	6550	345	10.9	2.51	485	56.6
27b	270	124	10.5	13.7	10.5	5.3	59.954	47.064	6870	366	10.7	2.47	509	58.9
28a	280	122	8.5	13.7	10.5	5.3	55.404	43.492	7110	345	11.3	2.50	508	56.6
28b	280	124	10.5	13.7	10.5	5.3	61.004	47.888	7480	379	11.1	2.49	534	61.2
30a	300	126	9.0	14.4	11.0	5.5	61.254	48.084	8950	400	12.1	2.55	597	63.5
30b	300	128	11.0	14.4	11.0	5.5	67.254	52.794	9400	422	11.8	2.50	627	65.9
30c	300	130	13.0	14.4	11.0	5.5	73.254	57.504	9850	445	11.6	2.46	657	68.5
32a	320	130	9.5	15.0	11.5	5.8	67.156	52.717	11100	460	12.8	2.62	692	70.8

续附表 1

型号	截面尺寸/mm						截面面积/cm²	理论重量/kg·m⁻¹	惯性矩/cm⁴		惯性半径/cm		截面模数/cm³	
	h	b	d	t	r	r₁			I_x	I_y	i_x	i_y	W_x	W_y
32b	320	132	11.5	15.0	11.5	5.8	73.556	57.741	11600	502	12.6	2.61	726	76.0
32c		134	13.5	15.0	11.5	5.8	79.956	62.765	12200	544	12.3	2.61	760	81.2
36a	360	136	10.0	15.8	12.0	6.0	76.480	60.037	15800	552	14.4	2.69	875	81.2
36b		138	12.0	15.8	12.0	6.0	83.680	65.689	16500	582	14.1	2.64	919	84.3
36c		140	14.0	15.8	12.0	6.0	90.880	71.341	17300	612	13.8	2.60	962	87.4
40a	400	142	10.5	16.5	12.5	6.3	86.112	67.598	21700	660	15.9	2.77	1090	93.2
40b		144	12.5	16.5	12.5	6.3	94.112	73.878	22800	692	15.6	2.71	1140	96.2
40c		146	14.5	16.5	12.5	6.3	102.112	80.158	23900	727	15.2	2.65	1190	99.6
45a	450	150	11.5	18.0	13.5	6.8	102.446	80.420	32200	855	17.7	2.89	1430	114
45b		152	13.5	18.0	13.5	6.8	111.446	87.485	33800	894	17.4	2.84	1500	118
45c		154	15.5	18.0	13.5	6.8	120.446	94.550	35300	938	17.1	2.79	1570	122
50a	500	158	12.0	20.0	14.0	7.0	119.304	93.654	46500	1120	19.7	3.07	1860	142
50b		160	14.0	20.0	14.0	7.0	129.304	101.504	48600	1170	19.4	3.01	1940	146
50c		162	16.0	20.0	14.0	7.0	139.304	109.354	50600	1220	19.0	2.96	2080	151
55a	550	166	12.5	21.0	14.5	7.3	134.185	105.335	62900	1370	21.6	3.19	2290	164
55b		168	14.5	21.0	14.5	7.3	145.185	113.970	65600	1420	21.2	3.14	2390	170
55c		170	16.5	21.0	14.5	7.3	156.185	122.605	68400	1480	20.9	3.08	2490	175
56a	560	166	12.5	21.0	14.5	7.3	135.435	106.316	65600	1370	22.0	3.18	2340	165
56b		168	14.5	21.0	14.5	7.3	146.635	115.108	68500	1490	21.6	3.16	2450	174
56c		170	16.5	21.0	14.5	7.3	157.835	123.900	71400	1560	21.3	3.16	2550	183
63a	630	176	13.0	22.0	15.0	7.5	154.658	121.407	93900	1700	24.5	3.31	2980	193
63b		178	15.0	22.0	15.0	7.5	167.258	131.298	98100	1810	24.2	3.29	3160	204
63c		180	17.0	22.0	15.0	7.5	179.858	141.189	102000	1920	23.8	3.27	3300	214

注：表中 r、r₁ 的数据用于孔型设计，不做交货条件。

附表 2　槽钢截面尺寸、截面面积、理论重量及截面特性

| 型号 | 截面尺寸/mm | | | | | | 截面面积 /cm² | 理论重量 /kg·m⁻¹ | 惯性矩/cm⁴ | | | 惯性半径/cm | | 截面模数/cm³ | | 重心距离/cm |
	h	b	d	t	r	r₁			I_x	I_y	I_{y1}	i_x	i_y	W_x	W_y	Z_0
5	50	37	4.5	7.0	7.0	3.5	6.928	5.438	26.0	8.30	20.9	1.94	1.10	10.4	3.55	1.35
6.3	63	40	4.8	7.5	7.5	3.8	8.451	6.634	50.8	11.9	28.4	2.45	1.19	16.1	4.50	1.36
6.5	65	40	4.3	7.5	7.5	3.8	8.547	6.709	55.2	12.0	28.3	2.54	1.19	17.0	4.59	1.38
8	80	43	5.0	8.0	8.0	4.0	10.248	8.045	101	16.6	37.4	3.15	1.27	25.3	5.79	1.43
10	100	48	5.3	8.5	8.5	4.2	12.748	10.007	198	25.6	54.9	3.95	1.41	39.7	7.80	1.52
12	120	53	5.5	9.0	9.0	4.5	15.362	12.059	346	37.4	77.7	4.75	1.56	57.7	10.2	1.62
12.6	126	53	5.5	9.0	9.0	4.5	15.692	12.318	391	38.0	77.1	4.95	1.57	62.1	10.2	1.59
14a	140	58	6.0	9.5	9.5	4.8	18.516	14.535	564	53.2	107	5.52	1.70	80.5	13.0	1.71
14b	140	60	8.0	9.5	9.5	4.8	21.316	16.733	609	61.1	121	5.35	1.69	87.1	14.1	1.67
16a	160	63	6.5	10.0	10.0	5.0	21.962	17.24	866	73.3	144	6.28	1.83	108	16.3	1.80
16b	160	65	8.5	10.0	10.0	5.0	25.162	19.752	935	83.4	161	6.10	1.82	117	17.6	1.75
18a	180	68	7.0	10.5	10.5	5.2	25.699	20.174	1270	98.6	190	7.04	1.96	141	20.0	1.88
18b	180	70	9.0	10.5	10.5	5.2	29.299	23.000	1370	111	210	6.84	1.95	152	21.5	1.84
20a	200	73	7.0	11.0	11.0	5.5	28.837	22.637	1780	128	244	7.86	2.11	178	24.2	2.01
20b	200	75	9.0	11.0	11.0	5.5	32.837	25.777	1910	144	268	7.64	2.09	191	25.9	1.95
22a	220	77	7.0	11.5	11.5	5.8	31.846	24.999	2390	158	298	8.67	2.23	218	28.2	2.10
22b	220	79	9.0	11.5	11.5	5.8	36.246	28.453	2570	176	326	8.42	2.21	234	30.1	2.03
24a	240	78	7.0	12.0	12.0	6.0	34.217	26.860	3050	174	325	9.45	2.25	254	30.5	2.10
24b	240	80	9.0	12.0	12.0	6.0	39.017	30.628	3280	194	355	9.17	2.23	274	32.5	2.03
24c	240	82	11.0	12.0	12.0	6.0	43.817	34.396	3510	213	388	8.96	2.21	293	34.4	2.00
25a	250	78	7.0	12.0	12.0	6.0	34.917	27.410	3370	176	322	9.82	2.24	270	30.6	2.07
25b	250	80	9.0	12.0	12.0	6.0	39.917	31.335	3530	196	353	9.41	2.22	282	32.7	1.98
25c	250	82	11.0	12.0	12.0	6.0	44.917	35.260	3690	218	384	9.07	2.21	295	35.9	1.92

续附表 2

型号	截面尺寸/mm						截面面积/cm²	理论重量/kg·m⁻¹	惯性矩/cm⁴			惯性半径/cm		截面模数/cm³		重心距离/cm
	h	b	d	t	r	r_1			I_x	I_y	I_{y1}	i_x	i_y	W_x	W_y	Z_0
27a	270	82	7.5	12.5	12.5	6.2	39.284	30.838	4360	216	393	10.5	2.34	323	35.5	2.13
27b		84	9.5				44.684	35.077	4690	239	428	10.3	2.31	347	37.7	2.06
27c		86	11.5				50.084	39.316	5020	261	467	10.1	2.28	372	39.8	2.03
28a	280	82	7.5				40.034	31.427	4760	218	388	10.9	2.33	340	35.7	2.10
28b		84	9.5				45.634	35.823	5130	242	428	10.6	2.30	366	37.9	2.02
28c		86	11.5	13.5	13.5	6.8	51.234	40.219	5500	268	463	10.4	2.29	393	40.3	1.95
30a	300	85	7.5				43.902	34.463	6050	260	467	11.7	2.43	403	41.1	2.17
30b		87	9.5				49.902	39.173	6500	289	515	11.4	2.41	433	44.0	2.13
30c		89	11.5				55.902	43.883	6950	316	560	11.2	2.38	463	46.4	2.09
32a	320	88	8.0	14.0	14.0	7.0	48.513	38.083	7600	305	552	12.5	2.50	475	46.5	2.24
32b		90	10.0				54.913	43.107	8140	336	593	12.2	2.47	509	49.2	2.16
32c		92	12.0				61.313	48.131	8690	374	643	11.9	2.47	543	52.6	2.09
36a	360	96	9.0	16.0	16.0	8.0	60.910	47.814	11900	455	818	14.0	2.73	660	63.5	2.44
36b		98	11.0				68.110	53.466	12700	497	880	13.6	2.70	703	66.9	2.37
36c		100	13.0				75.310	59.118	13400	536	948	13.4	2.67	746	70.0	2.34
40a	400	100	10.5	18.0	18.0	9.0	75.068	58.928	17600	592	1070	15.3	2.81	879	78.8	2.49
40b		102	12.5				83.068	65.208	18600	640	114	15.0	2.78	932	82.5	2.44
40c		104	14.5				91.068	71.488	19700	688	1220	14.7	2.75	986	86.2	2.42

注：表中 r、r_1 的数据用于孔型设计，不做交货条件。

附表 3　等边角钢截面尺寸、截面面积、理论重量及截面特性

型号	b	d	r	截面面积/cm²	理论重量/kg·m⁻¹	外表面积/m²·m⁻¹	惯性矩/cm⁴ I_x	I_{x1}	I_{x0}	I_{y0}	惯性半径/cm i_x	i_{x0}	i_{y0}	截面模数/cm³ W_x	W_{x0}	W_{y0}	重心距离/cm Z_0
2	20	3	3.5	1.132	0.889	0.078	0.40	0.81	0.63	0.17	0.59	0.75	0.39	0.29	0.45	0.20	0.60
		4		1.459	1.145	0.077	0.50	1.09	0.78	0.22	0.58	0.73	0.38	0.36	0.55	0.24	0.64
2.5	25	3		1.432	1.124	0.098	0.82	1.57	1.29	0.34	0.76	0.95	0.49	0.46	0.73	0.33	0.73
		4		1.859	1.459	0.097	1.03	2.11	1.62	0.43	0.74	0.93	0.48	0.59	0.92	0.40	0.76
3.0	30	3	4.5	1.749	1.373	0.117	1.46	2.71	2.31	0.61	0.91	1.15	0.59	0.68	1.09	0.51	0.85
		4		2.276	1.786	0.117	1.84	3.63	2.92	0.77	0.90	1.13	0.58	0.87	1.37	0.62	0.89
3.6	36	3		2.109	1.656	0.141	2.58	4.68	4.09	1.07	1.11	1.39	0.71	0.99	1.61	0.76	1.00
		4		2.756	2.163	0.141	3.29	6.25	5.22	1.37	1.09	1.38	0.70	1.28	2.05	0.93	1.04
		5		3.382	2.654	0.141	3.95	7.84	6.24	1.65	1.08	1.36	0.70	1.56	2.45	1.00	1.07
4	40	3	5	2.359	1.852	0.157	3.59	6.41	5.69	1.49	1.23	1.55	0.79	1.23	2.01	0.96	1.09
		4		3.086	2.422	0.157	4.60	8.56	7.29	1.91	1.22	1.54	0.79	1.60	2.58	1.19	1.13
		5		3.791	2.976	0.156	5.53	10.74	8.76	2.30	1.21	1.52	0.78	1.96	3.10	1.39	1.17
4.5	45	3	5	2.659	2.088	0.177	5.17	9.12	8.20	2.14	1.40	1.76	0.89	1.58	2.58	1.24	1.22
		4		3.486	2.736	0.177	6.65	12.18	10.56	2.75	1.38	1.74	0.89	2.05	3.32	1.54	1.26
		5		4.292	3.369	0.176	8.04	15.2	12.74	3.33	1.37	1.72	0.88	2.51	4.00	1.81	1.30
		6		5.076	3.985	0.176	9.33	18.36	14.76	3.89	1.36	1.70	0.8	2.95	4.64	2.06	1.33
5	50	3	5.5	2.971	2.332	0.197	7.18	12.5	11.37	2.98	1.55	1.96	1.00	1.96	3.22	1.57	1.34
		4		3.897	3.059	0.197	9.26	16.69	14.70	3.82	1.54	1.94	0.99	2.56	4.16	1.96	1.38
		5		4.803	3.770	0.196	11.21	20.90	17.79	4.64	1.53	1.92	0.98	3.13	5.03	2.31	1.42
		6		5.688	4.465	0.196	13.05	25.14	20.68	5.42	1.52	1.91	0.98	3.68	5.85	2.63	1.46
5.6	56	3	6	3.343	2.624	0.221	10.19	17.56	16.14	4.24	1.75	2.20	1.13	2.48	4.08	2.02	1.48
		4		4.390	3.446	0.220	13.18	23.43	20.92	5.46	1.73	2.18	1.11	3.24	5.28	2.52	1.53
		5		5.415	4.251	0.220	16.02	29.33	25.42	6.61	1.72	2.17	1.10	3.97	6.42	2.98	1.57

续附表 3

型号	截面尺寸/mm			截面面积/cm²	理论重量/kg·m⁻¹	外表面积/m²·m⁻¹	惯性矩/cm⁴				惯性半径/cm			截面模数/cm³			重心距离/cm
	b	d	r				I_x	I_{x1}	I_{x0}	I_{y0}	i_x	i_{x0}	i_{y0}	W_x	W_{x0}	W_{y0}	Z_0
5.6	56	6	6	6.420	5.040	0.220	18.69	35.26	29.66	7.73	1.71	2.15	1.10	4.68	7.49	3.40	1.61
		7		7.404	5.812	0.219	21.23	41.23	33.63	8.82	1.69	2.13	1.09	5.36	8.49	3.80	1.64
		8		8.367	6.568	0.219	23.63	47.24	37.37	9.89	1.68	2.11	1.09	6.03	9.44	4.16	1.68
6	60	5	6.5	5.829	4.576	0.236	19.89	36.05	31.57	8.21	1.85	2.33	1.19	4.59	7.44	3.48	1.67
		6		6.914	5.427	0.235	23.25	43.33	36.89	9.60	1.83	2.31	1.18	5.41	8.70	3.98	1.70
		7		7.977	6.262	0.235	26.44	50.65	41.92	10.96	1.82	2.29	1.17	6.21	9.88	4.45	1.74
		8		9.020	7.081	0.235	29.47	58.02	46.66	12.28	1.81	2.27	1.17	6.98	11.00	4.88	1.78
6.3	63	4	7	4.978	3.907	0.248	19.03	33.35	30.17	7.89	1.96	2.46	1.26	4.13	6.78	3.29	1.70
		5		6.143	4.822	0.248	23.17	41.73	36.77	9.57	1.94	2.45	1.25	5.08	8.25	3.90	1.74
		6		7.288	5.721	0.247	27.12	50.14	43.03	11.20	1.93	2.43	1.24	6.00	9.66	4.46	1.78
		7		8.412	6.603	0.247	30.87	58.60	48.96	12.79	1.92	2.41	1.23	6.88	10.99	4.98	1.82
		8		9.515	7.469	0.247	34.46	67.11	54.56	14.33	1.90	2.40	1.23	7.75	12.25	5.47	1.85
		10		11.657	9.151	0.246	41.09	84.31	64.85	17.33	1.88	2.36	1.22	9.39	14.56	6.36	1.93
7	70	4	8	5.570	4.372	0.275	26.39	45.74	41.80	10.99	2.18	2.74	1.40	5.14	8.44	4.17	1.86
		5		6.875	5.397	0.275	32.21	57.21	51.08	13.31	2.16	2.73	1.39	6.32	10.32	4.95	1.91
		6		8.160	6.406	0.275	37.77	68.73	59.93	15.61	2.15	2.71	1.38	7.48	12.11	5.67	1.95
		7		9.424	7.398	0.275	43.09	80.29	68.35	17.82	2.14	2.69	1.38	8.59	13.81	6.34	1.99
		8		10.667	8.373	0.274	48.17	91.92	76.37	19.98	2.12	2.68	1.37	9.68	15.43	6.98	2.03
7.5	75	5	9	7.412	5.818	0.295	39.97	70.56	63.30	16.63	2.33	2.92	1.50	7.32	11.94	5.77	2.04
		6		8.797	6.905	0.294	46.95	84.55	74.38	19.51	2.31	2.90	1.49	8.64	14.02	6.67	2.07
		7		10.160	7.976	0.294	53.57	98.71	84.96	22.18	2.30	2.89	1.48	9.93	16.02	7.44	2.11
		8		11.503	9.030	0.294	59.96	112.97	95.07	24.86	2.28	2.88	1.47	11.20	17.93	8.19	2.15
		9		12.825	10.068	0.294	66.10	127.30	104.71	27.48	2.27	2.86	1.46	12.43	19.75	8.89	2.18

续附表 3

| 型号 | 截面尺寸/mm | | | 截面面积/cm² | 理论重量/kg·m⁻¹ | 外表面积/m²·m⁻¹ | 惯性矩/cm⁴ | | | | 惯性半径/cm | | | 截面模数/cm³ | | | 重心距离/cm |
	b	d	r				I_x	I_{x1}	I_{x0}	I_{y0}	i_x	i_{x0}	i_{y0}	W_x	W_{x0}	W_{y0}	Z_0
7.5	75	10	9	14.126	11.089	0.293	71.98	141.71	113.92	30.05	2.26	2.84	1.46	13.64	21.48	9.56	2.22
8	80	5	9	7.912	6.211	0.315	48.79	85.36	77.33	20.25	2.48	3.13	1.60	8.34	13.67	6.66	2.15
		6		9.397	7.376	0.314	57.35	102.50	90.98	23.72	2.47	3.11	1.59	9.87	16.08	7.65	2.19
		7		10.860	8.525	0.314	65.58	119.70	104.07	27.09	2.46	3.10	1.58	11.37	18.40	8.58	2.23
		8		12.303	9.658	0.314	73.49	136.97	116.60	30.39	2.44	3.08	1.57	12.83	20.61	9.46	2.27
		9		13.725	10.774	0.314	81.11	154.31	128.60	33.61	2.43	3.06	1.56	14.25	22.73	10.29	2.31
		10		15.126	11.874	0.313	88.43	171.74	140.09	36.77	2.42	3.04	1.56	15.64	24.76	11.08	2.35
9	90	6		10.637	8.350	0.354	82.77	145.87	131.26	34.28	2.79	3.51	1.80	12.61	20.63	9.95	2.44
		7		12.301	9.656	0.354	94.83	170.30	150.47	39.18	2.78	3.50	1.78	14.54	23.64	11.19	2.48
		8	10	13.944	10.946	0.353	106.47	194.80	168.97	43.97	2.76	3.48	1.78	16.42	26.55	12.35	2.52
		9		15.566	12.219	0.353	117.72	219.39	186.77	48.66	2.75	3.46	1.77	18.27	29.35	13.46	2.56
		10		17.167	13.476	0.353	128.58	244.07	203.90	53.26	2.74	3.45	1.76	20.07	32.04	14.52	2.59
		12		20.306	15.940	0.352	149.22	293.76	236.21	62.22	2.71	3.41	1.75	23.57	37.12	16.49	2.67
10	100	6		11.932	9.366	0.393	114.95	200.07	181.98	47.92	3.10	3.90	2.00	15.68	25.74	12.69	2.67
		7		13.796	10.830	0.393	131.86	233.54	208.97	54.74	3.09	3.89	1.99	18.10	29.55	14.26	2.71
		8	12	15.638	12.276	0.393	148.24	267.09	235.07	61.41	3.08	3.88	1.98	20.47	33.24	15.75	2.76
		9		17.462	13.708	0.392	164.12	300.73	260.30	67.95	3.07	3.86	1.97	22.79	36.81	17.18	2.80
		10		19.261	15.120	0.392	179.51	334.48	284.68	74.35	3.05	3.84	1.96	25.06	40.26	18.54	2.84
		12		22.800	17.898	0.391	208.90	402.34	330.95	86.84	3.03	3.81	1.95	29.48	46.80	21.08	2.91
		14		26.256	20.611	0.391	236.53	470.75	374.06	99.00	3.00	3.77	1.94	33.73	52.90	23.44	2.99
		16		29.627	23.257	0.390	262.53	539.80	414.16	110.89	2.98	3.74	1.94	37.82	58.57	25.63	3.06
11	110	7	12	15.196	11.928	0.433	177.16	310.64	280.94	73.38	3.41	4.30	2.20	22.05	36.12	17.51	2.96
		8		17.238	13.535	0.433	199.46	355.20	316.49	82.42	3.40	4.28	2.19	24.95	40.69	19.39	3.01

续附表 3

型号	截面尺寸/mm			截面面积/cm²	理论重量/kg·m⁻¹	外表面积/m²·m⁻¹	惯性矩/cm⁴				惯性半径/cm			截面模数/cm³			重心距离/cm
	b	d	r				I_x	I_{x1}	I_{x0}	I_{y0}	i_x	i_{x0}	i_{y0}	W_x	W_{x0}	W_{y0}	Z_0
11	110	10	12	21.261	16.690	0.432	242.19	444.65	384.39	99.98	3.38	4.25	2.17	30.60	49.42	22.91	3.09
		12		25.200	19.782	0.431	282.55	534.60	448.17	116.93	3.35	4.22	2.15	36.05	57.62	26.15	3.16
		14		29.056	22.809	0.431	320.71	625.16	508.01	133.40	3.32	4.18	2.14	41.31	65.31	29.14	3.24
12.5	125	8		19.750	15.504	0.492	297.03	521.01	470.89	123.16	3.88	4.88	2.50	32.52	53.28	25.86	3.37
		10		24.373	19.133	0.491	361.67	651.93	573.89	149.46	3.85	4.85	2.48	39.97	64.93	30.62	3.45
		12		28.912	22.696	0.491	423.16	783.42	671.44	174.88	3.83	4.82	2.46	41.17	75.96	35.03	3.53
		14	14	33.367	26.193	0.490	481.65	915.61	763.73	199.57	3.80	4.78	2.45	54.16	86.41	39.13	3.61
		16		37.739	29.625	0.489	537.31	1048.62	850.98	223.65	3.77	4.75	2.43	60.93	96.28	42.96	3.68
14	140	10		27.373	21.488	0.551	514.65	915.11	817.27	212.04	4.34	5.46	2.78	50.58	82.56	39.20	3.82
		12		32.512	25.522	0.551	603.68	1099.28	958.79	248.57	4.31	5.43	2.76	59.80	96.85	45.02	3.90
		14		37.567	29.490	0.550	688.81	1284.22	1093.56	284.06	4.28	5.40	2.75	68.75	110.47	50.45	3.98
		16		42.539	33.393	0.549	770.24	1470.07	1221.81	318.67	4.26	5.36	2.74	77.46	123.42	55.55	4.06
15	150	8		23.750	18.644	0.592	521.37	899.55	827.49	215.25	4.69	5.90	3.01	47.36	78.02	38.14	3.99
		10		29.373	23.058	0.591	637.50	1125.09	1012.79	262.21	4.66	5.87	2.99	58.35	95.49	45.51	4.08
		12		34.912	27.406	0.591	748.85	1351.26	1189.97	307.73	4.63	5.84	2.97	69.04	112.19	52.38	4.15
		14	16	40.367	31.688	0.590	855.64	1578.25	1359.30	351.98	4.60	5.80	2.95	79.45	128.16	58.83	4.23
		15		43.063	33.804	0.590	907.39	1692.10	1441.09	373.69	4.59	5.78	2.95	84.56	135.87	61.90	4.27
		16		45.739	35.905	0.589	958.08	1806.21	1521.02	395.14	4.58	5.77	2.94	89.59	143.40	64.89	4.31
16	160	10		31.502	24.729	0.630	779.53	1365.33	1237.30	321.76	4.98	6.27	3.20	66.70	109.36	52.76	4.31
		12		37.441	29.391	0.630	916.58	1639.57	1455.68	377.49	4.95	6.24	3.18	78.98	128.67	60.74	4.39
		14		43.296	33.987	0.629	1048.36	1914.68	1665.02	431.70	4.92	6.20	3.16	90.95	147.17	68.24	4.47
		16		49.067	38.518	0.629	1175.08	2190.82	1865.57	484.59	4.89	6.17	3.14	102.63	164.89	75.31	4.55
18	180	12		42.241	33.159	0.710	1321.35	2332.80	2100.10	542.61	5.59	7.05	3.58	100.82	165.00	78.41	4.89

续附表 3

| 型号 | 截面尺寸/mm | | | 截面面积/cm² | 理论重量/kg·m⁻¹ | 外表面积/m²·m⁻¹ | 惯性矩/cm⁴ | | | | 惯性半径/cm | | | 截面模数/cm³ | | | 重心距离/cm |
	b	d	r				I_x	I_{x1}	I_{x0}	I_{y0}	i_x	i_{x0}	i_{y0}	W_x	W_{x0}	W_{y0}	Z_0
18	180	14	16	48.896	38.383	0.709	1514.48	2723.48	2407.42	621.53	5.56	7.02	3.56	116.25	189.14	88.38	4.97
		16		55.467	43.542	0.709	1700.99	3115.29	2703.37	698.60	5.54	6.98	3.55	131.13	212.40	97.83	5.05
		18		61.055	48.634	0.708	1875.12	3502.43	2988.24	762.01	5.50	6.94	3.51	145.64	234.78	105.14	5.13
20	200	14	18	54.642	42.894	0.788	2103.55	3734.10	3343.26	863.83	6.20	7.82	3.98	144.70	236.40	111.82	5.46
		16		62.013	48.680	0.788	2366.15	4270.39	3760.89	971.41	6.18	7.79	3.96	163.65	265.93	123.96	5.54
		18		69.301	54.401	0.787	2620.64	4808.13	4164.54	1076.74	6.15	7.75	3.94	182.22	294.48	135.52	5.62
		20		76.505	60.056	0.787	2867.30	5347.51	4554.55	1180.04	6.12	7.72	3.93	200.42	322.06	146.55	5.69
		24		90.661	71.168	0.785	3338.25	6457.16	5294.97	1381.53	6.07	7.64	3.90	236.17	374.41	166.65	5.87
22	220	16	21	68.664	53.901	0.866	3187.36	5681.62	5063.73	1310.99	6.81	8.59	4.37	199.55	325.51	153.81	6.03
		18		76.752	60.250	0.866	3534.30	6395.93	5615.32	1453.27	6.79	8.55	4.35	222.37	360.97	168.29	6.11
		20		84.756	66.533	0.865	3871.49	7112.04	6150.08	1592.90	6.76	8.52	4.34	244.77	395.34	182.16	6.18
		22		92.676	72.751	0.865	4199.23	7830.19	6668.37	1730.10	6.73	8.48	4.32	266.78	428.66	195.45	6.26
		24		100.512	78.902	0.864	4517.83	8550.57	7170.55	1865.11	6.70	8.45	4.31	288.39	460.94	208.21	6.33
		26		108.264	84.987	0.864	4827.58	9273.39	7656.98	1998.17	6.68	8.41	4.30	309.62	492.21	220.49	6.41
25	250	18	24	87.842	68.956	0.985	5268.22	9379.11	8369.04	2167.41	7.74	9.76	4.97	290.12	473.42	224.03	6.84
		20		97.045	76.180	0.984	5779.34	10426.97	9181.94	2376.74	7.72	9.73	4.95	319.66	519.41	242.85	6.92
		24		115.201	90.433	0.983	6763.93	12529.74	10742.67	2785.19	7.66	9.66	4.92	377.34	607.70	278.38	7.07
		26		124.154	97.461	0.982	7238.08	13585.18	11491.33	2984.84	7.63	9.62	4.90	405.50	650.05	295.19	7.15
		28		133.022	104.422	0.982	7700.60	14643.62	12219.39	3181.81	7.61	9.58	4.89	433.22	691.23	311.42	7.22
		30		141.807	111.318	0.981	8151.80	15705.30	12927.26	3376.34	7.58	9.55	4.88	460.51	731.28	327.12	7.30
		32		150.508	118.149	0.981	8592.01	16770.41	13615.32	3568.71	7.56	9.51	4.87	487.39	770.20	342.33	7.37
		35		163.402	128.271	0.980	9232.44	18374.95	14611.16	3853.72	7.52	9.46	4.86	526.97	826.53	364.30	7.48

注：截面图中的 $r_1 = 1/3d$ 及表中 r 的数据用于孔型设计，不做交货条件。

附表 4　不等边角钢截面尺寸、截面面积、理论重量及截面特性

型号	截面尺寸/mm				截面面积/cm²	理论重量/kg·m⁻¹	外表面积/m²·m⁻¹	惯性矩/cm⁴					惯性半径/cm			截面模数/cm³			tanα	重心距离/cm	
	B	b	d	r				I_x	I_{x1}	I_y	I_{y1}	I_u	i_x	i_y	i_u	W_x	W_y	W_u		X_0	Y_0
2.5/1.6	25	16	3	3.5	1.162	0.912	0.080	0.70	1.56	0.22	0.43	0.14	0.78	0.44	0.34	0.43	0.19	0.16	0.392	0.42	0.86
			4		1.499	1.176	0.079	0.88	2.09	0.27	0.59	0.17	0.77	0.43	0.34	0.55	0.24	0.20	0.381	0.46	1.86
3.2/2	32	20	3	3.5	1.492	1.171	0.102	1.53	3.27	0.46	0.82	0.28	1.01	0.55	0.43	0.72	0.30	0.25	0.382	0.49	0.90
			4		1.939	1.522	0.101	1.93	4.37	0.57	1.12	0.35	1.00	0.54	0.42	0.93	0.39	0.32	0.374	0.53	1.08
4/2.5	40	25	3	4	1.890	1.484	0.127	3.08	5.39	0.93	1.59	0.56	1.28	0.70	0.54	1.15	0.49	0.40	0.385	0.59	1.12
			4		2.467	1.936	0.127	3.93	8.53	1.18	2.14	0.71	1.36	0.69	0.54	1.49	0.63	0.52	0.381	0.63	1.32
4.5/2.8	45	28	3	5	2.149	1.687	0.143	4.45	9.10	1.34	2.23	0.80	1.44	0.79	0.61	1.47	0.62	0.51	0.383	0.64	1.37
			4		2.806	2.203	0.143	5.69	12.13	1.70	3.00	1.02	1.42	0.78	0.60	1.91	0.80	0.66	0.380	0.68	1.47
5/3.2	50	32	3	5.5	2.431	1.908	0.161	6.24	12.49	2.02	3.31	1.20	1.60	0.91	0.70	1.84	0.82	0.68	0.404	0.73	1.51
			4		3.177	2.494	0.160	8.02	16.65	2.58	4.45	1.53	1.59	0.90	0.69	2.39	1.06	0.87	0.402	0.77	1.60
5.6/3.6	56	36	3	6	2.743	2.153	0.181	8.88	17.54	2.92	4.70	1.73	1.80	1.03	0.79	2.32	1.05	0.87	0.408	0.80	1.65
			4		3.590	2.818	0.180	11.45	23.39	3.76	6.33	2.23	1.79	1.02	0.79	3.03	1.37	1.13	0.408	0.85	1.78
			5		4.415	3.466	0.180	13.86	29.25	4.49	7.94	2.67	1.77	1.01	0.78	3.71	1.65	1.36	0.404	0.88	1.82
6.3/4	63	40	4	7	4.058	3.185	0.202	16.49	33.30	5.23	8.63	3.12	2.02	1.14	0.88	3.87	1.70	1.40	0.398	0.92	1.87
			5		4.993	3.920	0.202	20.02	41.63	6.31	10.86	3.76	2.00	1.12	0.87	4.74	2.07	1.71	0.396	0.95	2.04
			6		5.908	4.638	0.201	23.36	49.98	7.29	13.12	4.34	1.96	1.11	0.86	5.59	2.43	1.99	0.393	0.99	2.08
			7		6.802	5.339	0.201	26.53	58.07	8.24	15.47	4.97	1.98	1.10	0.86	6.40	2.78	2.29	0.389	1.03	2.12
7/4.5	70	45	4	7.5	4.547	3.570	0.226	23.17	45.92	7.55	12.26	4.40	2.26	1.29	0.98	4.86	2.17	1.77	0.410	1.02	2.15
			5		5.609	4.403	0.225	27.95	57.10	9.13	15.39	5.40	2.23	1.28	0.98	5.92	2.65	2.19	0.407	1.06	2.24
			6		6.647	5.218	0.225	32.54	68.35	10.62	18.58	6.35	2.21	1.26	0.98	6.95	3.12	2.59	0.404	1.09	2.28
			7		7.657	6.011	0.225	37.22	79.99	12.01	21.84	7.16	2.20	1.25	0.97	8.03	3.57	2.94	0.402	1.13	2.32
7.5/5	75	50	5	8	6.125	4.808	0.245	34.86	70.00	12.61	21.04	7.41	2.39	1.44	1.10	6.83	3.30	2.74	0.435	1.17	2.36
			6		7.260	5.699	0.245	41.12	84.30	14.70	25.37	8.54	2.38	1.42	1.08	8.12	3.88	3.19	0.435	1.21	2.40

续附表 4

型号	截面尺寸/mm B	b	d	r	截面面积/cm²	理论重量/(kg·m⁻¹)	外表面积/(m²·m⁻¹)	惯性矩/cm⁴ I_x	I_{x1}	I_y	I_{y1}	I_u	惯性半径/cm i_x	i_y	i_u	截面模数/cm³ W_x	W_y	W_u	tanα	重心距离/cm X_0	Y_0
7.5/5	75	50	8	8	9.467	7.431	0.244	52.39	112.50	18.53	34.23	10.87	2.35	1.40	1.07	10.52	4.99	4.10	0.429	1.29	2.44
	75	50	10	8	11.590	9.098	0.244	62.71	140.80	21.96	43.43	13.10	2.33	1.38	1.06	12.79	6.04	4.99	0.423	1.36	2.52
8/5	80	50	5	8	6.375	5.005	0.255	41.96	85.21	12.82	21.06	7.66	2.56	1.42	1.10	7.78	3.32	2.74	0.388	1.14	2.60
	80	50	6	8	7.560	5.935	0.255	49.49	102.53	14.95	25.41	8.85	2.56	1.41	1.08	9.25	3.91	3.20	0.387	1.18	2.65
	80	50	7	8	8.724	6.848	0.255	56.16	119.33	16.96	29.82	10.18	2.54	1.39	1.08	10.58	4.48	3.70	0.384	1.21	2.69
	80	50	8	8	9.867	7.745	0.254	62.83	136.41	18.85	34.32	11.38	2.52	1.38	1.07	11.92	5.03	4.16	0.381	1.25	2.73
9/5.6	90	56	5	9	7.212	5.661	0.287	60.45	121.32	18.32	29.53	10.98	2.90	1.59	1.23	9.92	4.21	3.49	0.385	1.25	2.91
	90	56	6	9	8.557	6.717	0.286	71.03	145.59	21.42	35.58	12.90	2.88	1.58	1.23	11.74	4.96	4.13	0.384	1.29	2.95
	90	56	7	9	9.880	7.756	0.286	81.01	169.60	24.36	41.71	14.67	2.86	1.57	1.22	13.49	5.70	4.72	0.382	1.33	3.00
	90	56	8	9	11.183	8.779	0.286	91.03	194.17	27.15	47.93	16.34	2.85	1.56	1.21	15.27	6.41	5.29	0.380	1.36	3.04
10/6.3	100	63	6	10	9.617	7.550	0.320	99.06	199.71	30.94	50.50	18.42	3.21	1.79	1.38	14.64	6.35	5.25	0.394	1.43	3.24
	100	63	7	10	11.111	8.722	0.320	113.45	233.00	35.26	59.14	21.00	3.20	1.78	1.38	16.88	7.29	6.02	0.394	1.47	3.28
	100	63	8	10	12.534	9.878	0.319	127.37	266.32	39.39	67.88	23.50	3.18	1.77	1.37	19.08	8.21	6.78	0.391	1.50	3.32
	100	63	10	10	15.467	12.142	0.319	153.81	333.06	47.12	85.73	28.33	3.15	1.74	1.35	23.32	9.98	8.24	0.387	1.58	3.40
10/8	100	80	6	10	10.637	8.350	0.354	107.04	199.83	61.24	102.68	31.65	3.17	2.40	1.72	15.19	10.16	8.37	0.627	1.97	2.95
	100	80	7	10	12.301	9.656	0.354	122.73	233.20	70.08	119.98	36.17	3.16	2.39	1.72	17.52	11.71	9.60	0.626	2.01	3.0
	100	80	8	10	13.944	10.946	0.353	137.92	266.61	78.58	137.37	40.58	3.14	2.37	1.71	19.81	13.21	10.80	0.625	2.05	3.04
	100	80	10	10	17.167	13.476	0.353	166.87	333.63	94.65	172.48	49.10	3.12	2.35	1.69	24.24	16.12	13.12	0.622	2.13	3.12
11/7	110	70	6	10	10.637	8.350	0.354	133.37	265.78	42.92	69.08	25.36	3.54	2.01	1.54	17.85	7.90	6.53	0.403	1.57	3.53
	110	70	7	10	12.301	9.656	0.354	153.00	310.07	49.01	80.82	28.95	3.53	2.00	1.53	20.60	9.09	7.50	0.402	1.61	3.57
	110	70	8	10	13.944	10.946	0.353	172.04	354.39	54.87	92.70	32.45	3.51	1.98	1.53	23.30	10.25	8.45	0.401	1.65	3.62
	110	70	10	10	17.167	13.476	0.353	208.39	443.13	65.88	116.83	39.20	3.48	1.96	1.51	28.54	12.48	10.29	0.397	1.72	3.70
12.5/8	125	80	7	11	14.096	11.066	0.403	227.98	454.99	74.42	120.32	43.81	4.02	2.30	1.76	26.86	12.01	9.92	0.408	1.80	4.01

续附表 4

型号	截面尺寸/mm				截面面积 /cm²	理论重量 /kg·m⁻¹	外表面积 /m²·m⁻¹	惯性矩/cm⁴					惯性半径/cm			截面模数/cm³			tanα	重心距离/cm	
	B	b	d	r				I_x	I_{x1}	I_y	I_{y1}	I_u	i_x	i_y	i_u	W_x	W_y	W_u		X_0	Y_0
12.5/8	125	80	8	11	15.989	12.551	0.403	256.77	519.99	83.49	137.85	49.15	4.01	2.28	1.75	30.41	13.56	11.18	0.407	1.84	4.06
			10		19.712	15.474	0.402	312.04	650.09	100.67	173.40	59.45	3.98	2.26	1.74	37.33	16.56	13.64	0.404	1.92	4.14
			12		23.351	18.330	0.402	364.41	780.39	116.67	209.67	69.35	3.95	2.24	1.72	44.01	19.43	16.01	0.400	2.00	4.22
14/9	140	90	8	12	18.038	14.160	0.453	365.64	730.53	120.69	195.79	70.83	4.50	2.59	1.98	38.48	17.34	14.31	0.411	2.04	4.50
			10		22.261	17.475	0.452	445.50	913.20	140.03	245.92	85.82	4.47	2.56	1.96	47.31	21.22	17.48	0.409	2.12	4.58
			12		26.400	20.724	0.451	521.59	1096.09	169.79	296.89	100.21	4.44	2.54	1.95	55.87	24.95	20.54	0.406	2.19	4.66
			14		30.456	23.908	0.451	594.10	1279.26	192.10	348.82	114.13	4.42	2.51	1.94	64.18	28.54	23.52	0.403	2.27	4.74
15/9	150	90	8	12	18.839	14.788	0.473	442.05	898.35	122.80	195.96	74.14	4.84	2.55	1.98	43.86	17.47	14.48	0.364	1.97	4.92
			10		23.261	18.260	0.472	539.24	1122.85	148.62	246.26	89.86	4.81	2.53	1.97	53.97	21.38	17.69	0.362	2.05	5.01
			12		27.600	21.666	0.471	632.08	1347.50	172.85	297.46	104.95	4.79	2.50	1.95	63.79	25.14	20.80	0.359	2.12	5.09
			14		31.856	25.007	0.471	720.77	1572.38	195.62	349.74	119.53	4.76	2.48	1.94	73.33	28.77	23.84	0.356	2.20	5.17
			15		33.952	26.652	0.471	763.62	1684.93	206.50	376.33	126.67	4.74	2.47	1.93	77.99	30.53	25.33	0.354	2.24	5.21
			16		36.027	28.281	0.470	805.51	1797.55	217.07	403.24	133.72	4.73	2.45	1.93	82.60	32.27	26.82	0.352	2.27	5.25
16/10	160	100	10	13	25.315	19.872	0.512	668.69	1362.89	205.03	336.59	121.74	5.14	2.85	2.19	62.13	26.56	21.92	0.390	2.28	5.24
			12		30.054	23.592	0.511	784.91	1635.56	239.06	405.94	142.33	5.11	2.82	2.17	73.49	31.28	25.79	0.388	2.36	5.32
			14		34.709	27.247	0.510	896.30	1908.50	271.20	476.42	162.23	5.08	2.80	2.16	84.56	35.83	29.56	0.385	0.43	5.40
			16		39.281	30.835	0.510	1003.04	2181.79	301.60	548.22	182.57	5.05	2.77	2.16	95.33	40.24	33.44	0.382	2.51	5.48
18/11	180	110	10	14	28.373	22.273	0.571	956.25	1940.40	278.11	447.22	166.50	5.80	3.13	2.42	78.96	32.49	26.88	0.376	2.44	5.89
			12		33.712	26.440	0.571	1124.72	2328.38	325.03	538.94	194.87	5.78	3.10	2.40	93.53	38.32	31.66	0.374	2.52	5.98
			14		38.967	30.589	0.570	1286.91	2716.60	369.55	631.95	222.30	5.75	3.08	2.39	107.76	43.97	36.32	0.372	2.59	6.06
			16		44.139	34.649	0.569	1443.06	3105.15	411.85	726.46	248.94	5.72	3.06	2.38	121.64	49.44	40.87	0.369	2.67	6.14
20/12.5	200	125	12	14	37.912	29.761	0.641	1570.90	3193.85	483.16	787.74	285.79	6.44	3.57	2.74	116.73	49.99	41.23	0.392	2.83	6.54
			14		43.687	34.436	0.640	1800.97	3726.17	550.83	922.47	326.58	6.41	3.54	2.73	134.65	57.44	47.34	0.390	2.91	6.62

续附表4

型号	截面尺寸/mm				截面面积	理论重量	外表面积	惯性矩/cm⁴					惯性半径/cm			截面模数/cm³			tanα	重心距离/cm	
	B	b	d	r	/cm²	/kg·m⁻¹	/m²·m⁻¹	I_x	I_{x1}	I_y	I_{y1}	I_u	i_x	i_y	i_u	W_x	W_y	W_u		X_0	Y_0
20/12.5	200	125	16	18	49.739	39.045	0.639	2023.35	4258.88	615.44	1058.86	366.21	6.38	3.52	2.71	152.18	64.89	53.32	0.388	2.99	6.70
			18	4	55.526	43.588	0.639	2238.30	4792.00	677.19	1197.13	404.83	6.35	3.49	2.70	169.33	71.74	59.18	0.385	3.06	6.78

注：截面图中的 $r_1 = 1/3d$ 及表中 r 的数据用于孔型设计，不做交货条件。

附表 5　L 型钢截面尺寸、截面面积、理论重量及截面特性

型号	截面尺寸/mm						截面面积	理论重量	惯性矩 I_x	重心距离 Y_0/cm
	B	b	D	d	r	r_1	/cm²	/kg·m⁻¹	/cm⁴	
L250×90×9×13	250	90	9	13	15	7.5	33.4	26.2	2190	8.64
L250×90×10.5×15			10.5	15			38.5	30.3	2510	8.76
L250×90×11.5×16			11.5	16			41.7	32.7	2710	8.90
L300×100×10.5×15	300	100	10.5	15			45.3	35.6	4290	10.6
L300×100×11.5×16			11.5	16			49.0	38.5	4630	10.7
L350×120×10.5×16	350	120	10.5	16	20	10	54.9	43.1	7110	12.0
L350×120×11.5×18			11.5	18			60.4	47.4	7780	12.0
L400×120×11.5×23	400	120	11.5	23			71.6	56.2	11900	13.3
L450×120×11.5×25	450	120	11.5	25			79.5	62.4	16800	15.1
L500×120×12.5×33	500	120	12.5	33			98.6	77.4	25500	16.5
L500×120×13.5×35			13.5	35			105.0	82.8	27100	16.6

参 考 文 献

［1］胡可．建筑力学［M］．哈尔滨：哈尔滨工业大学出版社，2012.

［2］张曦．建筑力学［M］．北京：中国建筑工业出版社，2011.

［3］刘俊义．建筑力学［M］．北京：机械工业出版社，2011.

［4］赵萍．建筑力学［M］．北京：北京理工大学出版社，2011.

［5］杨继宏，邹玉清．工程力学［M］．武汉：华中科技大学出版社，2013.

［6］王铎，程靳．理论力学［M］．北京：高等教育出版社，2002.

［7］陈大轮．材料力学［M］．北京：机械工业出版社，1998.

［8］张秉荣，章剑青．工程力学［M］．北京：机械工业出版社，2001.

［9］陈位宫．工程力学［M］．北京：高等教育出版社，2000.

［10］贾启芬．工程力学［M］．天津：天津大学出版社，2002.

［11］李庆华．材料力学［M］．成都：西南交通大学出版社，1994.

［12］周建波．工程力学［M］．重庆：重庆大学出版社，2004.

冶金工业出版社部分图书推荐

书　名	作者	定价(元)
冶金通用机械与冶炼设备(第2版)(高职高专国规教材)	王庆春	56.00
机械设备维修基础（高职高专教材）	闫嘉琪	28.00
矿冶液压设备使用与维护（高职高专教材）	苑忠国	27.00
金属热处理生产技术（高职高专教材）	张文莉	35.00
机械制造工艺与实施（高职高专教材）	胡运林	39.00
液压气动技术与实践（高职高专教材）	胡运林	35.00
冶金工业分析（高职高专教材）	刘敏丽	39.00
炼钢设备维护（高职高专教材）	时彦林	35.00
炼铁设备维护（高职高专教材）	时彦林	30.00
轧钢设备维护与检修（高职高专教材）	袁建路	28.00
冶金机械保养维修实务（高职高专教材）	张树海	39.00
流体流动与传热（高职高专教材）	刘敏丽	26.00
工程力学（高职高专教材）	战忠秋	28.00
机械制图（高职高专教材）	阎　霞	30.00
机械制图习题集（高职高专教材）	阎　霞	28.00
型钢轧制（高职高专教材）	陈　涛	25.00
冷轧带钢生产与实训（高职高专教材）	李秀敏	30.00
控制工程基础（高等学校教材）	王晓梅	24.00
起重与运输机械（高等学校教材）	纪　宏	35.00
理论力学（高等学校教材）	刘俊卿	35.00
机械设计方法（第4版）（本科教材）	陈立周	42.00
矿山充填力学基础（第2版）（本科教材）	蔡嗣经	30.00
现代建筑设备工程（第2版）（本科教材）	郑庆红	59.00
轧钢厂设计原理（本科教材）	阳　辉	46.00
流体力学及输配管网（本科教材）	马庆元	49.00
流体力学及输配管网学习指导（本科教材）	马庆元	22.00
机械工程材料（本科教材）	王廷和	22.00
冶炼设备维护与检修（职业技能培训教材）	时彦林	49.00
连铸保护渣技术问答	李殿明	20.00